俊秀
青年书系

策划人 郝宁

积极情绪的力量

幸福的双刃剑

王艳梅 著

上海教育出版社
SHANGHAI EDUCATIONAL
PUBLISHING HOUSE

图书在版编目（CIP）数据

积极情绪的力量：幸福的双刃剑 / 王艳梅著.
— 上海:上海教育出版社, 2020.10
（俊秀青年书系 / 郝宁主编）
ISBN 978-7-5720-0320-2

Ⅰ. ①积… Ⅱ. ①王… Ⅲ. ①成功心理 – 研究
Ⅳ. ①B848.4

中国版本图书馆CIP数据核字(2020)第191314号

责任编辑　金亚静
封面设计　陆　弦

俊秀青年书系
郝　宁　主编
积极情绪的力量：幸福的双刃剑
Jiji Qingxu De liliang：Xingfu De Shuangrenjian
王艳梅　著

出版发行　上海教育出版社有限公司
官　　网　www.seph.com.cn
地　　址　上海市永福路123号
邮　　编　200031
印　　刷　上海叶大印务发展有限公司
开　　本　890 × 1240　1/32　印张 11.375
字　　数　263 千字
版　　次　2020年10月第1版
印　　次　2020年10月第1次印刷
书　　号　ISBN 978-7-5720-0320-2/B·0010
定　　价　49.00 元

如发现质量问题，读者可向本社调换　电话：021-64377165

序

童年时的我，听过一个美好的传说：谁能找到五瓣丁香花，就会找到快乐和幸福。于是，每年春天，我总和小伙伴徜徉在丁香花丛中，在花簇如云的丁香花中苦苦寻觅，希冀找到一朵属于自己的五瓣丁香花。每每寻得，那份喜悦与希望、快乐与满足深刻心底，如同内心盛开了一朵鲜艳的花儿。虽然在成长的过程中，我早已懂得五瓣丁香寓意幸福的传说只是人们内心美好的心愿或一种寄托，但那或淡紫或粉白的丁香花簇和独特的淡雅幽香，依然深锁在记忆中。

彼时的我应该从未想到，今天的我可以从科学的视角来看待幸福，分析积极情绪，乃至探索如何从科学的途径获得快乐和幸福。我们人类的积极情绪是纷繁多样的：既有观盛世美景、听悦耳丝竹、品醇酒香茗这类感官上的享乐，也有疲惫的工作结束后躺在沙发上的放松与满足；既有与好友相聚聊天时的乐趣，也有尽情运动或舞蹈后的酣畅淋漓；既有探索未知事物的兴趣，也有冒险与游戏中收获的惊险与激情；既有艰苦拼搏后获得成功的自豪，也有失而复得后的宽慰；既有夏夜仰望满天繁星的敬畏，也有恋人彼此凝眸时心头撞鹿般的激情爱恋；既有父母怀抱甜香酣睡的婴儿时的依恋爱，也有执子之手，与子偕老的陪伴爱；既有对他人不求回报，给予无私帮助的感激，也有相信一切总会过去，明天会更好的希望……这些积极情绪，有的帮助我们拓展对这个世界的认知，有的助力我们提升工作绩效，作出更优决策；有的使我们品味、欣赏与感悟生活，有的为我们抵御人生中的挫折和压力；有的帮助我们维护健康的身体机能，有的推动我们塑造和培养良好的人际关系……

满则招损，亢则有悔，日中则昃，月盈乃亏，这样的规律也适用于我们人类的积极情绪。虽然我们都渴望快乐，拥有最多样化的积极情绪，但应该将积极情绪最大化吗？积极情绪是必需的，但也要适度——过度自豪会走向自负，过分追求快乐可能导致成瘾行为，惊险与激情之后或许是无尽的空虚与失落，敬畏会伴随着恐惧，盲目乐观可能招致失败，羡慕与嫉妒也许是一对孪生姐妹，热爱和憎恨只在一念之间……那些让我们逃避的消极情绪也是必需的，请欣然接纳它们，因为适度的焦虑有助于我们努力取得最佳成绩，适度的悲伤提醒我们应当自省或珍惜当下，适度的愤怒可以捍卫我们的利益，适度的恐惧让我们远离威胁，适度的厌恶警示我们的道德底线……积极情绪与消极情绪应当保持适当的平衡，当然，这种平衡会因个体和文化因素而有所不同。

希望通过这本书分享人类情绪的科学研究证据，进而介绍人类积极情绪的相关研究进展，以及积极情绪可能导致的后果，让我们得意莫忘形，失意莫失态。

在心理学日益被重视的当代社会，相信终有一天，心理学的科学研究会最大限度地提升我们的生存质量，帮助每个人找到适合自己的积极情绪，体验到快乐与幸福。

王艳梅

2020 年 8 月

目录

第一章　积极情绪的意义

第二章　诱发积极情绪的方法

第三章　我们如何表达积极情绪

第四章　积极情绪与走向成功

第五章　积极情绪的阴暗面

第七章　自豪

第八章 感恩

第九章 爱

第十章 希望

第十一章 如何获得幸福：积极情绪和消极情绪的平衡

第一章

积极情绪的意义

如果有人问：“你生活中最重要的目标是什么？”相信许多人会回答是“快乐”或“幸福”；朋友或家人也会对我们说，“我只想让你幸福”，这让人倍感温暖。追求幸福、接近快乐是几乎所有人的愿望和诉求。

为何我们会忽视积极情绪？

美国《独立宣言》(The Declaration of Independence) 中有这样的名言："我们认为以下真理是不言而喻的：人人生而平等，造物主赋予他们某些独特的权利，其中包括生命权、自由权以及追求幸福的权利。"但在过去的几十年中，心理学家一直将研究重点放在治疗和矫正心理疾病等领域，更关注消极情绪对人的负面影响，如恐惧引发焦虑，抑郁与自杀的密切联系，愤怒与攻击、暴力行为的关联，等等。

心理学家在心理治疗领域的研究已大获进展，有 14 种心理疾病可以用药物结合心理治疗有效医治，有 2 种甚至可以完全治愈。奇怪的是，很少有心理学研究触及积极情绪。

为何我们会忽视积极情绪？回答这个问题时，有一个原因不可忽视：与积极情绪相比，消极情绪与人类生存的关系更紧密。在人类记忆深处，铭刻着祖先在远古时代对洪水、饥饿、毒蛇、疾病的记忆。这些记忆进化成消极情绪，恐惧能让我们的祖先逃避危险，维系生命，厌恶帮助他们避开有毒的食物和环境，愤怒与想要保持自己现有地位有关，它们都与生存、繁衍息息相关。只有解决这些关系到生存的迫切问题，人类才能存活下来，繁衍后代，生生不息。毫不夸张地说，正是消极情绪让我们活到了今天。因此，从进化的角度，消极情绪对我们有至关重要的意义，对消极情绪的研究一直备受关注。与之相比，积极情绪被冷落已久。

愉快：唯一的积极情绪

情绪心理学家埃克曼（Paul Ekman）提出了基本情绪的概念，他认为基本情绪应该符合以下几个标准。

第一个标准，这种情绪在人类身上普遍存在，在类人猿身上也同样存在。这就是说，除了婴儿及脑损伤、基因突变的人群，基本情绪在所有人身上都应出现。如几乎任何一种文化和语言都包含类似快乐、悲伤、恐惧这样的词语，而另外一些情绪因文化不同而略有差异，如德语单词“Schadenfreude”意指幸灾乐祸，英语中不存在这样一个独立的单词；在西方文化中，积极情绪和消极情绪是对立的，不能并存，而在中国文化中，“喜极而泣”“悲喜交加”这样的混合情绪或许人人都曾体验过。

第二个标准，每种基本情绪都会进化出一种行为倾向，它对人们有特定的适应性意义。如悲伤是对失去的反应，亲人故去后，悲伤会引发来自他人的社会性支持；恐惧是对危险或威胁的反应，它会引发逃避的行为，有助于逃脱险境；厌恶帮助我们对食物作出选择，从而远离有害的食物。

第三个标准，基本情绪应该在生命发展早期就表现出来，通常会迅速出现，迅速消失，情绪产生时不受意志控制。所有的基本情绪 2 岁前就能出现，如婴儿在 1 岁前就出现了愉快、愤怒、厌恶及恐惧。

第四个标准，基本情绪应该具有特定的面部表情，这种面部表情具有跨文化的一致性。如悲伤的表情特征为眉毛紧蹙，眉头向上，眉头中间出现垂直的皱纹，有时呈“川”字形，抬起的双颊使得鼻翼到嘴角的外侧出现一条沟，称为鼻唇沟，同时嘴角向下拉（如图 1-1A）；恐惧的表情特征为抬起上眼睑，下眼睑稍稍紧张，抬高眉毛，皱紧眉头，注视前方，下颌打开，双唇横向展开，向双耳的方向靠近（如图 1-1B）。

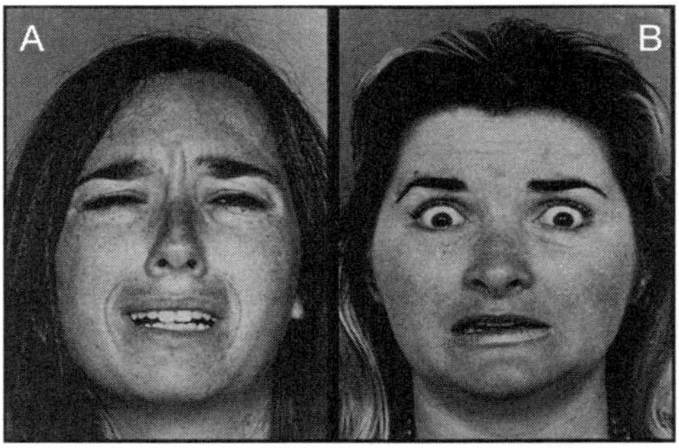

图 1-1 （A）悲伤的表情；（B）恐惧的表情
（引自 Ekman & Friesen，1978）

第五个标准，每种基本情绪有独特的生理机制（如独特的脑神经活动模式或自主性生理唤起）。杏仁核（amygdala）永久性损伤的病人会失去恐惧情绪体验，但不影响愉快的情绪感知和体验，这说明杏仁核可能是负责恐惧情绪的一个脑区。研究者借助脑功能磁共振成像技术（functional magnetic resonance imaging，简称 fMRI），采用观看情绪性图片、情绪性影片或进行情绪性回忆等方法诱发被试的不同情绪体验，考察被试产生情绪反应时的脑部活动，发现快乐情绪引发伏隔核（nucleus accumbens）的激活，但悲伤、愤怒、恐惧等其他情绪均没有激活此区域。这些研究证据似乎证明，积极情绪和消极情绪的脑神经机制确实是分离的。但需要指出，尽管研究者一直尝试找到不同情绪的脑功能区，进而证明每种基本情绪都有特定的生理机制或脑神经活动模式，但现有证据没有发现任何一种情绪与其他情绪的脑神经活动模式是完全不同的。

根据以上这五个标准，埃克曼将基本情绪分为愉快、惊讶、悲伤、愤怒、厌恶和恐惧等六种，其中有四种是消极情绪，还剩下两种情绪——愉快和惊讶，只有愉快是积极情绪，惊讶是中性情绪，因为惊讶持续的时间非常短，之后马上会被其他情绪（高兴或恐惧）代替。

显而易见，积极情绪比消极情绪数量少。同时，不论是愉快、欢乐、自豪还是感恩，这些积极情绪在体验上没有明显差异，都是感觉良好。积极情绪的数量既少又分散，导致积极情绪的研究也不多。

杜氏微笑：积极情绪的标志性表情

当代情绪心理学家往往认为，积极情绪包括愉快、高兴、兴趣、满足和爱等。从面部表情来说，这些积极情绪有很多相似的地方，均是杜式微笑（Duchenne smile，伴随着眼部周围肌肉的收缩，嘴角上翘）。

杜式微笑是不能刻意伪装出来的，非杜式微笑没有眼角肌肉的收缩，可以通过意志控制表演出来。所以，情绪心理学家常常将杜式微笑称为真笑，非杜式微笑称为假笑。但对于没有经过训练的观察者，他们往往不能区分真笑和假笑，其他几种基本情绪均有特定的表情模式。

积极情绪的脑功能区尚不明确

自 20 世纪末以来，情感神经科学兴起，情绪心理学家纷纷采用脑功能磁共振成像技术研究情绪，希望找到情绪的特定脑功能区。目前，消极情绪（如恐惧、愤怒）的特定脑功能区已得出比较一致的研究成果。

以杏仁核与消极情绪的密切关系为例。杏仁核是位于颞叶内侧的杏仁状神经核团，连接着海马（hippocampus）、前额区（prefrontal region）、隔区（septal area）、丘脑（thalamus）的内背侧。杏仁核主要对来自各个感觉通道的刺激（如视觉、听觉、触觉、嗅觉）作出反应，但也对复杂的刺激（如面孔）作出相应反应。目前认为，杏仁核的主要功能有四个：第一，负责面孔的识别，尤其是恐惧面孔的辨识。第二，调节和控制两种基本情绪——恐惧和愤怒。第三，识别环境的情绪性意义，即辨识环境中出现的刺激是威胁性的还是吸引性的。杏仁核能为人们看到、听到的或感觉到的所有刺激赋予积极或消极的情绪效价的判断，如看到一张血腥的恐怖图片时，会给这张图片赋予恐惧的意义，进而使人产生退缩行为；看到一个人大快朵颐的图片时，会赋予积极的、愉快的意义，产生趋近行为。第四，参与对情绪体验的记忆。在日常生活中，我们会有这样的体会：听到一首老歌会勾起很多回忆，这些回忆可能是快乐的，也可能是忧伤的，我们对情绪性事件的记忆往往更深刻。我们记得人生中第一次拿到大学录取通知书时的那种快乐，在很多年后还对此记忆犹新；也会记得人生中第一次失恋时的悲伤，多年后同样让人魂牵梦萦……这都是因为杏仁核参与了我们对情绪体验的记忆。

刺激动物的杏仁核，动物会立刻进入警觉状态。杏仁核损伤的动物会丧失学习恐惧性条件反射的能力，如杏仁核损伤的老鼠不再害怕猫，成为“无所畏惧的勇士”；将两侧杏仁核都切除的猴子，看到香蕉不再兴奋，性格变得非常温顺，同时丧失了恐惧情绪。对正常人的研究也得到了类似的结果：采用功能磁共振成像技术，让大学生观看恐惧或厌恶表情的图片，均发现了杏仁核的激活；采用电极刺激人类的杏仁核，会产生大量的恐惧反应和厌恶反应，并伴随心率的加快。这一系列研究证明了杏仁核与恐惧情绪的密切关系。

对于积极情绪的脑功能区的研究，迄今为止仍没有达成共识，未确定哪个脑功能区与积极情绪有密不可分的关系，这导致积极情绪的研究相对滞后。经历了数十年对积极情绪的忽视之后，1998 年，美国宾夕法尼亚大学的心理学教授、美国心理学会前任主席塞利格曼（Martin Seligman）提出要研究积极的心理学，心理学不能只关注病态的人群，即有心理障碍的人，这些人毕竟是人群中的少数；心理学更要关注没有心理障碍的人群，即健康人，他们才是人群中的大多数。此外，心理学的一个重要任务是帮助人们过上更快乐、更积极、更健康的生活，塞利格曼据此提出积极心理学（positive psychology）这个心理学分支。随着积极心理学的兴起，人们逐渐开始重点关注积极情绪。

积极心理学有三个主要的研究方向：研究积极情绪；研究积极特质，其中最主要的是优势和美德，当然，能力也很重要，如智力和运动技能等；研究积极的组织系统，如民主的社会、团结的家庭、积极的教育制度等，这些积极的组织系统的创建能够增强个体积极的情绪体验。

重新认识积极情绪

积极情绪的概念来自情绪的维度理论。该理论认为，人类所有的情绪均由几个基本的维度构成，不同情绪之间的相似性和差异性是根据彼此在维度空间中的不同距离显示出来的。

研究者较认可的维度模式是情绪的二维模式，该模式是美国波士顿大学心理学家拉塞尔（James Russell）1980年在《人格和社会心理学杂志》（*Journal of Personality and Social Psychology*）上提出的理论。拉塞尔认为，情绪由两个维度组成：一个维度是效价度或愉悦度（valence），分为正负两极；另一个维度是唤起度（arousal），可以由弱到强。在效价维度上，由正到负，愉悦度依次降低，中间的某一点上无情绪感受。位于正效价那端，有愉悦感受的情绪称为积极情绪（正情绪）；位于负效价那端，有不愉快感受的情绪称为消极情绪（负情绪）。

虽然人们频繁地使用“积极情绪”这个词，但这一概念的确切含义目前尚无一致看法。1990年，美国威斯康星大学麦迪逊分校的情绪心理学家戴维森（Richard Davidson）、萨龙（Clifford Saron）和加利福尼亚大学旧金山分校的埃克曼、弗里森（Wallace Friesen）合作，在《人格和社会心理学杂志》上发表论文，认为积极情绪是与接近行为伴随产生的情绪，而消极情绪是与回避行为伴随产生的情绪。但也有研究者认为，积极情绪未必指向具体的行为，不会出现如攻击、逃跑这样的迫切行为，如满足、放松、平静这样的积极情绪并不伴随明确的行为。

1991年，美国加利福尼亚大学伯克利分校的心理学教授、情绪的认知理论代表人物拉扎勒斯（Richard Lazarus）在著作中指出，积极情绪就是意外得到奖赏或在目标实现过程中取得进步时产生的感受，如积极情绪是当事情进展得顺利时，人们想微笑时产生的那种好的感受。我国北京大学心理学家孟昭兰在 1989 年出版的《人类情绪》这本著作中认为，积极情绪与某种主观需要的满足相联系，通常伴随愉悦的主观体验，并能提高人的积极性和活动能力，如欣赏美景时的愉悦或与朋友相聚时的欢乐。

虽然对积极情绪有不同的解释，但以上看法有一个共同特征，即认为积极情绪会产生愉悦感受。美国艾奥瓦大学的沃森（David Watson）教授和他的同事克拉克（Lee Anna Clark）教授在 1999 年发展并验证了扩展版的《积极情绪和消极情绪量表》(Manual for the Positive and Negative Affect Schedule)。该量表由 20 个情绪性形容词构成，其中积极情绪词 10 个，消极情绪词 10 个。目前这个量表被几百项研究使用，成为该领域普遍使用的测量积极情绪的工具。

积极情绪的力量

积极情绪提升身心健康

快乐的人身心更健康吗？遗憾的是，与此相关的直接证据还比较少。但已有的研究证明，积极情绪可以促进患者康复、增加健康行为和提高心理健康水平。快乐的人也会在主观上认为，自己的身体状态非常好。

积极情绪对患者的康复更有益

如果一个人已经患病，高积极情绪会比低积极情绪对康复更有益。如对癌症患者来说，积极情绪与高质量的生存状况相关。在一项对贫血症患者的研究中发现，有积极心境的患者会更少看急诊或给医生打电话，定期服药频率更低。在健康人群中，快乐的人的过敏性反应也会更少。

在 2017 年进行的一项研究中，研究者对 159 名被新诊断为艾滋病的患者进行积极情绪干预。具体干预方法有：（1）重现个人生活中的积极事件和积极情绪，练习放大积极情绪感受。在家里的任务是，每天都留心一件积极事件，把它写下来。（2）练习感恩体验，列出 5 周内的感恩事件。（3）正念（mindfulness）练习，要学习、练习正念意识以及正念的无判断性。每天的正念活动任务：练习 10 分钟的呼吸觉察活动，写感恩日记，每天报告情绪。（4）积极的再评价。研究者先让患者理解什么是积极的再评价，不同形式的积极的再评价都能帮助个体在面对压力时增加积极情绪。具体的实施形式是，每天都报告一个相对小的压力事件，然后列出积极再评价该事件的方式。每天的正念练习、感恩日记和情绪报告也继续进行。（5）个人的特长。每个人要列出自己的特长，说明最近使用这些特长的频率。具体的实施形式是，每天都列出一项特长，说明该特长如何在行为上表现出来，每天的正念呼吸、感恩日记、情绪报告都继续进行。（6）可实现的目标。理解什么是可实现的目标，设定一些在本周内可以实现的目标。具体的实施形式是，每天都向着可实现的目标努力，每天记录取得的进步。（7）善意的行为。让患者理解一个小小的善意行为会带来很多积极情绪，每天都尝试作出一些小小的善意行为，每天的正念呼吸、感恩日记、情绪报告都继续进行。

研究证实，积极情绪干预增加了艾滋病患者的积极情绪。更重要的是，积极情绪干预降低了患者在被检查出艾滋病后服用抗抑郁药物的剂量，降低了对艾滋病的侵入式、回避性想法。研究者据此得出结论：积极情绪干预促进了患者的心理健康，降低了患者的抑郁水平。

积极情绪预测健康行为

快乐的人更可能参与多样的社会性活动、娱乐活动和体育活动，不太可能出现各种不健康的行为，如吸烟、不健康的饮食、服用药物或酒精成瘾。相反，精神质和神经质的人格特征与成瘾最相关，也就是说，有这两类人格特征的人更可能有成瘾行为。与之印证的研究结论是，吸毒的人在人格特质的外倾维度上得分比较低，这说明外向的人更不可能吸毒。

积极情绪似乎与人们的预防疾病或保护健康的行为有关。最近心境为积极、快乐的人，会有更高质量和更长时间的睡眠，更不可能有吸烟或饮酒这类有损身体健康的行为。而且，积极情绪与更高水平的体育锻炼有关。在一项 2019 年最新发表的研究中，研究者让 226 名大学生在 11 周的时间内报告他们进行体育运动时的积极情绪以及自发涌现的念头。其结论为，体育运动时的积极情绪、自发的积极念头可以预测未来这些大学生继续进行该项体育运动的可能性和频率。一项对有中等风险患乳腺癌的女性的研究发现，积极情绪能够预测这些女性的体育活动参与度，尤其是在空闲时间愿意参与体育活动的可能性。体育锻炼与健康的直接关系早就被证实，可以推测，积极情绪能够增加与健康有关的行为。

积极情绪提高心理健康水平

更多体验到高水平的积极情绪，更少体验到消极情绪，被认为是心理健康的一个重要标志，因此，快乐的人当然要比不快乐的人在心理上更健康。研究者发现，最快乐的那些人有更少的精神病理症状。抑郁症的一个典型表现就是积极情绪的缺失，高特质积极情绪的人不太可能患上抑郁症、社交恐惧症或焦虑症，他们往往是乐观的人，更有活力、更热情，心理健康水平更高。

药物滥用也是心理健康水平比较低的一个表现。研究表明，高积极情绪的人药物滥用的概率比较低。也就是说，快乐的人更不可能酗酒、吸毒或有其他药物成瘾史。还有研究发现，如果青少年的积极情绪水平比较低，就更可能出现暴力性攻击行为。

在 2019 年发表在《人格和社会心理学杂志》上的一项研究中，研究者考察了两个大样本（超过 7000 人），试图找到心理健康的人具备哪些典型的人格特质。他们进行了两个研究，第一个研究发现，对情绪的高接纳性、高水平的积极情绪、直率、低水平的神经质是心理健康的人的典型特征。第二个研究发现，心理适应良好、高自尊、良好的自我调适机能、高水平的积极情绪、稳定且清晰的自我概念、攻击性比较低、有一定的抗压能力，也是心理健康的人的典型特征。概括起来，高水平的积极情绪是心理健康的典型特征；积极情绪水平更高的人更可能是一个心理健康的人。

经常体验和表达积极情绪的人更长寿

快乐的人寿命会更长吗？很多人想知道这个问题的答案。目前这方面的研究包括修女研究与诸多关注情绪与寿命的研究。

修女研究

20 世纪 60 年代，美国肯塔基大学以丹纳（Deborah Danner）为首的三位心理学家研究了圣母学校修女会的 180 名修女的自传，发现积极情绪表达得更多的修女比那些表达得少的修女寿命长 10 年之久。

这些修女都是年轻时就进入修道院，进院时间在 1931—1943 年间。在最初进院时，她们都会写一段自述，描述自己的生活，并说明自己决定进入修道院的原因。丹纳等人从修女自述的内容中筛选出那些可能表达积极情绪或消极情绪的语言进行分析。如一位叫欧潘的修女在她的自传中写道："感谢上帝赐予我无价的美德，给了我一个良好的开端……过去一年在圣母修道院的日子非常愉快，我热切期望正式成为修道院的一员，与慈爱天主一起开始新生活。"在这篇自传中，她使用了"非常愉快""热切期望"这两个表达积极情绪的词汇，让人联想到这位修女肯定积极向上，充满活力。

丹娜莉修女的日记中则有这样的句子："我出生于 1909 年 9 月 26 日，家里有七个孩子，我是老大……在修道院见习的一年中，我教授化学和二年级的拉丁文。感谢上帝的恩宠，我愿恪尽职守，传播我们的信仰，净化自己的心灵。"在丹娜莉的日记中找不到一点与积极情绪有关的词汇。确实，欧潘 98 岁时仍然很健康，几乎没有生过病；相反，丹娜莉在 59 岁时中风，不久就过世了。

丹纳等人再邀请一些对这些修女的寿命毫不知情的人，针对日记中的积极情绪感受打分，结果发现，积极情绪得分更高的修女，其中有 90% 的人年过 85 岁仍然健在，34% 的人在 94 岁时仍然健在，而积极情绪得分低的修女只有 11% 的人在 90 岁时仍然健在。积极情绪得分最低的那组修女，其死亡风险是得分最高组修女的 2.5 倍。那些在自述中使用了许多表述积极情绪的词汇，如"快乐""感兴趣”“爱”“希望”“感恩”“渴望”“满足”“乐趣”等的修女，其平均寿命要比较少表达这些情绪的修女长 10 年。

这些修女过着有规律的、与世隔绝的生活，她们吃同样的食物，既不抽烟也不喝酒；她们有相似的生育和婚姻史，拥有相同的社会地位和医疗条件，因此，可以排除上述干扰变量，进而认为这些修女的寿命和健康状况的差异可能与她们体验到的积极情绪的多少有关。

另一项研究分析了 96 名知名心理学家的自传，结果与修女研究类似——描述更多积极情绪的心理学家通常寿命更长。一些心理学家在其自传中使用了幽默或积极的语句，如“活力”“能量”等，他们的寿命大约会比平均寿命长 6 年。相反，在描述自己生活时使用“焦虑”“紧张”这类词语的心理学家，其寿命大约会比平均寿命短几年。

情绪与寿命

情绪对寿命的影响的研究主要关注消极情绪会不会减少生存时间，即如果一个人的消极情绪越多，他会不会越可能是一个寿命短的人？

许多研究发现，在患病后，有更长生存时间的人都是积极情绪高的人：如果肾病晚期的患者报告的总体幸福感比较高，他就更可能在 4 年后仍然活着；若乳腺癌复发的女性报告了高水平的快乐，她就可能在 7 年后仍然健在；有更高生活满意度的脊椎损伤的患者，更可能在 1 年后仍然健在。

另外一项相关研究是对 513 名柏林居民进行的追踪研究，研究者发现，幸福感和死亡率之间有一定关系：快乐与各种与生存有关的因素有关（如更稳定的人际关系、更低的事故发生率和自杀率、对应激有更有效的应对、更低的压力等），自然地，积极情绪高与长寿也建立了联系。一些追踪研究表明，快乐的人更不可能因某些特殊原因死亡。一项对 37 个民族的研究发现，主观幸福感与交通事故存在负相关。对北欧人进行的一项为期 19 年的研究也发现，一个人对生活的不满意度预测了他遭受致命的意外伤害或有意伤害的概率。

有一项研究考察了 2000 名墨西哥裔美国人，发现积极情绪显著预测了他们 2 年后的生存率，在控制了婚姻状况、饮食、吸烟和消极情绪后，预测作用仍然显著存在。要说明的是，对乐观的研究结果也与这些结果类似。如对 800 名患者追踪了 30 年的研究发现，乐观与更低的死亡率相关；有乐观的解释风格的男性更不可能在 10 年后死于冠心病。

还有一些心理学家考察了老年人对待老化的态度：比起那些对老化有消极自我感知的老年人，有积极自我感知的老年人的寿命平均长 7.5 年，这样的趋势在控制了年龄、性别、社会经济地位、孤独感和功能性健康因素后仍明显存在；对老化的积极态度的作用超过了体重、吸烟和运动的作用。在一项对老年人进行的研究中，有 12% 的人在 2 年内去世了，但那些快乐的老年人比不快乐的老年人更不可能去世。研究者对 268 名老年人的长寿预测因素进行了考察，在控制了年龄因素后观察其生存的时间。结果发现，实际生存时间越长的人越可能是一个快乐的人，二者之间存在显著正相关。更令人惊讶的是，一个人的幸福感是可以预测长寿的排名第二的因素，仅弱于工作满意度对长寿的预测，甚至比身体机能和吸烟对长寿的预测作用更强。

整合这些关于快乐与寿命的研究，研究者发现，一个 70 岁、拥有平均健康水平的老年人，如果他报告比同伴的生活满意度高 1 个标准差，就可以预期他还能活 20 个月以上。

令人惊讶的是，研究者也发现，如果快乐程度高出平均水平太多，也不利于健康。一项著名的对天才人群的研究发现，儿童期的快乐程度（由父母和老师评估的快乐程度）很高与其在成人后更早的死亡有联系。在这个研究考察的人群中，大多数人是极度快乐的，这一结果可能反映了，如果一个人的快乐程度超过正常水平，甚至异常高，就可能是不适应的。当然，目前来看，只能说这是一种推测，研究者还不清楚为什么会出现这样的研究结果。

快乐的婴儿长大后智力及教育成就更高

为人父母者，都希望自己的孩子能够快乐，接受良好的教育以及取得成功。这三者之间有关系吗？

2019 年发表在《情绪》(*Emotion*）杂志上的一项研究发现，快乐对成功的预测作用在婴儿期就表现出来。如果婴儿感到安全、舒适和快乐，他们就更可能去主动探索周围的环境，并与他人互动，这些均能够促进和发展婴儿的认知和社会技能，提高儿童期的智力水平，进而预测成年后的成就。相反，婴儿期若总处在高水平的消极情绪状态中，就会阻碍婴儿获得成长和学习的机会。人一生中体验到的积极情绪与认知能力的提升、学习等各个方面的资源的塑造都有关系，而这些都是适应性的，有助于获得成功。婴儿期的快乐水平更高，就可能在儿童期有更高的认知能力（即智商更高），自然而然，在成年后也会有更高的学业成就。

2019 年的这项研究追踪了 130 名出生时间在 1978 年 8 月至 12 月之间，出生地位于美国南加州医院的婴儿，追踪时间长达 29 年，考察他们在婴儿时期的快乐水平对儿童期的智力和成年后的成就的影响。婴儿期的快乐水平用婴儿期体验到更多积极情绪的频率和更少体验到消极情绪的频率来衡量。

这一组婴儿长到 1—1.5 岁时，研究者对他们进行家庭观察，评价他们的积极情绪水平和消极情绪水平，并访谈了他们的父母。例如，问婴儿父母这样的问题："你的孩子平常的心境是什么样的？积极的还是消极的？""你的孩子每天哭闹或不耐烦的频率是多少？"在这群婴儿长大到 6 岁、7 岁、8 岁时，分别邀请他们到实验室进行智力测验。在他们 29 岁时，采用问卷测量的方法，调查其成人后的教育水平。

这项研究的结果与研究者的假设一致：1.5 岁时幼儿的积极情绪能够直接预测其 6—8 岁时的智力水平，并预测了他们 29 岁时的教育水平。在控制了婴儿的性别、父母的社会经济地位（父母的职业和教育水平）和婴儿期的智力水平后，其结论依然成立。但婴儿期的消极情绪对儿童期的智力和成人后的教育水平没有显著影响。这说明婴儿期（还没有开始正式学前教育之前）的积极情绪对长大后的学习、教育和成功有良好的预测作用，是预测儿童期的认知能力和成人期的学业成就的金指标。

家长、教师和政府想让孩子获得更高水平的教育，就应该关注他们幼时展现出的早期情绪。鉴于 1.5 岁儿童的积极情绪水平的高低主要与依恋类型和游戏互动有关，可以考虑适当增加恰当的活动，如陪孩子一起阅读、游戏、休息等；培养孩子的快乐、友善、感激或兴趣等积极情绪，它们对孩子的学业成功和幸福感都有长期的影响。教育机构也应多多关注如何培养孩子的积极情绪，而不是将重点放在如何抑制儿童的消极情绪上。

积极情绪增加了探索与玩耍行为

探索是一种获取信息的行为，尤其是获取新异的信息或了解环境中的改变，这样可以减少对外界环境的不确定性。探索在自然界中是一个无处不在的现象，常常出现在动物最初暴露于某个环境中或环境改变时，探索行为在昆虫、蛇类、蜥蜴、老鼠、灵长类动物和人类身上都会出现。当然，探索不是对新异性的唯一反应，在感到恐惧和回避时也可能出现探索行为，它实质上是对新刺激的恐惧。

探索对进化有适应性意义。对环境的探索在获取食物、建造避难所、发现并远离危险、保护自己时更有帮助，所有这些都对机体的生存有重要意义。探索可分为两类——以获得奖赏为目的的探索和以玩耍为目的的探索。奖赏性探索由指向外部奖赏的外在动机驱使，其目的只是为了获取奖赏；玩耍性探索是由自由探索的内在动机驱动的。如老鼠为了获得食物而探索，这是一种基于奖赏的探索；老鼠在吃饱后也可以为了玩耍自由地探索，此时就是玩耍性探索。

个体往往在积极情绪状态下才会出现玩耍性探索行为。很早以前，人们就发现，啮齿类动物更可能在吃饱喝足后仍然探索环境，这表明探索是生来就有的本能；在接收厌恶性刺激（如电击）后，探索行为就会减少。在实验中，抑郁的大鼠会表现出探索行为的减少。对于人类，患上抑郁症后，其典型的表现就是快感缺乏，并伴随对外界的探索行为显著减少，乃至丧失行为的驱动力，变得回避、退缩，封闭自己，不和他人交往，这是消极情绪过多导致个体的探索性明显下降的例子。再如，让儿童与他们的主要抚养者分离，此时儿童处在轻度应激状态，与他们与父母在一起时相比，儿童对新玩具的探索行为的频率会明显下降。

在人类身上，探索是一种促进更高级的认知发展（如思维的灵活性与创造性）的方式，而积极情绪对思维的灵活性与创造性有促进作用。积极情绪会拓展个体的注意范围，产生更多的接近性行为，这些都会增强探索行为；消极情绪缩窄了个体的注意范围，也减少了探索行为。探索为人类带来很多益处，如前所述，探索与创造性相联系，提高了个体的问题解决能力与社会适应能力，促进其智力和语言的发展。比起仅仅给儿童讲解材料，允许儿童自由探索材料后，儿童在之后的问题解决任务中能更好地使用这些材料。

玩耍对人类的重要意义也毋庸置疑。我们玩耍时会感到快乐，活泼的一面会表现出来。玩的过程不仅仅是一段理想的休闲时间，更是锻炼新技能、与他人建立感情联系的机会。对儿童而言，玩耍能够让他们尝试新的事物，练习新学到的技能。如在过家家时，他们会假装换尿布、倒牛奶、做饭、打扫卫生、用信用卡或现金购买商品、建造房屋、开车、化妆以及设计发型，这些都是为日后生活准备的练习，到那时，他们会认真应用这些技能。

对成年人而言，游戏也有其效用。通过棋盘游戏、运动或参与一些漫步或画画这样的休闲活动，我们能巧妙地提高自己的能力。许多游戏都会磨炼我们的技能，丰富词汇，并让大脑得到锻炼；运动也能促进身体健康。游戏是我们的思想、词汇、社交技巧的试验田，在日后遇到压力或在真正使用这些技能的场景中，我们会用到这些技能。

尽管有很多益处，我们多半还是会选择在心情好的时候才锻炼这些技能，为自己的未来筹备资源。对普通人而言，游戏看起来不过是一种放松行为，有些人甚至会认为这是浪费时间，但许多休闲活动其实有助于我们生活得更好。

积极情绪既促进了奖赏性探索，也促进了玩耍性探索。探索是在注意与动机的交互作用下出现的，这种交互作用会受到情绪状态的调节。未来这个领域的工作应该更具体地考察探索、动机、注意之间的交互作用，观察它们如何影响思维的灵活性、创造性、问题解决，乃至幸福感。

形成向上的积极循环：积极情绪对思维的拓展与塑造

美国北卡罗来纳大学的教授弗雷德里克森（Barbara Fredrickson）是研究积极情绪的心理学家，她在1998年提出了积极情绪的拓展—塑造理论（broaden-and-build theory），并因此在2000年被美国心理协会授予积极心理学领域的坦普尔顿奖（该奖项只授予在某个领域有杰出贡献的40岁以下的年轻科学家）。

该理论提出，积极情绪能够形成一个向上的积极循环；某些积极情绪，如快乐、兴趣、满意、自豪和爱，虽然表现形式不同，但都有拓展人们短暂的思维行动倾向的作用。从进化的角度来说，积极情绪往往不会出现在生命受到威胁的情境中，不是为了解决迫切的生存问题，而是为了解决个人的成长和发展的问题，因而能拓展人们的思维行动取向：快乐时产生游戏的需求，个体变得更有创造性；感兴趣时产生探索的需求，使人沉浸于正在接触的事物……这些积极情绪都以某种方式提高思维的创造性与灵活性，提高对积极事件的敏感性，使人对环境的处理方式更积极，人际关系也得到相应的改善，给人带来间接的、长久的适应价值。

以兴趣与自豪这两种积极情绪为例。当你在树林中看见一条新路，你就想找出它通向哪里；当你发现了一个能够提高能力的新挑战，无论是烹饪、舞蹈还是乐器，你都会乐此不疲地投入其中；当你发现一本充满新观点的新书，你就会废寝忘食地去阅读。一旦个体体验到兴趣，就会心胸开阔，视野此时此刻开始扩大，也增加了自身的潜能被充分发掘的可能性。

当我们认为一些好事情是因自己的能力或努力出现的，当我们投入心血并取得一定成就，我们就会感到自豪。如装修好房屋，坐在窗明几净的房间里；或实现了某个学习目标，在比赛中获胜；或发现自己的帮助和友善的指导对某人产生了重要影响，此时体验到的自豪感会点燃一个人在相似领域里取得更大成就的梦想，就可能接着促使这个人努力再去装修别墅，去赢得奖学金或获得职业晋升的机会，等等。通过这种方式，自豪激发了成就动机。实验也证明，一个人感到自豪时，他更可能完成艰巨的任务。

既看到森林，也看到树木：拓宽注意的范围

弗雷德里克森做了一些研究，证明了积极情绪能拓宽个体注意的范围，提高思维的灵活性。她在实验室里让个体观看展现中性、愤怒、焦虑、快乐和满足等情绪的电影片段，然后完成 20 个“我想要做 ____________”的句子填空。接下来，分析个体对所有这些问题的回答，找到两个独立的评分者进行质性编码，将个体的回答内容分类。

个体想要从事的活动多种多样：吃或喝、阅读、睡眠或休息（如上床睡觉，小憩一会）、学习或工作（如做作业、写论文、洗衣服）、运动或锻炼身体（如踢足球、游泳）、去户外接触大自然（如散步、坐在长椅上、赏花）、回味或享受（如洗热水澡、看老照片、做白日梦）、游戏（如与狗或猫玩、跳来跳去、玩耍）、亲社会性行为（如给妈妈打电话、看望朋友、聚会、与他人拥抱）、反社会性活动（如打人）、想要被关心或照顾（如得到帮助和保护）、一些非常积极的感受或想法（如飞行、欢呼、大笑、翱翔）。

弗雷德里克森采用每个活动出现的频数除以每个人的活动总数，作为某个活动产生的比例。结果发现，在愤怒和焦虑两种情绪状态下，个体产生的活动类型最少；在积极情绪状态下，个体产生的活动类型更多样。积极情绪状态下的个体有更多的要去户外探索大自然、玩耍、进行户外运动的需求，有更多的亲社会的想法和积极感受；观看两段消极情绪影片的个体的思维行动倾向明显缩窄，表现为有更少的工作、购物的行为倾向，并增加了反社会（如打人）或附庸他人（如得到帮助和保护）的行为倾向。

在另一个实验中，弗雷德里克森创造了一种整体—局部性加工任务（如图 1-2 所示），在每个图中，位于顶部的是标准图形，下面的两个称为比较图形。标准图形的局部图形和整体图形是不同的，如 1a 中的标准图形是由一些小正方形拼出来的大的三角形，所以整体是三角形，局部为正方形。弗雷德里克森让个体从两个比较图形中选出一个与标准图形更相似的图形。两个比较图形可能是整体图形与标准图形一致（如图 1a 左边的比较图形整体是三角形，标准图形的整体也是三角形），也可能是局部图形与标准图形一致（如图 1a 右边的图形局部是正方形，标准图形的局部也是正方形）。个体会根据局部来选择，还是会根据整体来选择？弗雷德里克森据此确定个体是整体性认知加工倾向，还是局部性认知加工倾向。

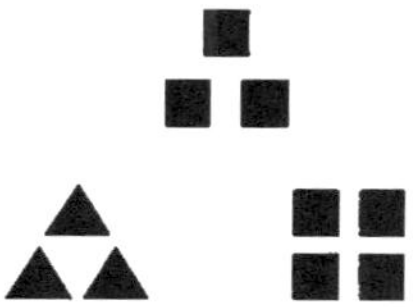

1a. 整体—局部性加工任务　题目 #13

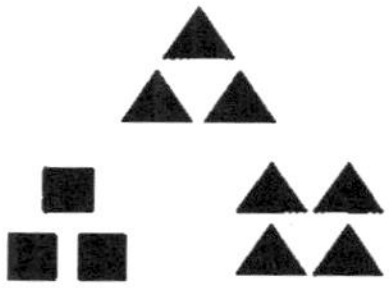

1b. 整体—局部性加工任务　题目 #9

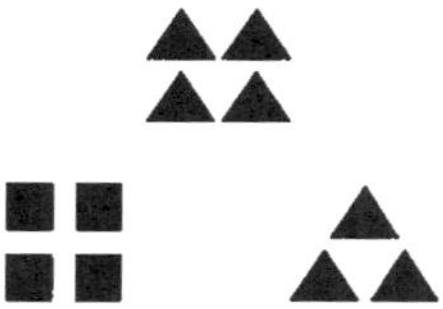

1c. 整体—局部性加工任务　题目 #4

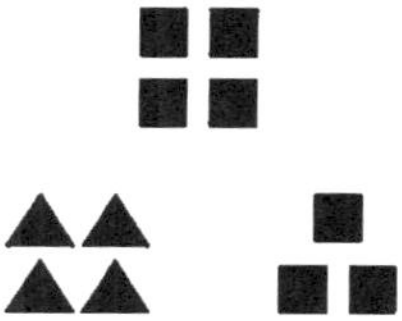

1d. 整体—局部性加工任务　题目 #1

图 1-2　弗雷德里克森研究中采用的刺激材料
（引自 Fredrickson & Branigan，2005）

弗雷德里克森让个体在实验室中观看积极情绪类型或消极情绪类型的电影片段，接下来完成这个整体—局部性加工任务，结果发现，观看两种积极情绪（满足和快乐）视频的个体比起观看两种消极情绪（愤怒和焦虑）视频的个体，其整体性加工倾向的分数更高。也就是说，积极情绪状态下，人们更倾向采用整体性认知加工，这种认知加工方式可以让个体获得更多的信息，不会出现“只见树木，不见森林”的局部思维，而是既看到森林，也看到树木，更具全局观；同时，它对问题解决有促进作用。

美国布拉迪斯大学的研究者利用眼动追踪技术，也证实了积极情绪能够拓宽个体的注意范围。他们让参与者坐在计算机屏幕前观看图片，用眼动记录仪记录其眼球与头部的运动。参与者或处在积极情绪状态，或处在中性情绪状态。每幅图片都包括三张照片，一张放在中间，另外两张放在旁边。参与者可以自由地观看任意一张照片，也可以随意地看他们感兴趣的任何东西，就仿佛他们在看电视。通过追踪眼球与头部运动，研究者发现，在积极情绪状态下，人们更多地环顾四周，更频繁地注视周边的照片，即积极情绪帮助个体关注全局。

人的一生中总会有不幸和意外发生，若具有全局观和整体观，不陷于一时的得失或荣辱，就能摆脱绝对化不良思维，作出理性的决策，维护心理健康。整体化认知加工倾向有益于幸福感，而积极情绪能够增进这种认知加工倾向，有利于个体的成长。

双赢：积极情绪提高决策效率

来自美国西北大学凯洛格管理学院的研究者发现，当人们进行复杂的交易谈判时，如果处于积极情绪状态，其决策也会更积极，更容易达成双方共同认可的目标。

研究者考察的实验对象是谈判课上就读工商管理硕士的学生，他们随机地让一些谈判者处于积极情绪状态，另一些则处于消极情绪或中性情绪状态，然后让他们开始谈判。结果发现，在谈判过程中，刻意表现出积极情绪的谈判者更有可能让对手在决策过程中让步，进而完成交易，签订合同。在人们感性的经验中，谈判者保持理性、心平气和、不慌不忙，或采用强硬、坚定甚至激动的态度，更有利于谈判的顺利完成，事实却并非如此。当一个人处于积极情绪状态，其视野会拓展，将更多的可能性纳入认知中，思想和行动更多样化。此时，他会更擅长设想积极的前景或双赢的方案，进而达成目标。

积极情绪与认知：正面与负面作用

在一些研究中，让实验参与者处于积极或中性情绪状态下，采用多种认知任务和多种测量方法，在各个领域都得到高度一致的结果——积极情绪对完成认知任务具有促进作用，尤其是可以促进认知的灵活性与创造性。

首先，积极情绪提高了言语和思维的流畅性。《遥远联想测验》（Remote Associates Test）是根据心理学家梅德尼克（Martha Mednick）的创造力理论设计的，用来测量个体的创造力，方法是给参与者三个单词和一个空白栏，要求其在空白栏写出与这三个单词都有关系的单词，从而测量其言语流畅性。研究者发现，对于中性单词，积极情绪组的参与者比中性情绪组的参与者有更多、更广泛的联想；对于负面单词，则没有这样的效果。在一项以青少年为调查对象的研究中，积极情绪提高了言语的流畅性，积极情绪条件组的参与者比中性控制条件组的参与者对单词有更多的分类，产生了更多不寻常的联想，这样的研究结果在成人身上也得到了验证。

其次，积极情绪促进了单词分类任务的类别多样性。研究者发现，处在积极情绪状态下的参与者在单词分类任务上表现出更大的灵活性，既能够按照某种分类规则将单词正确地归为一类，也能灵活地将其按不同的标准分为不同的类。这说明积极情绪能帮助个体灵活地发现更多的相似，看到更多的差异。

最后，积极情绪促进了创造性，克服了功能固着。以德国心理学家邓克尔（Karl Duncker）1945 年设计的蜡烛问题测验为例，这个测验会给参与者一盒火柴、图钉和蜡烛（见图 1-3），要求参与者将蜡烛以平行于墙面的方式固定在墙上。解决这个问题的关键是打破功能固着或思维定势，即火柴盒不仅可以用来装火柴，而且可以作为烛台使用。打破思维定势的能力是创造力的一个指标。

图 1-3　蜡烛问题测试示意图
（引自 Roberts，Headleand，& Ritsos，2017）

在参与者解决蜡烛任务之前，研究者先诱发参与者不同的情绪状态（积极情绪状态或中性情绪状态），结果发现，积极情绪状态下的参与者在这个任务上的成绩明显更好，成功解决问题的人更多。

德国德累斯顿工业大学的心理学家德赖斯巴赫（Gesine Dreisbach）及其同事在 2004 年、2006 年及 2014 年的一系列研究中发现，积极情绪虽然能够促进思维的灵活性，降低思维的刻板性和固着性，但同时也付出了分心的代价。

研究者给大学生随机呈现短暂的情绪性图片刺激（或为积极情绪图片，或为中性情绪图片），然后让大学生完成数字判断奇偶任务，屏幕上会在上下位置随机呈现两个不同颜色的数字，一个为奇数，一个为偶数。研究者告知这些大学生，要关注某种颜色的数字，忽视另一种颜色的数字（如对红色的数字作奇偶判断反应，忽视绿色的数字）。研究者发现，当大学生处在积极情绪状态，靶数字（要求判断的数字）的颜色变为一种新的颜色时，他们对新颜色的数字的判断仍然比中性情绪状态下快。通常情况下，当我们已经习惯对红色数字作出判断时，忽然要我们判断蓝色的数字，此时反应速度会减慢，但在该研究中，研究者并没有发现这种反应速度的减慢趋势，研究者认为，积极情绪状态有助于灵活的注意转换。

在进一步的研究中，研究者改变了实验条件，先让大学生判断一种颜色的数字（如红色）的奇偶性一段时间后，再改变任务要求，让他们将原来的分心物（要忽视的刺激，如之前的绿色数字）作为判断奇偶反应的数字，将新的颜色（如蓝色）的数字作为要忽视的刺激。按照常理，原来抑制着不作出反应的刺激现在突然要关注它，也是很难迅速做到的，反应速度会变慢，但此时，积极情绪状态下的大学生判断原来注意过的数字的奇偶的速度比中性情绪状态下的速度还要慢。研究者认为，导致这种现象的原因是，在积极情绪状态下，人们很容易关注新的刺激物，而此时的新刺激（如蓝色数字）恰巧是我们需要抑制着不作出反应的，这种矛盾使我们耗费了更多的认知资源，此时我们仍然将大量注意力投注到新的分心物上，反应速度因而变慢了。

在日常生活中，良好的认知控制能力意味着我们对任务目标既能保持稳定的关注，也能实现灵活的转换，在两者之间达到最佳平衡。灵活转换是在面对预期之外的突发事件时，需要个体作出及时、恰当的反应，这固然是我们需要的一种能力，积极情绪也确实促进了这种能力，但换个角度来讲，对任务保持稳定的注意就必须同时抑制分心，在积极情绪状态下，这种稳定保持能力可能有所下降。

陕西师范大学的心理学研究者王振宏教授在2014年发表了一项研究，他采用德赖斯巴赫的实验任务，将积极情绪刺激分为高趋近动机的积极情绪刺激（如食物）和低趋近动机的积极情绪刺激（如风景），考察了高低趋近动机不同的积极情绪对认知的稳定性和灵活性的调节作用。王振宏教授认为，高趋近动机的积极情绪往往出现在迫切追求目标的状态下，如对美食或择偶时的高需求，从进化的角度来说，这类积极情绪有利于生存或繁衍。此时个体处于高趋近状态，迫切想要获得目标刺激，会将注意力保持在当前的任务或目标上，屏蔽无关信息，对周围环境中的新异刺激的关注度下降，探索性降低，因而增加认知的稳定性和对目标的坚持性。低趋近动机的积极情绪则往往出现在目标已经达成，或暂时没有想要趋近的目标的状态下，如满足、放松等积极情绪。此时，这类积极情绪带来的灵活性能帮助我们探索新的资源或抓住新的机遇，提高认知的灵活性，减少思维的固着，但当周围环境中的新异刺激是一种分心性信息时，也会导致分心行为增多。

总之，积极情绪既能拓宽注意范围，增加对周围环境的探索，灵活地转换注意力，也能够保持注意的稳定性。究竟是促进了灵活性，还是促进了稳定性，取决于我们现在是为了获得金钱、美食等高奖励性质的目标，即处于高趋近积极情绪状态，还是处于平和、放松、宁静等低趋近积极情绪状态。

提高心理韧性：积极情绪使我们百折不挠

人生在世，不如意之事十之八九。积极情绪能让我们充满希望地看待挫折和失败，拥有从困难中恢复的力量，使我们更加坚韧和坚强。

心理韧性（resilience）是指个体遇到应激和压力时，可以摆脱消极情绪的恶性循环并恢复过来的能力。心理韧性也称心理弹性，就像弹簧一样，被压后可以弯曲，但不会断裂，最终能够复原。心理韧性高的个体在经历压力事件后，仍然能够恢复得很好，所以高心理韧性的人会更幸福。研究者发现，积极情绪有助于提高心理韧性，喜悦、爱、感激和自豪这样的积极情绪可以将消极情绪赶走，打断消极情绪引发的恶性循环。

弗雷德里克森做了一项研究，考察在美国“9·11”事件发生后，高心理韧性和低心理韧性的人在积极情绪上的差异。她之前采用一个简单的问卷，测量了100多名大学生的心理韧性水平。在“9·11”事件发生之后，她再次联系这批曾做过问卷的人，请他们描述在“9·11”事件发生之后，他们经历过的与恐怖袭击有关的压力，并评估这种压力的严重程度；她还询问他们体验到的几种积极情绪和消极情绪的频率，测量了他们对未来的乐观程度、生活满意度等；最后，弗雷德里克森让他们报告在恐怖袭击发生后是否出现过抑郁症状。

弗雷德里克森调查的这批大学生住在密歇根州的安阿伯，这个地点远离“9·11”事件的爆炸点。尽管如此，这些大学生仍然与大多数美国人一样，认为这一经历给他们制造了相当大的压力。他们或担心生活或工作在纽约或华盛顿的朋友与家人是否受到伤害，或害怕未来还会发生类似的恐怖袭击事件。有些人从此之后害怕乘坐飞机；有些人害怕去足球场观看足球比赛。密歇根体育场是美国最大的露天运动场，可以容纳超过 11 万的球迷观看比赛，在比赛日这里总是座无虚席。但恐怖袭击事件发生后，一些人开始害怕去这里观看球赛，因为他们担心会遭受恐怖袭击。

弗雷德里克森的研究结果证明了心理韧性更高的个体能够更迅速地从压力事件中恢复过来。在问卷中得到高分的人，比那些得分低的人恢复到原来的心理状态的速度更快，表现出的临床抑郁症状最少。他们经历此次事件后甚至获得了心灵成长，与“9·11”事件发生前相比，他们变得更乐观、更宁静，在生活中感觉更充实。

在这项研究中，弗雷德里克森最重要的发现是，高心理韧性和低心理韧性的人之间的最大差异是，他们体验到的积极情绪的多少。心理韧性高的大学生与心理韧性低的大学生，都会体验到愤怒、悲哀和害怕等消极情绪，但前者在体验着消极情绪的同时也体验着积极情绪。高心理韧性的个体在与他人交流时感受到了快乐、爱和感激，他们也被举国上下高涨的凝聚力激励，在那个艰难时刻，他们面对严酷的现实却仍然对未来充满希望。积极情绪使个体在通往抑郁的恶性循环中及时刹车，转向促进个人成长的良性道路。

另外一项研究也证实了这样的结果，这次的研究对象是 60 岁以上的老年人，追踪了这些人面对应激事件后的反应，从轻微的日常压力到重大的生活事件，如失去配偶等。研究者发现，经历了丧偶这样的压力事件后，能够更快复原的人在面对压力时仍然表现出很多的积极情绪。

积极情绪能撤销消极情绪的生理唤醒

我们都体验过消极情绪，偶尔出现自然不足为奇，但麻烦的是，我们常常陷入消极情绪而不能自拔，以至于经常感觉消极情绪的出现频率和强度都更高、更强。有时，自卑、悲伤和内疚这类消极情绪还会自我滋长，带来负面影响。如对某些人而言，自卑与自怜就像一张毯子，他们用这张毯子将自己包裹起来，获得一种扭曲的安全感。

怎么打破这一僵局？其实，积极情绪可以作为一道防护屏障，在消极情绪变得太强大或太频繁之前，控制或抑制它们。设想一下，一对夫妻发生了争吵，争吵总是会持续一段时间，庆幸的是，快乐就像一道情感防火墙，防止他们进一步彼此伤害。最常见的就是丈夫和妻子中的一方会及时开个玩笑，或突然发生了什么事情，双方都觉得很好笑，激烈的争吵就会转化为略带尴尬的微笑，这就是我们天生的积极防御，快乐的情绪驱赶走消极情绪。

弗雷德里克森提出了积极情绪的撤销理论，认为消极情绪出现时会引发如血压升高、心率加快等自主神经活动的唤起，而积极情绪能够撤销这类唤起，使个体的生理唤起回到基线水平。这也让人的内心感到平静，就像在电脑死机后我们按下了重启按钮，一切都回归原点。

在证实积极情绪能够撤销消极情绪引发的生理唤起，产生还原效应的这项研究中，弗雷德里克森让大学生进入实验室，坐在舒服的椅子上，通过多导生理记录仪记录他们的心率、血压以及血管收缩的变化。之后，让这些大学生准备一个演讲，如谈谈“为什么你是一个很好的人”，这样做的目的是让他们感到焦虑，用焦虑引发生理唤起。为了提高焦虑水平，弗雷德里克森还会告诉他们，会有专门人员为其演讲录像并评分。这样的实验任务成功地诱发了大学生的焦虑感受，所有大学生不但自我报告在听到这个任务后产生了很强烈的焦虑感，并且说他们的心跳加快，感觉血压上升了。

成功诱发焦虑后，弗雷德里克森让这些大学生将注意力从演讲任务转移到其他事情上，并将他们随机分为四组，分别放映快乐、宁静、中性和悲伤的电影片段。快乐的电影片段是一只小狗与一朵花玩耍；宁静的电影片段是展现大海的温柔、缱绻的海浪；中性的电影片段是一台老式计算机的屏幕保护程序，呈现了色块随机堆放的抽象画面；悲伤的电影片段是一个小男孩因亲人的去世而哭泣。研究结果发现，虽然大学生都处在焦虑状态，他们的血压一度升高，但观看快乐或宁静的电影片段的大学生在 20 秒内就恢复到最初的血压水平，而观看中性或悲伤的电影片段的大学生需要 1 分钟以上才能恢复到初始水平。

弗雷德里克森将这种现象称为积极情绪的还原效应或撤销效应（undo effect），即积极情绪可以平息或还原消极情绪带来的心血管的一系列反应。当你面对压力和消极情绪时，积极情绪可以阻止心脏跳得更快速、更剧烈，并帮你恢复平静。科学家已经证实若个体长期处于消极情绪状态（如悲伤、抑郁或愤怒），产生的心血管应激反应可能会引发心脏病，积极情绪的还原效应可以解释为什么积极情绪有益于身体健康。

积极情绪提高情绪的灵活性

我们在日常生活中需要根据情境的需求灵活地转换情绪体验。当遭遇挫折或失败时，我们会感到悲伤或抑郁，但持久的悲伤或抑郁情绪会让我们陷入情绪低谷，如果要重拾信心，确定新的目标，就需要尽快从消极情绪体验中走出来，产生对新目标的热情或兴趣等积极情绪；有时我们听到有关朋友的悲伤消息，也要从当前的中性心境或积极情绪转换为悲伤情绪，这就是情绪的灵活性。

情绪的灵活性反映了个体的情绪适应能力，预测了个体的情绪调节能力。最近的研究发现，积极情绪状态能够提高情绪的灵活性，情绪调节能力也会更好，更容易适应变化的环境。

第二章

诱发积极情绪的方法

既然积极情绪如此重要，对我们的生活有深远的影响，就会出现一个新问题：怎样拥有更多的积极情绪？我们试验了各种诱发积极情绪的方法，它们各有利弊，产生了不同的心理效应。

想象与回忆：最简单的积极情绪诱发技术

因为有了记忆，我们才会在回首往事时感受到过去经历带给我们的欢乐、忧伤或恐惧。如果请你回忆一次与朋友的相聚畅谈或与恋人（或伴侣）的甜蜜约会，你一定会觉得开心和幸福；反之，如果请你想象面前突然出现了一条毒蛇或一只凶猛的老虎，甚至想象出现了现实中不存在的魔鬼，则会让你感到害怕。不论是回忆还是想象，都会引发我们的情绪，也正因为如此，在许多研究情绪的心理学实验中，会通过回忆或想象，或两者结合的方法，诱发实验参与者不同的情绪。

想象是一种操作简单的积极情绪诱发技术。采用这种技术时，研究者会要求参与者想象个人生活经历中的一段积极情绪（如快乐、自豪等）记忆。参与者可以想象假想的场景，也可以想象发生在过去生活中的真实场景。在某些情况下，可能还会请参与者先听一段录音来放松身心，让他们感觉舒服一些，然后开始想象。还有一种想象称为催眠想象或暗示想象，研究者会描述一个情境，这个情境描述中包括很多具体细节，要求参与者尽可能生动地想象每一个细节。以上介绍的方法都是先给参与者一些提示，让他们根据这些提示想象，或通过催眠让其进入回忆，抑或直接让参与者回忆人生中的一段经历……这些都属于用想象的方式来诱发积极情绪。

下面是一段可以让参与者进入放松状态并产生积极情绪的指导语：

现在，请你轻轻地闭上眼睛，随着这优美的音乐，让心情慢慢平复，让身体慢慢地放松下来……放松……现在你已经完全放松了，你的内心平静、自然，心无杂念。

此时此刻，你的心灵慢慢升起，离开你的躯体，来到一片风景优美的草地上。这是一个初夏的午后，你迎着轻轻的微风，缓缓走在这一望无际的、绿油油的草地上，草地上点缀着星星点点的小花，它们随着轻风微微地点着头。你来到不远处的小湖边，在湖心一大片荷叶浮在清澈的水面上，含苞待放的荷花婀娜地立在其间，偶有几只蜻蜓点水飞过，湖面便荡起涟漪。你看到眼前的美景，感觉身心豁然开朗，有一种舒适的感觉在你的身体里蔓延开来。

你席地而坐，再慢慢地躺下，感受柔软的草地。你闭上眼睛，享受着美妙的时刻。你深深地吸了一口气，略带花草香味、清新的空气一直渗入你的心里，渗入你的每一个细胞，你的整个身心慢慢地、慢慢地融入这美丽的大自然之中。暖暖的阳光温柔地照在身上，微风轻轻地拂过脸庞，你的一切烦恼、忧愁、恐惧、沮丧，在阳光的照射和微风的轻拂下都一去不复返了，你感到身心非常放松，非常安逸，非常舒适。

湛蓝的天空中飘着几朵白云，轻盈如棉絮，你感觉自己坐在一片白云上，随着它慢慢飘移。你感到绵软而踏实、自由自在、无拘无束，内心安静、祥和，一种舒适、平安的感觉慢慢地聚集在心中。你感觉自己的身心非常安逸，非常放松，非常舒适，非常平安，请你慢慢体验这种放松后愉悦的感觉……

现在，你的心灵随着白云渐渐地飘近你的身体，慢慢地与身体合而为一。你觉得浑身充满了力量，心情特别愉快，头脑开始渐渐地清醒，思维越来越敏捷，反应也更加灵活。你特别想出来走走，散散步，听听音乐……

在这一段可以让参与者进入放松状态的指导语结束后，再让参与者回忆或想象积极情绪事件，诱发积极情绪的效果更佳。来自功能磁共振成像技术的研究证据表明，想象引发了参与者与记忆和情绪相关的脑网络区的激活，证明了采用想象诱发积极情绪的可行性。

在采用回忆诱发积极情绪时，会要求参与者回忆一段令他感到快乐、兴奋或愉快的个人经历，要有尽可能多的细节，如当时的情境和涉及哪些人、发生了什么、事件的先后顺序，以及他们的感受如何。在回忆完后，研究者会鼓励参与者将刚才回忆的内容说出来或写下来。在讲述回忆内容时，研究者希望参与者能将其当作非常要好的朋友，详细地讲述那天发生的事情。研究者还会询问一些细节，鼓励参与者进行更详细的描述，很多参与者会提到“那是我人生中最美好的一天”，或“我开心得流出了眼泪”。

积极的心理想象使人更愉快

英国爱丁堡大学的威尔逊（Alexander Wilson）研究团队 2018 年在《英国心理学杂志》（*British Journal of Psychology*）上发表了一项研究，他们发现，如果个体善于进行生动、积极的心理想象，就可以对积极的视觉刺激产生更积极的情绪反应。

在这项研究中，研究者首先给 214 名参与者一些想象的主题，如“请想象你在工作中完成得非常出色的一件事情”，然后给参与者一些能够舒缓情绪的积极图片，内容是风景、花、树、动物和天空等（样例见图 2-1）。看过图片后，请他们报告每张图片带来的放松感、愉快感、兴奋感和焦虑感。结果发现，积极想象越生动、越成功的参与者，报告的愉快感、放松感的水平也越高。这说明能够成功进行积极想象的人，在看到积极的图片后，更可能从以往经历中提取出与此类图片相关的情绪信息，产生更多的积极情绪反应。

研究者还发现，越能够接纳自己，对自己有无偏的、客观评价的人，越可能对积极的视觉刺激有积极的情绪反应。他们认为，如果个体有积极的回忆倾向，即总是能够回忆出个人经历中的积极事件，也更可能对视觉的积极情绪刺激有更强的积极情绪感受。

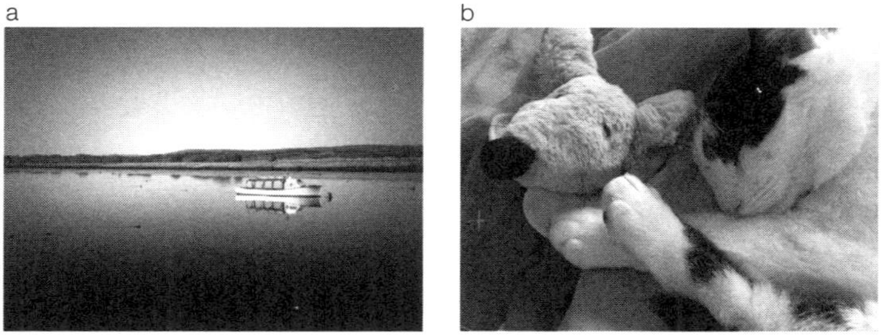

图 2-1　威尔逊研究团队在 2018 年的研究中使用的放松图片样例
（引自 Wilson，Schwannauer，McLaughlin et al.，2018）

回忆积极事件帮助抑郁障碍患者调节情绪

美国弗吉尼亚州波士顿医疗系统、创伤后应激障碍国家中心和迈阿密大学心理系的研究者霍尔（Kimberly A. Arditte Hall）、雷特（Rudi De Raedt）等人在 2018 年进行的一项研究中发现，让重性抑郁障碍（major depressive disorder，简称 MDD）患者进行积极的自传体回忆（回忆个人经历中的积极事件），有助于缓解症状。这项研究发表在《认知行为治疗》（*Cognitive Behavior Therapy*）杂志上。

研究者认为，抑郁障碍患者会被不受控制的、乱入的负面念头和负面回忆所困扰，也倾向回忆个人经历中的消极事件。因此，训练患者回忆个人经历中的积极事件具有非常重要的临床意义，可以修复患者极度悲伤的情绪，不让他们一直处于消极情绪中。为此，研究者招募了 27 名重性抑郁障碍患者，排除了他们患有躁狂症或精神分裂症的可能性，确认他们均无酒精滥用史或毒品成瘾史，也无脑损伤。然后，研究者让患者完成积极记忆增强训练任务（positive memory enhancement training）。具体方法是，让患者先出声回忆一个悲伤事件，把它说给研究者听，时间大概为 3 分钟；接下来回忆个人人生经历中的积极事件，一定要确保回忆出来的事件是积极且具体的，回忆时间也是 3 分钟。回忆之前，会提供一个提示作为线索，如“请回忆旅行或度假的事件”。患者被要求闭上眼睛，尽可能生动且想象性回忆，就好像看电影一样。之后再给患者 1 分钟的时间，让他们以第一人称再讲述一遍，好像这些事情刚刚发生一样，研究者会问一些具体的问题来强化他们的积极回忆，如询问他们刚才看到、听到、感觉到了什么，帮助他们重现回忆。患者要进行 16 个积极事件的回忆，对应 8 个回忆线索。结果发现，回忆完 16 个积极事件之后，他们对当前的积极心境的评估明显高于回忆之前。

研究者认为，这种积极回忆的方法可以帮助重性抑郁障碍患者调节情绪，是修复其消极心境的一个有效方法，建议将其作为治疗的备用方案。

回忆积极往事会激活多个脑区

2016 年，意大利贝加莫大学人文社会科学系的研究者苏阿尔迪（Angelo Suardi）和都灵大学心理系的科斯塔（Tommaso Costa）等人在《认知、情感和行为神经科学》（*Cognitive Affective & Behavioral*

Neuroscience）杂志上发表了一篇综述性文章，详细论述了所有采用积极的自传体回忆的方法在实验室中诱发积极情绪的脑科学研究的结果。

他们发现，在过去的 20 年里，确实有很多脑成像研究考察快乐情绪的神经机制，他们评述了其中 8 篇采用正电子发射计算机断层显像（positron emission tomography）和 7 篇采用功能磁共振成像技术的研究报告。通过分析这些研究报告，他们发现，当我们回忆人生中的积极事件时，除了会激活前扣带皮层（anterior cingulate cortex）、前额皮层（prefrontal cortex）和脑岛（insula）等脑区，还会激活顶叶（parietal lobe）感觉运动皮层、基底核（basal ganglia）、丘脑等脑区。在我们进行愉快的回忆时，出现了前额皮层的激活，可能反映了此时要有主观评价“这个事件是积极的”这一心理过程；脑岛、基底核等边缘系统的激活反映了个体有积极情绪的体验；有顶叶感觉运动皮层的参与证明会有感觉、运动和心理想象等心理活动的参与；前扣带皮层的激活说明这一过程需要有认知资源或心理资源。

想象的方法最大的局限是，人们想象过去的生活事件或新场景的能力有非常大的个体差异，有些人更善于进行积极的心理想象，而有些人认为这对他们来说很困难。威尔逊在 2017 年的研究中证实了善于进行积极心理想象的人也更容易看到快乐。詹姆斯（Coan James）和约翰（Allen John）在 2007 年出版的专著《情绪诱发和评估手册》（*Handbook of Emotion Elicitation and Assessment*）中指出，想象或回忆的方法非常需要个体集中注意的能力，这需要个体有良好的认知控制能力和专注力，而我们在日常生活中的情绪体验大多是由某个情绪刺激自然而然引发的。如当你在傍晚时分独自来到山上的公园，坐在高高的石头上俯视整座城市，凉凉的微风吹着，你心情平静，不由得回想起过去的快乐、痛苦以及无助的时光……这种自然的情绪反应，与实验中的采用指导语、在人为的环境中诱发的情绪可能是不一样的，这也是采用回忆技术诱发积极情绪的一个局限。

电影：最有生态效度的情绪诱发方法

电影同时覆盖了视觉和听觉通道，所呈现的内容更贴近真实生活情境，所以电影比其他任何艺术形式都更能让观众进入某种情境，帮助人们移情，产生代入感，这些因素使电影成为最有生态效度的情绪诱发方法。也就是说，观看电影时体验到的积极情绪，与我们在日常生活中体验的积极情绪是最相似的。

使用电影来诱发积极情绪时，实验者会给参与者播放一段电影片段，这个片段可能会将声音处理掉，当然也可能会保留声音。心理学研究发现，对于诱发积极情绪，无声的电影片段和有声的电影片段同样有效。诱发积极情绪的电影片段可以给一个人放，也可以给一组人同时播放。

美国斯坦福大学心理系的情绪心理学家格罗斯（James Gross）和罗伯特（Levenson Robert）1995 年在《认知与情绪》(*Cognition and Emotion*）杂志上发表了一篇文章，总结了近几年来采用影片技术诱发情绪且被证实有效的研究。这些研究一共使用了 250 个电影片段，共有 494 名参与者选出了 16 个电影片段。这 16 个电影片段能够成功地诱发 8 种情绪（乐趣、愤怒、满足、厌恶、恐惧、中性、悲伤、惊讶），每种情绪都对应 2 个电影片段。这些电影片段的诱发效果不但对美国人有效，而且对日本人有效，所以研究者认为它们可以作为具有跨文化一致性的情绪诱发工具。

下面列出一些在以往研究中被认为包含能有效诱发某种情绪的片段的电影。

包含诱发乐趣（amusement）的片段的电影：

《当哈利遇到莎莉》（*When Harry Met Sally*）

《憨豆先生》（*The Curse of Mr. Bean*）

《太阳、干草和几张脸》（*Slunce, seno a pár facek*）

《憨豆先生的假期》（*Mr. Bean's Holiday*）

《偷听女人心》（*What Women Want*）

《拜见岳父大人》（*Meet the Parents*）

《冒牌天神》（*Bruce Almighty*）

《捣蛋鬼弗瑞德》（*Drop Dead Fred*）

包含诱发愉快或幸福感（happiness）的片段的电影：

《修女也疯狂》（*Sister Act*）

《与狼共舞》（*Dances with Wolves*）

《大鱼》（*Big Fish*）

包含诱发悲伤（sadness）的片段的电影：

《舐犊情深》（*The Champ*）

《子熊的故事》（*The Bear*）

《小鹿斑比》（*Bambi*）

《危险心灵》(*Dangerous Mind*)

《费城故事》(*Philadelphia*)

《天使之城》(*City of Angels*)

《角斗士》(*Gladiator*)

《勇敢的心》(*Brave Heart*)

《英国病人》(*The English Patient*)

《卡特教练》(*Coach Carter*)

《闪电奇迹》(*Powder*)

包含诱发恐惧（fear）的片段的电影：

《闪灵》(*The Shining*)

《沉默的羔羊》(*Silence of the Lambs*)

《女巫布莱尔》(*The Blair witch Project*)

《怪物》(*Monster*)

《杀死比尔》(*Kill Bill*)

《惊声尖叫》(*Scream*)

电影能诱发儿童的积极情绪

美国韦仕敦大学的加贝尔（Lindsay Gabel）、道斯特（Andrew Daoust）与密歇根州立大学的德宾（Emily Durbin）2019年发表在《心理评估》(*Psychological Assessment*)上的一项研究，证实了电影也可以有效地诱发儿童的情绪。他们招募了39名6—8岁儿童（其中87.2%的儿童为白人），给其观看了20个电影片段，这些片段可能诱发三种情绪——积极情绪、消极情绪（悲伤或愤怒）以及恐惧。观看完毕，他们首先以中性的语调问儿童一些问题，如："刚才的电影片段让你产生了什么样的情绪感受，如愤怒?”然后要求儿童报告情绪反应，儿童会使用 9 点程度量表，报告观看影片后的情绪愉悦程度和唤起程度，也采用图画量表进行情绪评定（参见图 2-2）。研究者全程记录了儿童的面部表情，并由不了解实验目的、受过训练的编码者对其进行评估。完成整个实验任务大概需要 70 分钟。根据儿童的自我报告和面部表情编码结果，研究者证实了这些情绪性影片在诱发儿童情绪上的有效性。

诱发积极情绪效果最好的影片片段来自:《奇幻森林》(*The Jungle*)、《无人陪伴的儿童》(*Unaccompanied Minors*)、《篮坛怪杰》(*Hoosiers*)、《哈利 · 波特与魔法石》(*Harry Potter and the Sorcerer's Stone*)。

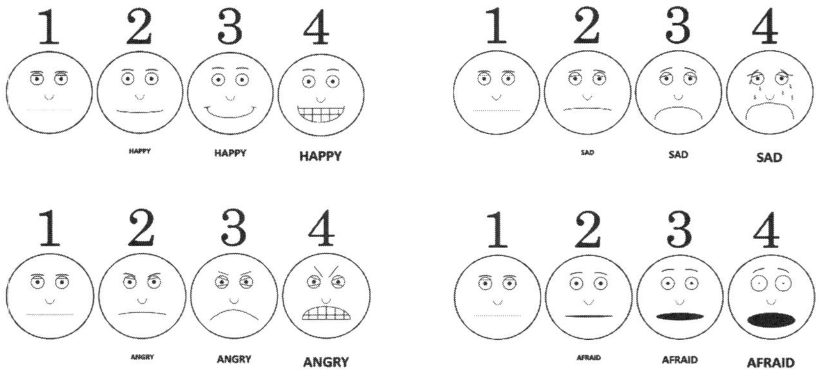

图 2-2　加贝尔等人在 2019 年的研究中使用的图画评定情绪量表
（引自 Gabel，Daoust，Durbin et al.，2019）

本来想诱发悲伤或愤怒的电影片段竟然都没有诱发愤怒情绪，全部诱发了悲伤情绪，其中有 5 个电影片段明显诱发了悲伤，分别来自《小妇人》(*Little Women*)、《真情世界》(*The Cure*)、《良驹闪电》(*Flash*)、《继母》(*Stepmom*)和《不一样的天空》(*What's Eating Gilbert Grape*)。

最后，加贝尔等人得出结论，观看电影片段可以作为在实验室诱发儿童（6—8岁）的情绪反应、考察儿童的情绪调节的一种很好的方法。

情绪体验与生理反应一致时，幸福感最强

美国加利福尼亚大学伯克利分校、宾夕法尼亚州立大学、多伦多大学和赖特学院的研究者合作，在2019年的《情绪》杂志上发表了一项研究，该研究发现了一个有趣的创新性结果：人们主观报告的情绪体验与情绪的生理唤醒之间的一致性（coherence），能够预测一个人的幸福感。两者的一致性越高，心理幸福感就越强；反之，则幸福感越弱。假如一个人在森林里看到一条蛇，消极情绪体验（警示人们要马上逃跑）与生理激活水平提高（心跳加快，给腿部肌肉输送更多血液，帮助这个人逃跑）之间的一致性，会让他拔腿就跑，从而远离伤害，生存下来。

生理反应和情绪体验保持同步，个体就能够对各种应激、压力和环境中出现的挑战作出更有效的应对。如果只有其中一个被激活，就不能有效地应对环境，对个体而言，甚至可能是有害的。如果一个人明明没有主观上的明显情绪感受，却出现很强的生理反应，如心跳、血压骤升，长此以往，就会损害心理健康和身体健康。个体能够有效应对生活中的各种突发状况，日积月累，其幸福感就会增强。因此，这篇论文的第一作者，美国加利福尼亚大学伯克利分校的卡西·布朗

（Casey Brown）认为，情绪的主观体验和自主神经活动模式之间的一致性对个体的幸福感有重要的意义，如精神分裂症患者就是情绪体验与表情严重分离，他们的情绪体验可能是深刻而持久的，但他们表情淡漠，没有伴随着情绪体验出现相应的表情变化。

布朗等人招募了 63 名成年人，年龄范围为 18—40 岁，他们之中有内观冥想者、舞者以及普通人。在来实验室之前，所有人都会以线上方式完成有关幸福感、表达抑制（一种通过压制自己的表情来调节情绪的策略）和认知重评（对当前的情绪事件换个角度思考的情绪调节策略）的问卷测量。来到实验室后，研究者给他们装置记录交感神经活动的生理设备（多导生理记录仪）。在 90 分钟的实验时间里，这些参与者要观看 4 个电影片段，在每个片段放映后，都会有 1 分钟时间让其放松和休息。每个电影片段由 2—3 个情绪诱发场景构成，时长为 3 分钟左右。片段包含快乐、恐惧或中性的情绪内容，如快乐的片段内容为"喜剧演员表演幽默的小品"，恐惧的片段内容为"一个人咀嚼牛肠子的场景"。

所有参与者在观看这些片段的时候，会拨动一个 180 度的刻度盘，这个刻度盘分成 9 个区域，从 –4（非常不愉快）到中性（0），再到 +4（非常愉快），参与者可以通过刻度盘实时、不间断地报告自己的主观情绪体验。实验要考察参与者的情绪体验的强度（从中性到非常积极或非常消极）与自主神经活动模式（包含心跳间期、皮肤电、耳脉冲传输时间、手指脉冲传输时间和波幅、血压这些生理指标）之间的一致性。主观感受上的情绪体验越强，越不可能抑制自己表情的个体，即为一致性越高的个体。结果发现，主观体验与生理唤醒之间有更大一致性的参与者的幸福感更强。这一研究首次发现了情绪体验与情绪的生理唤起之间的一致性可以预测个体的幸福感。

与想象诱发技术一样，影片诱发技术也是实验室中常用的诱发情绪的一种方法。使用这一技术时，实验者应该控制好电影播放的物理环境（如房间的亮度、温度，影片是彩色的还是黑白的，尽可能有最大的放映尺寸）。诱发时既可以采用外显指导语，也可以采用内隐指导语。在采用外显指导语时，要求被试想象并努力进入他们正在观看的影片所讲述的故事环境。指导语既可以非常简单，如“请认真观看电影”；也可以更具体，如“请你充分地体验你的情绪”。

在诱发一种情绪时使用了不止一个电影片段的研究要注意，即使这些不同的电影片段本意是诱发同一种特定的情绪体验，但实际上，不同的电影片段可能带来不同的情绪反应，不同个体的情绪敏感性和情绪反应也是非常不同的。随着电影片段的增多，参与者观看影片时还会感到疲劳，对情绪的习惯化（即经历了太多类似的情绪刺激后，情绪感受会慢慢减弱）随之增加。心理学家建议在使用电影片段诱发积极情绪时，应当控制好三个要素：电影片段持续的时间、播放的顺序以及以前是否观看过该片段。

自然界中的声音：跨越文化隔阂的情绪唤起

美国佛罗里达大学情绪与注意研究中心的布拉德利（Margaret Bradley）和朗（Peter Lang）认为，自然界中的声音具有能够直接作用于人类神经系统并引发听者情绪体验的特点。在使用这类情绪诱发方法时，会通过扬声器或耳麦给参与研究的人传递声音，最常被用作诱发情绪状态的声音库是国际情绪声音库（international affective digitized sounds ，简称 IADS）。它是一套情绪性声音材料，这些声音主要是在自然界或日常生活中会接触到的各种声音，非常适合在实验室中作为诱发情绪的工具。

国际情绪声音库有 167 段声音，涉及各种情境，包含动物的声音（如小狗叫声、大狗叫声、鸟叫声）、人类的声音（如咯咯笑、婴儿的声音、喘息声、儿童的笑声、虐待儿童的声音）、各种交通工具的声音（如直升机起飞的声音、火车行驶声、自行车相撞声、飞机坠毁声）、物体的声音（如八音盒的声音、打字机的声音、门铃声）、乐器声（如竖琴声、吉他声、风笛声）和歌曲（如《乡村的夜晚》《热带雨林》）。这些声音被心理学研究者认为能够很好地唤起积极情绪和消极情绪，并在唤起效果上具有跨文化的一致性。不论是美国人还是日本人，对这些情绪性声音的评价一致性很高。

日本广岛大学和福井大学的研究者在 2018 年拓展了国际情绪声音库，发现日本籍研究参与者也认可这些声音所携带的情绪性意义，并从 935 个声音中挑选出 663 个声音，其中 254 个声音诱发了快乐，391 个声音诱发了恐惧，18 个声音诱发了悲伤，有的声音还可以诱发混合性情绪。

音乐：一种情绪传染

音乐是一种比较特殊的声音，也可以作为诱发情绪的有效方法。

瑞典大学厄勒布鲁大学和乌普萨拉大学的研究者 2009 年在《音乐心理》(*Psychology of Music*）杂志上发表了一篇论文，想要了解究竟是音乐引发了听者的情绪感受（情绪的角度），还是听者仅仅感知到音乐表达的情绪（认知的角度）。

研究者招募了 32 名大学生，给这些大学生听流行音乐，同时测量了他们的面部肌肉活动和自主神经活动模式，并让他们自我报告其听完音乐后的主观情绪感受。结果发现，欢快的音乐引发个体更大的颧骨主肌的活动，表明此时这些大学生有可能出现更多的微笑表情，同时有更大的皮肤电反应、更低的手指温度，以及更高程度的愉快情绪的主观报告。这种生理指标、面部表情和主观体验上的一致性说明音乐确实诱发了大学生的情绪感受，而不是仅仅认知到演唱者传递的情绪。音乐传递的情绪会令听到的人产生情绪感受的现象说明，音乐对情绪的诱发和唤起是一种情绪传染的过程。

研究者还发现，音乐的一些要素对于情绪感知非常重要，如音调、音速、音高、韵律、和声、音量等，这些音乐属性会影响听者的情绪体验。在用音乐诱发情绪状态时，一种方法是，研究者将选好的音乐播放给参与者听，这些音乐通常是研究者根据以往的调研结果选择出来的。前期的调研结果表明，这些音乐确实可以有效地诱发愉快或悲伤情绪。另外一种方法是，由参与者自主选择一段他们认为最能够诱发某种情绪（如愉快）的音乐。研究发现，如果让参与者自己选择音乐，情绪的诱发效果更好，这可能是因为参与者对自己选择的音乐比较熟悉，这段音乐对他来说或许代表了一段特殊的回忆或一种情感联系，这种现象叫情感依恋（emotional attachment）。

研究者考察了音乐诱发的情绪随时间变化的过程，发现情绪体验在音乐刚播放完后达到顶峰，但在 10 分钟后减弱，在 20 分钟后回到情绪的基线水平。这说明在实验室环境中诱发的情绪难以持久。

积极的音乐能激活与积极情绪相关的脑区

在 2001 年发表于《美国科学院院刊》(*Proceedings of the National Academy of Sciences of the United States of America*，简称 PNAS）上的一篇论文中，加拿大麦吉尔大学的研究者报告了最早考察积极音乐的脑神经机制的研究。研究者发现，人们在收听高强度甚至会令人“战栗”的快乐音乐时，腹侧纹状体（dorsal striatum）、尾状核（caudate nucleus）、眶额皮层（orbitofrontal cortex）、中脑（mesencephalon）等脑区会激活，而这些脑区在人们看到食物等携带愉快意义的情绪刺激时会引发兴奋和快乐情绪，据此，研究者认为音乐确实能够诱发积极情绪。

腹侧纹状体和眶额皮层这两个脑区被证实为负责积极情绪的脑区。瑞士日内瓦大学、德国宾根大学和英国约克大学的研究团队 2011 年在《大脑皮层》(*Cerebral Cortex*）杂志上发表了一项研究，他们发现，愉快的音乐会激活右侧伏隔核，这个脑区是腹侧纹状体的一部分。低唤起的积极音乐引发的情绪是柔和的或怀旧的，会激活右侧腹侧纹状体和眶额皮层，高唤起的积极音乐引发的情绪往往是欢乐的或惊叹的，会激活左侧腹侧纹状体和脑岛皮层。不管音乐的情绪色彩是积极的还是消极的，只要是高唤起的音乐，如引发紧张、高快乐和高控制感的音乐，都与感觉和运动皮层的激活有关。而低唤起的音乐，如引发平和、安宁、怀旧乃至悲伤情绪的音乐，会激活腹内侧前额皮层

（ventromedial prefrontal cortex）和海马。这项研究证明了音乐确实会引发积极情绪，这种积极情绪与金钱、奖赏所引发的积极情绪类似，它们共享同样的脑区。

还有研究发现，听音乐时的快乐情绪除了与腹侧纹状体这个脑区有关，还会激活下丘脑（hypothalamus）以及脑干（brain stem）的腹侧背盖区（ventral tegmental area），这些脑区是释放多巴胺神经递质的重要脑区，而多巴胺与快乐的关系早已被证实，这进一步说明听音乐确实能引发积极情绪。

音乐可以疗伤？

情歌王子张信哲、小天王周杰伦，这两位歌手的很多情歌的基调都是悲伤的，但他们的歌曲特别受欢迎，成为脍炙人口的金曲，喜欢这些歌的人的年龄范围也非常广。人们似乎有听悲伤音乐的偏好，这是为什么？听了悲伤的音乐不会感觉更难过吗？什么时候人们更喜欢听悲伤的音乐？

2015 年，美国南加利福尼亚大学多恩西夫文理学院大脑与创造力研究所的萨克斯（Matthew E. Sachs）、马西奥（Antonio Damasio）和哈比比（Assal Habibi）在《人类神经科学前沿》（*Frontiers in Human Neuroscience*）上合作发表的一篇文章认为，在所有含有悲伤元素的艺术形式（包括绘画、电影、戏剧、音乐等）中，音乐是唯一一种虽然内容是悲伤的，但可以给欣赏它的人带来快乐的情绪体验的艺术形式。当人们经历悲伤和痛苦时，音乐的疗伤作用尤其令人惊奇。从生存的角度来说，人们不想经历痛苦，但人们愿意求助音乐来缓解心理上的“疼痛”。研究者认为，悲伤的音乐若要给人带来快乐的感受需要满足以下三个特征：这段音乐听起来并无威胁感；从艺术审美角度来说，它给人美的感受；它给个体带来了益处，如通过回忆或反思过去的事件，调节了消极情绪，产生了怀旧、移情或放松情绪。

萨克斯和马西奥用内稳态（homeostatic）来解释人们为什么会在消极心境下听悲伤的音乐。假如一个人遭遇挫折，感到难过，这个人就会处于内稳态不平衡（homeostatic imbalance）的状态，此时如果他收听悲伤的音乐，就会沉浸在音乐本身的美感中，摆脱消极心境。通过这个过程，他重新处于内稳态状态，再次体验到快乐。如果我们没有情绪上的痛苦，此时我们是开放的、接纳的，更偏好新奇、变化的刺激，愿意接纳新奇的经历，从悲伤音乐中寻求多样化刺激时也能产生快乐感。根据他们的观点，无论是在情绪低落时还是在平静时，人们都喜欢听悲伤的音乐。他们指出，在未来的研究中，有望采用音乐疗法来治疗抑郁症。

最近的另外一项调查研究也显示，当人情绪低落时，听一些悲伤的音乐反而会愉快起来。这项调查是由德国柏林自由大学的心理学研究者科隆（Stefan Kölsch）等人发起的，调查对象共 772 人，其中 408 人来自欧洲。研究者采用线上发放问卷的形式，询问参与者听悲伤音乐的频率，什么时候喜欢听悲伤音乐，为什么要听悲伤的音乐，以及悲伤音乐引发的情绪，等等。结果发现，人们选择悲伤的音乐是认为这类音乐“有缓解不良情绪的效果”。

很多参与者表示，听了悲伤音乐后，他们会有“怀旧”感，而后出现的是“安宁”“柔和”这些情绪词。平均来看，“怀旧”“安宁”和“柔和”这些情绪词出现频率最高，这些词语在情感上都归属于积极情绪，而不是消极情绪。参与者还报告，悲伤音乐能让人浮想联翩，产生一系列复杂甚至带有激昂色彩的情绪，或使人产生怜悯音乐演唱者之心。有趣的是，不同文化下，悲伤音乐带来的益处不尽相同。对于欧洲人和北美人，这类音乐引发的最强烈情绪为“怀旧”；对于亚洲人，引发的最强烈情绪则是“平和”。这个发现可以用来解释为什么人们在情绪低落的时候，更倾向在悲伤音乐中寻求慰藉。

研究者还让人们写出他们认为最能传达悲伤情绪的音乐，得票最高的三部作品分别是巴伯的《弦乐柔板》、马勒的《第五交响曲》和普赛尔的《迪多的哀歌》。研究者认为，他们的研究成果可以为将悲伤音乐用于音乐治疗提供理论参考。

来自日本东京艺术大学、东京大学的川上爱（Ai Kawakami）、古川清（Kiyoshi Furukawa）等人也在 2013 年发表的一项研究中发现，悲伤的音乐实际上可以唤起人们的积极情绪。研究者招募了 44 名成年人，这些人有些是音乐方面的专家，有些是普通人。研究者让他们听悲伤的音乐和欢乐的音乐，每一个人都需要将自己对音乐的感觉用一些词或句子报告出来。结果发现，虽然他们听到悲伤的音乐后都认为这些音乐表达的情绪是悲伤的，但报告的情绪体验是感到更浪漫、更快乐，以及更少的消极情绪。研究者认为，音乐引发的情绪和我们日常生活中与个人直接相关的情绪事件引发的情绪不太相似，这或许是悲伤的音乐让我们感到快乐的一个原因（图 2-3）。

来自爱尔兰利默瑞克大学的研究者调查了 65 名成年人在经历负面事件后聆听伤感音乐的感受，以及他们为什么要听伤感音乐。这些成年人报告，伤感音乐蕴含的悲伤信息反而能够激发他们的希望感，

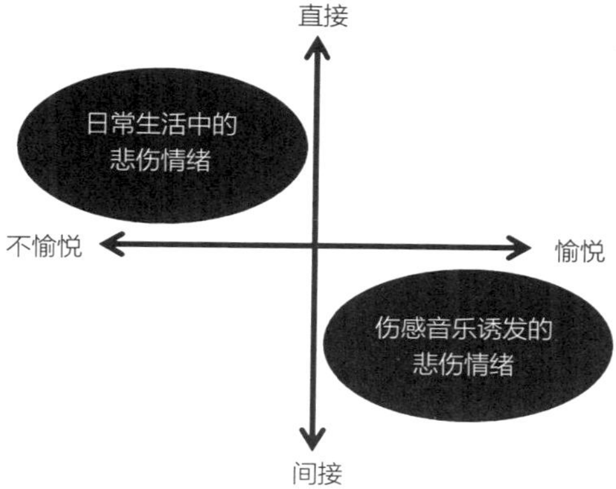

图 2-3　日常生活中的个人事件与伤感音乐所引发的悲伤情绪的差异
（引自 Kawakami，Furukawa，Katahira et al.，2013）

使他们重新回忆并释放悲伤情绪；在听伤感音乐的过程中，他们可以对自己的消极情绪在认知上重新评价，从而改善消极情绪或转移注意力。当然，重新回忆负面经历也会再次体验悲伤，但总的来说，伤感音乐有助于摆脱消极情绪。更有趣的是，参与者报告，在经历负面事件后，听欢快、动感的音乐反会令他们心烦意乱。

听悲伤的音乐会使得我们更容易获得情感共鸣，也更容易摆脱自怨自艾，从悲伤中解脱，这就是为什么很多情歌会被挂上“疗伤”的标签，也正是为什么很多人听到悲伤的情歌会流泪，但在擦干眼泪后可以继续前行。

忧伤的人更偏爱忧伤的歌？

忧伤的人似乎更喜欢忧伤的歌？我们在日常生活中常有这样的感受。确实，有研究者同样支持这种观点。最新的一项研究由美国南佛罗里达州大学的罗滕贝格（Jonathan Rottenberg）研究团队完成，他们的论文题目为《为什么忧伤的人更偏爱忧伤的歌?》(*Why Do Depressed People Prefer Sad Music?*)，这篇论文发表在2019年的《情绪》杂志上。

我们都知道，抑郁症的主要症状之一是持续不断的心境低落。抑郁的人是否更偏好悲伤的音乐？难道这样不会增加他们的悲伤吗？在罗滕贝格团队的研究中，他们招募了38名抑郁症患者，38名正常人。这两组参与者要在三种类型的音乐（欢快的、中性的和悲伤的）中选择一种最想收听的。接下来，要求两组参与者随便选择他们想听的音乐，不管是情绪类型还是节奏快慢，都可以完全不同。结果发现，在研究者给出的三种不同情绪类型的音乐中，抑郁症患者确实更喜欢选择悲伤的音乐。令人意外的一个结果是，抑郁症患者想听悲伤音乐并不是为了增加悲伤，而是因为这类音乐节奏缓慢，有放松、舒缓情绪的作用。在听完这种类型的音乐后，抑郁症患者的快乐情绪增加，悲伤减少了。他们这样解释："这些音乐让我内心安静，感觉很放松"；"这些音乐很舒缓"。健康人则往往偏好快乐的音乐。

抑郁症患者的音乐偏好只表现在悲伤音乐上，对于恐惧音乐，他们与健康人的选择没有显著不同。另外，如果音乐是悲伤的，但节奏很快，抑郁症患者也不太可能选择它。可见，抑郁症患者之所以偏好悲伤的音乐，是因为其音乐节奏比较舒缓。"悲伤的人喜欢听慢歌"确实是有科学依据的！它是忧伤的人调节自己的情绪的独特方法。

用音乐诱发情绪既可以给参与者明确的指导语，也可以没有指导语。当然，也有研究者认为，音乐诱发的情绪和我们日常生活中由具体的生活事件引发的情绪感受不太一样，这是音乐诱发技术的缺点。

此外，音乐诱发愉快和悲伤这两种情绪的效果比较好，诱发其他情绪如愤怒、厌恶等则比较困难。

下面列出在以往研究中使用过，即经过验证的音乐片段。

诱发愉快情绪的音乐片段：《勃兰登堡协奏曲第3号》（巴赫）、《勃兰登堡协奏曲第2号》（巴赫）。

诱发中性情绪的音乐片段：《牧神午后前奏曲》（德彪西）、《彼得与狼》（普罗科菲耶夫）。

诱发悲伤情绪的音乐片段：《E小调前奏曲作品28》（肖邦）、《图翁内拉的天鹅》（西贝柳斯）、《第九交响曲》（德沃夏克）等。

情绪图片

在日常生活中，人们会从网络上、杂志上以及各种各样的社交媒体上找到能引发我们愉快情绪感受的图片。虽然图片是一种单通道的视觉刺激，不像电影那样有很高的生态效度，但是如果选择得好，图片也可能表达和唤起情绪。因此，研究者也使用图片来诱发情绪。

在使用这种技术时，研究者会让参与者坐在电脑屏幕前，然后呈现一系列图片，每张图片呈现几秒的时间，图片之间有一定的时间间隔。最常使用的图片来自国际情绪图片库（international affective picture system，简称 IAPS）。该图片库共有 1000 多张图片，所有情绪图片均为分辨率高的清晰彩色图片，具有不同的愉悦程度、不同的唤起强度，展现了和谐美满的家庭、裸体的人、葬礼、艺术品、蛇、昆虫、美景、交通事故、毒品、疾病、污染、小动物、婴儿、太空等。

除了效价度和唤起度，这些图片还具有第三个维度——优势度或控制度，这个维度测量参与者在看过图片后感到被控制的程度或对图片里表述的内容的控制程度。

在国际情绪图片库中，诱发积极情绪的图片展现了可爱的婴儿（图 2-4）、温馨的伴侣、美丽的风景、可爱的动物、诱人的食物、微笑的面孔、朋友的相聚、与冒险相关的活动、金钱、获奖等。

图 2-4　国际情绪库中的积极图片样例
（引自 Lang，Bradley，& Cuthbert，2008）

采用情绪图片诱发积极情绪的研究发现了很多有趣的研究结果。

人们会优先注意环境中的积极信息

如果在你的视野中同时出现一个水杯和一张一百元的现钞，你会优先被哪个刺激吸引？没错，通常是那张百元现钞！

瑞士日内瓦大学心理系的普尔（Eva Pool）、布罗希（Tobias Brosch）、桑德尔（David Sander）在 2016 年的《心理学公报》（*Psychological Bulletin*）上发表了一篇综述性文章，梳理了近年来考察健康人群在实验室环境中对情绪图片的注意模式的一系列研究，得出结论：与中性信息相比，人们会优先注意环境中积极的奖赏性信息，研究者将这种现象称为正性注意偏好（positive attentional bias）。

研究者在这篇综述文章中总结道，人们会对金钱、婴儿的面孔、食物、美好的景色、笑脸、美丽的面孔、奖赏等各种各样积极的情绪信息有优先的注意偏好；唤起度越高的积极情绪刺激，越可能引起人们的优先注意。确实，一张一百元人民币和一叠一百元人民币，肯定是后者更优先吸引注意。此外，与我们的需要（不管是生存需要还是社交需要）越相关的积极情绪刺激，越可能吸引注意。假设一个人现在很饿，一张美食的照片就比一束美丽的鲜花更吸引他的注意；如果一位男性现在单身，很渴望恋爱，一张美丽女性的面孔或一对微笑相拥的恋人照片一定会让他优先注意到；如果某人酷爱巧克力，巧克力的图片就会最先进入他的视野。

人类对积极信息的优先注意的这种认知加工倾向，让我们更可能感知到未来的收益，对未来持积极、乐观的态度也会让我们倾向在日常生活中保持愉快的心境、积极的心态和和谐、稳定的心理健康水平。因此，这种正性注意偏好对我们人类有积极的适应意义。

值得注意的是，抑郁症患者优先注意积极信息的倾向受损。抑郁症患者表现出的主要症状有：第一，日常的主要情绪基调为悲伤，对各种活动没有兴趣，快感缺乏，心境消沉，以前感兴趣的事情（如交友、美食、运动、工作、学习等）现在不再有兴趣。感情从生活中被吸走，不喜欢和朋友在一起，似乎怎么做都不对。第二，食欲或体重出现明显变化，可能不想进食，体重骤降；也可能食欲亢进，体重骤升。第三，睡眠障碍，可能表现为失眠，如早晨三四点就会醒来；也可能表现为嗜睡，如一天可以睡 22 个小时。第四，运动迟缓，反应速度变慢，如走路慢、说话慢等。第五，感到疲惫，没有任何能力，不想动，甚至会整天待在床上。第六，感觉毫无价值或有强烈罪恶感，一切都是自己的错误，自己是魔鬼，拼命贬低自己，严重时甚至有自杀的念头或行为。第七，不能集中注意力，不能思考，认知能力严重下降。

美国精神病学家、临床心理学家及认知行为治疗的创始人贝克（Aaron T. Back）在 1976 年的著作中指出，抑郁症的一种可能原因是，抑郁的人倾向注意和记忆环境中的负面信息，无视正面信息。在最近的研究中，这种观点得到了证实，即抑郁个体的正性注意偏好可能减少或降低。

2007 年，美国斯坦福大学的心理学研究者约尔曼（Jutta Joormann）和戈特利布（Ian H. Gotlib）在《变态心理学杂志》（*Journal of Abnormal Psychology*）上发表的论文首先证实了这一点。研究者招募了抑郁症患者（26 人）、曾经患过抑郁症但已康复的人（23 人）和健康人（19 人），共三组参与者。首先在屏幕中央呈现一张微笑的表情和一张悲伤的表情的照片，接下来两张照片同时消失，在刚才两张照片呈现过的位置中的任意一个位置会出现一个黑色的小圆点，参与者要尽可能迅速地判断小圆点出现在屏幕的左侧还是右侧。

结果发现，健康组参与者会倾向回避悲伤表情，优先注意到微笑表情；抑郁症患者和已经治愈的抑郁症患者都会优先关注悲伤表情。研究者认为，这就是抑郁症患者和正常人的不同之处，他们总是优先加工负面信息。在与他人交往时，他们也预期会得到他人的负面评价和负面反馈。总之，他们是悲观的。

来自美国范德堡大学的心理学研究者阿姆斯特朗（Thomas Armstrong）及其同事认为，抑郁症患者即使注意到积极情绪信息，也会很快转移注意力；从动机的角度来看，抑郁症患者会有意回避体验积极情绪，不想将注意保持在积极情绪信息上。他们撰写的综述性评论文章发表在 2012 年的《临床心理学评论》(*Clinical Psychology Review*）上，文章共分析了 33 个关注这一主题并采用了眼动技术的研究，样本量达到 1579 人。这篇文章还特别提到焦虑症患者会优先关注环境中的威胁性信息，并将注意长久停留在威胁性信息上。

双相情感障碍（bipolar disorder）是指躁狂和抑郁间歇发作的患者。其情绪时而在欣快的巅峰，时而在抑郁的低谷，好比在“冰与火的跷跷板”之间不受控制地来回切换。欣快时，即使没有积极情绪刺激，也会处于躁狂状况，有迷之自信，会说出“我能拯救整个世界”这样的“豪言壮语”。此时，他们精力旺盛，思维跳跃，但语言逻辑性很差；讲话速度飞快，如果他人没有理解其语言，他们不会反思自己的语言表述的逻辑问题，反而会认为他人的智力不如自己；常常会有冒险性决策和举动，如花光所有的积蓄，来一次说走就走的旅行。抑郁时，他们心境低落，对身边的所有事情都没有兴趣；自卑、悲观，没有活力，行动缓慢，严重时有自杀的念头和想法，这些和单相情感障碍（抑郁症）的表现非常相似。双相情感障碍比单纯的抑郁症的治愈率要低很多。

美国加利福尼亚大学伯克利分校和斯坦福大学的研究者合作，2016 年在《认知与情绪》上发表了一篇研究报告，他们认为，双相情感障碍患者也存在正性注意偏好比正常人减少的倾向。在这项研究中，研究者招募了 90 名双相情感障碍患者和 81 名正常人。首先，在实验室通过想象的方法诱发参与者积极的情绪状态，如让他们想象“自己以往渴望的美梦成真的场景”，还会播放愉快的音乐帮助完成想象任务。然后，完成约尔曼和戈特利布研究中所使用的相同的实验任务，观察双相情感障碍患者和正常人对愉快和悲伤表情的注意偏好是否不同。结果发现，在成功诱发积极情绪之后，双相情感障碍患者对愉快表情的注意与正常人没有显著差异，但对于诱发积极情绪效果不佳的双相情感障碍患者，他们对微笑表情的注意偏好明显比正常人低。这说明双相情感障碍患者不处于积极心境中时，也不会优先注意积极信息。

当心理学家观察到抑郁症患者的正性注意偏好比正常人下降这个现象后，便开始尝试开发各种训练任务和干预方法，促使抑郁症患者更关注环境中的积极信息。这些任务多种多样，以下列举其中的几种。

视觉搜索任务（visual-search task）：在使用这种任务训练抑郁症患者的正性注意偏好时，会给患者呈现一系列情绪图片，其中有积极的情绪图片，也有消极的情绪图片。让患者在这些图片中尽快找到正性情绪刺激，如让患者从愤怒表情矩阵中寻找快乐表情。完成搜索的速度越快，说明患者有越明显的正性注意偏好。

注视任务（wait-for-fixation paradigm）：注视任务的设计目的主要是引导抑郁症患者去注视积极情绪刺激，同时采用眼动仪记录眼球活动轨迹，从而确定患者是否注意到了积极情绪刺激，以及他能否保持较长久的注视。随着训练次数的增加，患者对正性情绪刺激（如微笑的面孔、奖赏刺激）的注视时间也会延长。

注视模式反馈任务（gaze-contingent feedback paradigm）：该任务主要针对抑郁症患者的悲观解释偏向，即总认为结果是负面的，“我是个失败的人”。该训练任务会呈现一些顺序被打乱的词，让患者重新组织这些词，组成一个语法正确、有意义的句子，如“am，winner，born，loser，a，I”这几个词既可以组成“I am a born winner”（我天生就是一个成功者），也可以组成“I am a born loser”（我天生就是一个失败者）。在训练任务中，会直接告知患者需要将注意分配给积极情绪词，并将打乱的单词重新组成一个有积极含义的句子。同时记录患者的眼动注视模式，训练他调整注视模式，控制自己的注意，将其更多地分配给正性刺激。这个训练任务由比利时根特大学实验临床与健康心理学系的研究者于 2016 年发表在《情绪》杂志上。研究者发现，与训练前相比，训练后参与者对积极情绪词的注视时间显著增加，组成积极含义句子的数量也显著增加。

建立注视正性刺激的操作性条件反射（operant conditioning of eye gaze）：在该任务范式中，研究者会呈现由一些不同类型的表情图片排列成的菱形矩阵，如 12 张图片中包含 6 种表情图片（愉快、愤怒、悲伤、恐惧、厌恶和中性表情），如果患者在固定时间内注视积极表情图片的时间达到了某个数值（如 250 毫秒），就会听到一个短的、积极的提示声音，表明其反应正确，从而强化患者对积极情绪刺激的注视。反之，则实验停止，重新开始。该训练可以帮助患者建立保持长久注视正性情绪刺激的习惯，它是美国匹兹堡大学医学院和英国班戈大学、比利时根特大学的研究者合作创设的，该研究发表在 2016 年的《情绪》杂志上。

趋近—回避任务（approach-avoidance task）：人类天生有趋利避害的行为倾向，但抑郁症患者对奖赏性刺激的趋近行为倾向降低，同时有难以摆脱的注意消极情绪刺激的倾向。在趋近—回避任务范式中，患者通过操纵控制杆作出拉近积极情绪图片、推开消极情绪图片的动作。通过这样的训练，让抑郁症患者建立自动靠近正性情绪刺激的行为习惯。

虽然现有的研究证据还不多，但以上这些训练任务取得了积极的效果。比利时根特大学心理系的巴尔（Saskia Baert）、德雷特（Rudi De Raedt）及其同事对有情绪问题的 48 名大学生进行了正性注意偏好训练，这些大学生有轻度或中度的抑郁症状，训练任务是让他们注意积极的情绪词。训练持续了 10 天，这些大学生每天在家中自行完成训练任务。结果发现，训练可以明显改善轻度抑郁症状。巴尔等人又进行了第二项研究，他们招募了 44 位症状已经达到临床诊断标准的抑郁症患者，这些患者均在接受药物治疗。这次依旧采用与第一个实验相同的训练任务，训练时间也是 10 天。训练结束后，这些患者在《贝克抑郁量表（第二版）》上的测验得分明显降低，说明其抑郁症状明显减轻了。这两项研究发表在 2010 年的《行为治疗与实验精神病学杂志》(*Journal of Behavior Therapy and Experimental Psychiatry*）上。

中国的上海师范大学、西南大学和美国的哈佛大学的研究者合作完成了一项研究。该研究招募了 41 位还未出现明显抑郁症状（在《贝克抑郁量表》上的得分大于 14 分）的年轻女性参与者，将她们随机分为两组：一组 24 人，训练她们注意微笑面孔；另一组为对照组（17 人），每天完成其他训练任务。连续进行 4 周，结束后，训练组的女性对微笑面孔的注意偏好明显增强，更重要的是，其抑郁症状也明显减少，对照组的量表得分没有任何改变，这说明训练达到了良好的效果。静息状态功能磁共振成像数据表明，右侧前脑岛、右侧额脑岛和右侧缘上回（supramarginal gyrus）的功能连接强度在训练后显著减弱，这种减弱与抑郁症状的改善存在显著正相关，研究者推测，它可能反映了对消极情绪刺激的注意偏向减弱，对正性情绪刺激的注意偏向增强。这项研究发表在 2016 年的《心理医学》(*Psychological Medicine*）杂志上。

在日常生活中，我们也可以利用心理学家开发的那些训练正性注意偏好的训练任务，增加对积极情绪刺激的优先注意。我们可以将注意多停留在积极情绪刺激上，保持一段时间，或练习在纷繁的环境刺激中尽快捕捉到积极刺激，或对之进行积极的解释，或形成迅速靠近积极情绪刺激的条件反射……这样做可以让我们远离抑郁，保持积极、乐观的心态，永远心怀希望！

年龄越大，越偏爱积极的信息

风急天高猿啸哀，渚清沙白鸟飞回。
无边落木萧萧下，不尽长江滚滚来。
万里悲秋常作客，百年多病独登台。
艰难苦恨繁霜鬓，潦倒新停浊酒杯。

——唐・杜甫《登高》

这首诗据说是杜甫去世三年前写的，从这首诗中，我们读出了杜甫晚年的愁苦，诗人将那种抑郁的心情描写得淋漓尽致。人们常常形容老年为“风烛残年”，因为此时人的认知能力、健康水平、体力都有很大下降，但老年人的心境的确比年轻人更凄苦吗？

心理学家的研究结论与之恰恰相反：年轻人更容易看到事情的消极一面，而年龄大的人更偏爱积极的信息，这种对情绪信息的偏好体现在选择性注意和记忆上。美国斯坦福大学心理系的卡斯滕森（Laura Carstensen）和斯坦福大学长寿研究中心的德利马（Marguerite DeLiema）在2018年的《行为科学的最新观点》(*Current Opinion in Behavioral Sciences*）杂志上提出，可以用社会情绪选择理论（socioemotional selectivity theory）来解释这种现象。该理论认为，随着年龄的增长，人们会意识到自己余下的时间越来越少，未来的人生目标也会发生改变。如年轻时的主要目标是学习知识，以备未来所需；年龄增大后，人生目标就会更关注当下，如“此时此刻，我要让自己很愉快”。成为老年人后，人生目标会更看重当下的情绪体验（这是一种情绪目标），这样的需求让他们选择性关注积极的信息，相对忽视消极信息，这就是老年人体现出来的积极偏好（age-related positivity）。

一项研究发现，记忆积极图片比记忆消极图片更好的老年人，其免疫水平也更高，即可能更健康。美国斯坦福大学和加利福尼亚大学的研究者合作，于2004年在《心理科学》(*Psychological Science*）杂志上发表了一篇文章，记录了一项研究。他们招募了300名40—102岁的修女，让她们回忆14年前的个人情绪性事件，然后发现，老年人更多地回忆出人生中的快乐经历，年轻人更多地回忆出人生中的悲伤经历。老年人注重积极情绪信息的现象会让他们更善于调节情绪并从中获益。

2020 年，香港中文大学的研究者在《心理与老化》(*Psychology and Aging*) 杂志上发表了一篇文章，提出老年人不仅重视享乐性快乐，即看重情绪上的快乐，而且重视寻找人生的积极意义。事实上，他们也更善于从信息中寻找积极的意义。因此，老年人的主观幸福感和自我实现的幸福感都可能高于年轻人。

老年人和年轻人在情绪信息的注意偏好上的差异，可以用当下的社会事件来举例证明。在新冠肺炎疫情暴发期，年轻人每天看到的可能是确诊病例的上升数量，很多确诊患者的绝望和无助，监管体制不够完善，从而心生愤怒和悲伤；而老年人更可能看到一线医护人员“逆行”的精神，军人面对疫情誓死不退的勇敢与无畏，政府治理疫情的果断措施，迅速拔地而起的雷神山医院和火神山医院，以及普通民众对疫区的无私捐助，他们因这些积极的信息而感动，心生自豪和希望，更加乐观。他们相信一切都会好起来，即便面对负面的信息，也相信世界是多元的，社会是在进步的，正是这次疫情让我们发现问题，我们会借此机会改正和调整，将此次疫情作为教训，警醒后人。

书写：增加积极情绪的有益方法

在使用书写诱发积极情绪时，会给参与者几分钟的时间，让他们写一段自己经历过且与研究者要求的心境相符的话。研究者要求参与者重新体验那段经历，并尽可能清晰地回忆相应的细节。研究者可能会给参与者这样一段指导语：“请使用这支笔和纸，写下过去让你感到快乐的情绪体验和整个事件的发生过程。你需要尽可能详细地回忆整个经历，好像你又重新回到当时的情境中。你会有 12 分钟的时间，如果在时间截止之前你已经完成了，你还可以写其他的体验。总之，在我喊停之前你要一直写。”

在另一项研究中，研究者要求参与者回忆自己人生中的 10 个自传体式回忆，每个人写一个句子，然后采用 10 点程度评定的方法，报告这个回忆令他们感到多么悲伤，他们回忆这些经历时有多么历历在目。在使用这种情绪诱发方法时，研究者需要注意，自传体式回忆在个体之间差异很大，研究者往往不能控制每个人写什么样的内容。

表达性书写的益处

表达性书写是指将自己人生中的创伤性事件（当然，也可以是非创伤性事件）书写下来。不论书写的是生活中的消极经历还是积极经历，都会带来益处，因为书写本身就是一种情绪调节过程，让我们重新反思，重新检查、理解、同化和吸收这些经历。在审视我们以往经历中曾体验过的情绪时，我们会看清自己，理解自己想要什么，并控制或调节我们的负面情绪。

书写一段积极的成长性经历，能够提升个体的自我效能感和对人生的掌控感，这一领域有一些有趣的研究。

首先，书写生活中的积极事件能够提高情绪智力和生活满意度。澳大利亚新英格兰大学的温（Joanna Wing）、舒特（Nicola Schutte）和伯恩（Brian Byrne）2006 年在《临床心理学杂志》(*Journal of Clinical Psychology*）上发表了一篇论文。在其研究中，他们招募了

175 位成年人，这些参与者被随机分为三组：第一组参与者根据提示写下自己的积极经历；第二组参与者没有提示，但也需要书写自己的积极经历；第三组参与者书写中性事件。书写积极经历的两个组，研究者都会告诉参与者这样一段话：“请你回忆过去人生中最精彩、最奇妙的经历：可能是你感到最快乐的时刻、狂喜的经历、幸福的时光，也可能是你感到自己被爱的时候或身处大自然中时；或许是你达成了一个奋斗目标，也可能是你产生了一些伟大创意……请选择这样一个经历。请你尽力回忆，想象你又回到那个时刻，细细品味你当时所有的感受和细节……请你把这些尽可能详细地写下来。”对于收到提示的第一组参与者，研究者还会给他们额外的指导语——让参与者继续思考并写下来，他们如何才能“更频繁地重新体验这种感受”。研究者进行这样的控制是希望鼓励参与者进行情绪调节，评估他们如何继续保持、改变或控制现在的情绪以达到新的目标，进而提升幸福感。对于控制组参与者，则要求他们写下一天内所做的琐事。研究者要求参与者每天花 20 分钟的时间，连续 3 天来做这些事。所有参与者都会在书写任务开始之前、连续 3 天完成书写任务后以及 2 周后分别完成相应的情绪智力问卷、生活满意度问卷和情绪评估量表。

在最后的结果中，研究者发现，在给情绪调节提示的书写积极经历组中，参与者的情绪智力、生活满意度都比完成书写任务之前有明显的提高；2 周后，书写积极经历组参与者的生活满意度仍然高于完成书写任务之前，说明书写积极经历的益处是可以长期保持下去的。情绪智力分数越高的人，其生活满意度提高的幅度也越大。在前测时，情绪智力分数越低的人，完成书写任务之后，其情绪智力分数提高得越多。在没有提示的积极经历组，虽然生活满意度较之前有提高的趋势，但没有明显效果。

其次，书写中使用积极情绪词频率高的人可能会长寿。这项有趣的研究是美国堪萨斯大学心理系的普雷斯曼博士（Sarah Pressman）和卡内基·梅隆大学心理系的谢尔顿·科恩博士（Sheldon Cohen）合作完成的。他们的研究对象是已故的著名心理学家，譬如发展心理学家皮亚杰、人格心理学家奥尔波特、行为主义代表人物斯金纳等，共计 88 位，这些心理学家出生于 1843—1926 年间，平均年龄为 79 岁。他们均为白人，大部分是男性，只有 3 位女性。

研究者分析了这些心理学家的自传中与个人有关的内容，计算了其中情绪词的使用频率，并对这些情绪词进行积极或消极、高唤起（如活跃的、焦虑的）或低唤起（如平静的、昏昏欲睡的）的分类。结果发现，当控制了性别、健康水平（根据他们自传中所提及的自己的健康程度）、民族、语言和出生年代的影响后，使用唤起水平相对较高的积极情绪词（如活泼的、精力充沛的、警觉的、幽默的）的频率越高的人，寿命越长。如有位心理学家这样写道："到了春天，我决定攻读心理学的硕士学位！我因为我的职业选择兴奋得整夜无眠！""我怀着满腔热情参加了所有的课外活动，这些使我在小镇里的大学生活丰富多彩。生活是充满活力和乐趣的。"使用低唤起积极情绪词（如平和的、安静的）的频率与长寿无明显相关。这项研究发表在 2012 年的《健康心理学》（*Health Psychology*）杂志上，研究者得出结论：书写时所用的情绪词的类型会预测一个人的寿命，使用越有活力的积极情绪词的人，其寿命可能越长。

最后，在创伤性事件后进行表达性书写可以使人重拾快乐。2009年《积极心理学杂志》(*The Journal of Positive Psychology*)刊登了一篇由美国蒙莫斯大学的研究者撰写的文章，他们发现在亲密恋人关系破裂后，关注积极一面的表达性书写可以使人产生更多的积极情绪。

研究者招募了87名单身状态的大学生，这些大学生最近都刚刚经历过失恋。他们首先完成积极情绪问卷和消极情绪问卷，然后会被随机分配到三种实验条件中的一种：关注积极信息、关注消极信息和关注中性信息。积极信息组大学生会被告知："我们想让你放下过去，写下刚刚结束的这段关系中令你感受最深刻的想法和那些积极的感受。最重要的是，你要挖掘内心最深刻的积极情绪并将它们写下来。"消极信息组大学生会被告知："我们想让你放下过去，写下刚刚结束的这段关系中令你感受最深刻的想法和那些消极的感受。最重要的是，你要挖掘内心最深刻的消极情绪并将它们写下来。"这两组大学生每天要花20分钟的时间书写，连续写3天。每一天，要回答一个有关分手的问题。第一天的问题是，"请写下那些你认为导致你们分手的事件和因素，以及实际上导致你们分手的事件和因素"；第二天的问题是，"请写出分手这件事发生几天后给你留下的一些后遗症"；第三天的问题是，"请写下分手发生几周后给你留下的一些后遗症"。

给控制条件下的参与者，即中性信息组大学生的指导语是："请对你们分手这件事形成尽量合理的、合乎逻辑的论断，但请不要表达你对这件事的任何情绪反应或感受。"他们每天也要回答问题，第一天的问题是："你觉得高校应该开展安全性教育吗？即使这样做可能会触犯某些同学的宗教信仰。"第二天的问题是："你认为男生和女生可以住同一宿舍或同一房间吗？”第三天的问题是：“你认为可以允许师生恋吗？”

连续书写完成后，积极书写条件下的大学生的积极情绪大幅提高，其他两组大学生的积极情绪没有明显改变。研究者认为，在失恋这类压力事件发生后，关注积极方面的表达性书写能提高积极情绪，且不会同时增加消极情绪。也就是说，关注压力事件的积极一面的书写有助于我们从压力中恢复，重拾信心和快乐。

书写有助于增强心理障碍患者的心理弹性

丹麦的哥本哈根大学和南丹麦大学、美国的密苏里大学以及德国的海德堡大学的研究者一起合作，在 2020 年最新发表的论文中，发现每天坚持书写对边缘型人格障碍（borderline personality disorder）患者有积极作用。

研究者招募了 72 名边缘型人格障碍女性患者，每天通过网络完成电子日记，让所有患者每晚临睡前报告每天的积极情绪、消极情绪、自我的心理弹性（如“我能很快平息对某人的愤怒情绪”“我能很快从震惊中恢复过来”“每天生活中都有很多让我感兴趣的事物”等）和生活质量问卷（如“你如何评价自己当前的生活满意度？”）。这样连续完成 21 天的记录，结果发现，前一天的积极情绪会使第二天的心理弹性和生活质量都有很大提高，这种关系与前一天的消极情绪和精神病症状程度无关；每天的积极情绪与第二天的心理弹性和生活质量之间的关系，要明显强于消极情绪与这两者的关系。

根据这样的研究结果，研究者指出，未来可以考虑将这种每天坚持书写和记录自己的情绪状态的方法，作为治疗边缘型人格障碍的一个备选方案。如果这种方法对心理障碍患者都有效，对健康人就可能效果更显著，所以，我们都可以尝试在每天晚上入睡前，将自己今天的积极情绪、消极情绪用几个情绪词描述一下，这样有助于提高明天应对压力的能力，乃至提高生活满意度。

来自他人的积极反馈

采用他人的积极反馈诱发情绪时，会要求参与者完成某项任务，然后对他们的成绩给予积极或消极的反馈。这些测验在内容上可能各不相同，但最常见的是认知测验、空间测验、智力测验和分析测验。研究者或告诉参与者，他们完成得很差（失败反馈）；或告诉参与者，他们完成得很好（成功反馈）。如研究者在参与者完成空间推理测验后告诉他们一个错误的分数，或在按照计算机程序运行的测验进行到一半时，自动弹出一个窗口，展示虚假的排名信息，积极的反馈是“你现在在 250 人中排第 12 名，超过了 95.2% 的被试”，消极的反馈是“你现在在 250 人中排第 208 名，有 83.2% 的被试都完成得比你好”。

这种诱发方法可能会受参与者自尊水平的影响，在分析中应该考虑这一点。高自尊的人不容易受到来自他人的正面或负面评价的影响，低自尊的人与之相反，比较容易受到他人评价的影响。芬兰图尔库大学心理系的研究者努门马（Lauri Nummenmaa）和涅米（Pekka Niemi）分析了 32 个采用给他人成功或失败的反馈诱发情绪的研究，这些研究共涉及 2468 名参与者。结果表明，给他人提供成功或失败的反馈是一种可靠的情绪诱发技术，能够诱发积极的和消极的情绪反应，但这种方法可能不能诱发乐趣、恐惧等非常具体的情绪。

诱发积极情绪的注意事项

我们首先需要注意，情绪诱发的各种技术旨在诱发某种特定的情绪，但也可能出现多种情绪，给参与者什么样的指导语以及诱发方法的类型都会影响结果。在效果上，一些方法更成功一些，如有研究者认为音乐诱发情绪的成功率最高，催眠诱导的成功率最低。也有心理学研究者更推荐影片片段的诱发方法，还有研究者认为自传体回忆的方法更好，或多种方法结合在一起使用更好。究竟哪种诱发方法效果最佳，还存在争论。

其次，要考虑的另一事项是，用来评估情绪状态的测量工具的类型。如采用自我报告式测量方法时，参与者不一定如实报告自己真实的情绪体验，或者参与者会猜测研究者希望看到他的何种反应，因而虚假报告某种情绪反应，希望自己的反应符合研究者的预期，心理学家将这种现象称为要求者特征。

再次，在实验室中诱发的积极情绪很难说与真实生活中由具体的情绪事件引发的积极情绪完全等价，两者在强度、持续的时间以及真实性上都会有所不同。在实验室中诱发积极情绪得到的研究结果放到真实生活中会成立吗？心理学家将这个问题称为生态效度问题。

产生情绪体验的能力也有很大的个体差异。如研究者发现，女性比男性有更强的情绪反应，对情绪刺激更敏感，这种敏感性可能体现在行为或生理变化上，这似乎也是很多情绪研究中女性参与者比男性参与者更多的一个原因。

最后，不同的情绪诱发方法可能产生不同的心理效应，不同的积极情绪诱发方法产生的结论可以相互验证吗？这同样是心理学家未来需要考虑的一个问题。

第三章

我们如何表达积极情绪

笑容是最基本的表情，它具有传染性，常常用来表达友善和热情。但笑容并非永远有积极作用，假笑或恶意的笑会被视为挑衅或有敌意。毫无疑问，常笑的人会更健康、更有吸引力，我们的笑容可能是社交利器与最好的治病良药。

真笑与假笑

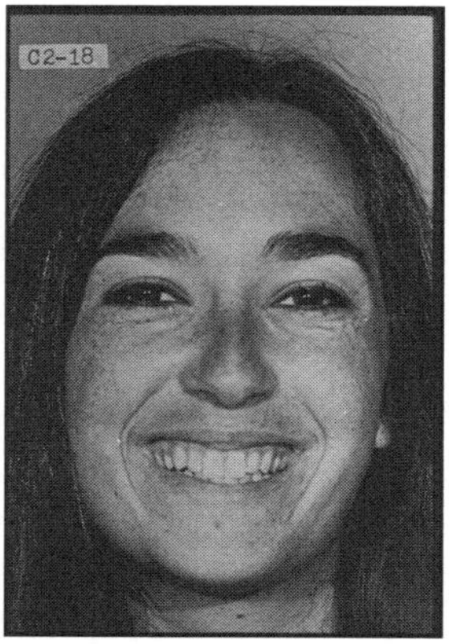

图 3-1　微笑的面孔表情
（引自埃克曼的面部表情材料库，1978，图片编号 C2-18；Ekman & Friesen，1978）

表达积极情绪的最典型表情就是微笑。微笑表情的主要特征有：额头平展，面颊抬起；眼下皮肤皱紧；瞳孔变小，出现眼角的皱纹，眼睛会闪耀光芒；嘴角后拉，上翘如新月，可能会露出牙齿；眉毛会微微下沉（图 3-1）。

笑容有真笑和假笑之分。真笑是当人们内心体验到真正的积极情绪或感到快乐时才会出现的笑容；假笑时人们内心并没有真正的愉悦情绪，但可以通过意志控制嘴角上翘，露出牙齿，展现微笑的表情。真笑和假笑的面部表情并不相同，关键区别是眼睛这一部位有细微的变化。

真正的笑容会由颧骨主肌和眼部轮匝肌同时收缩形成，颧骨主肌受意识支配，可以控制和收缩面颊肌肉，使人嘴角上翘，露出牙齿，出现微笑表情。但眼部轮匝肌不受意识控制，它由两个部分构成：上睑眼轮匝肌有降眉作用，可以拉下眉毛及眉毛下的皮肤；下睑眼轮匝肌有提颊作用，可以拉紧眼睑及下方的皮肤，同时抬起两颊。真正的笑容不仅有嘴角的上翘，还要有眼部轮匝肌的收缩，从而在眼睛周围形成乌鸦角形式的皱纹（如图 3-2 右图所示）。

真笑的表情最初由 19 世纪法国著名神经病学专家杜兴

（Guillaume Duchenne）发现。他通过给患者面部肌肉施加电极刺激，诱发微笑的出现。在图 3-2 中，右图中的笑容为真正的微笑，左图是杜兴用电极刺激轮匝肌的下睑眼轮匝肌诱发的微笑，他没有刺激上睑眼轮匝肌，所以只有面颊的提升，没有眉毛的下降，并不能称为真正的笑容。仔细观察也会发现，左图和右图存在客观的差异。因为不能通过意识控制，左图中展示的表情只有通过电极刺激面部肌肉才能出现。杜兴发现了真心开怀而笑的面部表情的特征，后人为了纪念他，将发自内心、真心愉悦时出现的笑容称为杜氏微笑。这种笑的形式和其内心的真实感受是一致的，自然的笑容不仅有嘴角的翘起，眼睛也会眯起，而假笑只有嘴角上翘，眼睛周围的肌肉几乎没有变化，它通常是一种礼节性微笑。尽管这两种笑容在神经生理学领域被称为杜氏微笑和非杜氏微笑，但考虑到它们跟人们真实的情绪体验之间的关系，更为大众知晓的名字就变成直白的真笑和假笑。

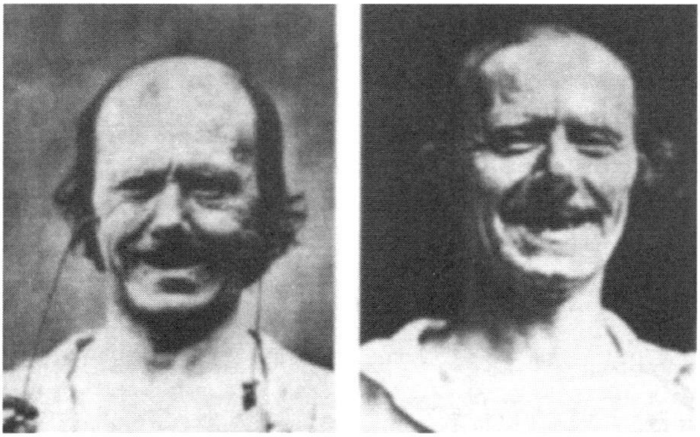

THE DUCHENNE SMILE

图 3-2　非杜氏微笑与杜式微笑

[引自《情绪的解析》(2008)]

下面来个小测试，请你仔细观察图 3-3 中美国旧金山州立大学的埃克曼教授作出的表情，试着判断哪张图是真笑，哪张图是假笑。

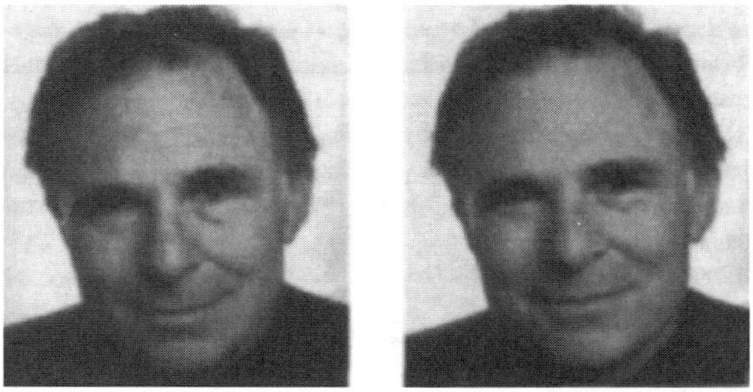

A　　　　B

图 3-3　哪一张图中埃克曼教授在真正的微笑？
［引自《情绪的解析》（2008）］

乍一看似乎差不多，两张图中埃克曼教授拥有同样隆起的苹果肌，同样上翘的嘴角，但我们可以感觉出，左边图片中他并不是真的高兴；右边图片中的他才是真正的开心，伴随着眼角周围小细纹的出现，这是由眼部轮匝肌收缩引起的。所以，如果你发自内心地笑，嘴角会翘起来，苹果肌会隆起来，最重要的是，眼角会有发散性小细纹出现。小孩子和年轻人皮肤弹性好，真笑的时候通常没有鱼尾纹；30 岁以上的人真笑时眼角鱼尾纹就比较明显；中老年人在平静的表情下也能出现鱼尾纹，而真笑的时候鱼尾纹更加明显。

人在真笑的时候，潜意识中会认为周围环境是安全的，所以会眯起眼睛。人眯起眼睛的时候视野变小，进入眼睛的光线也会减少，无法良好地观察周遭环境。请设想一下，如果你身处黑暗的环境中，此时虽然看不到，但你一定会把眼睛睁得大大的，因为你要努力观察环境，绝对不会闭起眼睛。假笑的时候，潜意识中会觉得周围环境不够安全，甚至存在威胁，所以不会眯起眼睛。真笑的时候眼睛应该是相对闭合的，笑的程度越强，眼睛闭合的程度越大，如图 3-4 所示。如果一个人眼睛的闭合程度与笑的程度不匹配，他就是在假笑。

图 3-4 笑的程度越强，眼睛闭合的程度越大

假笑可能是一种应对压力的方式

一个不懂得区分真笑和假笑，内心又很敏感的人，很有可能把假笑当作一种挑衅或敌意的表现。举个生活中的例子，如果一个学生在老师训话时露出了假笑，老师很容易因为将假笑解读为对自己的嘲弄或不满而火冒三丈。不过，这样的解读对那些在压力场景（如被老师训话）下露出假笑的人来说，真是太冤枉了。

实际上，出现假笑往往是由于我们感受到强大的压力和威胁，虽然大脑自动启动“战斗或逃跑”系统，但无法把神经系统运转的结果付诸实践（被训话的学生既不能撇下老师逃走，也不能回骂或动手打老师），无奈之下，我们的大脑赶紧启动了“消化和休息”系统，好减轻“战斗或逃走”系统对身体和心理造成的痛苦，持续地通过假笑掩盖真实的感受。这个时候，假笑只是大脑强行启动“消化和休息”系统的一个标志信号。

虽然假笑只是我们通过调整面部肌肉而露出的笑容，并非发自内心，但它可以像真笑一样，暂时地激活大脑内感受放松和愉快的区域，从而改善当前的感受。当我们笑起来，身心稍稍放松之后，大脑就会降低对当前情况的危险评级，这个时候，假笑启动的“消化或休息”系统就像一剂强效麻醉剂，强行屏蔽掉“战斗或逃跑”系统启动后带来的种种生理变化，让我们的身体和心灵都不再感到难受。所以，如果你身边有一个经常在各种尴尬或难受的情景下露出假笑的人，你千万别当他是虚伪的人，他也许只是害怕被排斥或不懂得表达自己的真实情绪。

如果你自己就是一边难受一边假笑的人，就需要试着感受一下自己的真实情绪，同时多学习一些应对压力的方法。也许最初的尝试会很艰难，但当你越来越多地了解自己的真实感受，掌握了更多的应对方法后，你会在某一天惊讶地发现，你不再一边难受一边假笑了。

假笑能暂时缓解我们的紧张和不适，但长期保持假笑不仅让我们无法好好处理“战斗或逃跑”系统带来的种种神经压力，而且可能因表情与实际情绪感受长期分离，罹患胃溃疡、高血压、抑郁症等与慢性压力有关的疾病。在面对压力时偶尔假笑一下并不是坏事，只是请不要一直假笑下去。

为什么微信中的微笑表情看起来不友好?

微信中的微笑表情（近似图 3-5 中左起第一个表情）非常有名，部分是因为很多人在使用微信时，往往会说这个微笑表情看起来并不快乐，反而让人感到无奈或尴尬。这是为什么？重要原因是这个微笑表情只有假笑时嘴部的肌肉动作，嘴角上翘，没有真笑表情出现时应该具有的眼部轮匝肌的收缩，眼睛没有闭合，眼角也没有小皱纹，所以给人不友好、不积极的感觉。

图 3-5　emoji 表情

在其他愉快表情中，如图 3-5 中第二、第三个表情，都出现了眼睛闭合或眼睛眯成上翘的弧形，这更符合真笑的面部肌肉特征，所以这两个表情看起来更积极、友好。

在 2018 年微信公布的数据报告中有这样一个数据：80 后在用微信沟通时，想要表达积极情绪的时候，最常使用的表情就是龇牙笑。龇牙笑的表情也是符合真笑的表情特征的：眉毛下沉，眼睛闭合，嘴角上翘并露出牙齿。但有调查发现，老年人比年轻人更频繁地使用微笑表情，他们认为这个表情表达的含义是友好的。这可能是因为老年人比年轻人表达情绪更内敛、含蓄，更不喜欢使用夸张的情绪表情。

微笑的力量

笑容能增进健康，预测未来的幸福感

美国加利福尼亚大学伯克利分校进行了一项长达 30 年的追踪研究，对一群志愿者学生时代旧相册上的照片进行分析，主要关注他们在照片上是否出现了真笑的表情，并在 30 年后测量了这些志愿者的成就水平与幸福感。研究者发现，这些志愿者的婚姻的持续时间、美满程度以及在幸福感测验上的得分，与其在旧照片上是否露出真笑表情存在正相关。也就是说，在旧照片上有真笑表情的志愿者，更可能

在后来有更高的幸福感，也会有更稳定、更幸福的婚姻。

微笑不仅能够预测幸福，还与长寿存在很高的正相关。美国韦恩州立大学在 2010 年进行的一项研究中，考察了 20 世纪 50 年代前美国职业棒球联盟球员的照片，结果发现，这些球员的笑容绽放程度能够预测其寿命的长短。那些没有在照片上露出微笑的球员平均寿命只有 72.9 岁，露出一点微笑的球员的平均寿命为 75 岁，而笑容灿烂的球员的平均寿命将近 80 岁。

经常微笑不仅能够让人更愉快，还能让人更健康。微笑能够帮助降低与压力升高有关的激素（如皮质醇、肾上腺素）的水平，提高并改善与快乐情绪有关的激素（如内啡肽）的水平；微笑还能降低血压。

微笑的面孔更有吸引力

美国宾夕法尼亚州立大学近期的一项研究发现，一个人微笑时，不仅能变得更好看、更有礼貌，而且看起来更能干。

心理学家一直关注高吸引性面孔（也就是美丽的面孔）的特性。能引发个体的强烈的喜爱或趋近反应的面孔，被称为高吸引性面孔。不论是在异性择偶时，还是在绩效评价、人才录用以及人格评定时，面孔的美貌程度都是一个重要的影响因素。人类对美丽面孔的偏好早在婴儿期就已表现出来。

影响面孔美貌度的两个因素分别是面孔的对称性和单个面孔与平均面孔的一致程度。男女两性的面孔吸引性的标准稍有差异，男性的吸引性面孔特征包括浓眉、挺直的鼻梁、大的下颌；女性吸引性面孔的特征为小而尖的脸型、高颊骨和厚嘴唇。

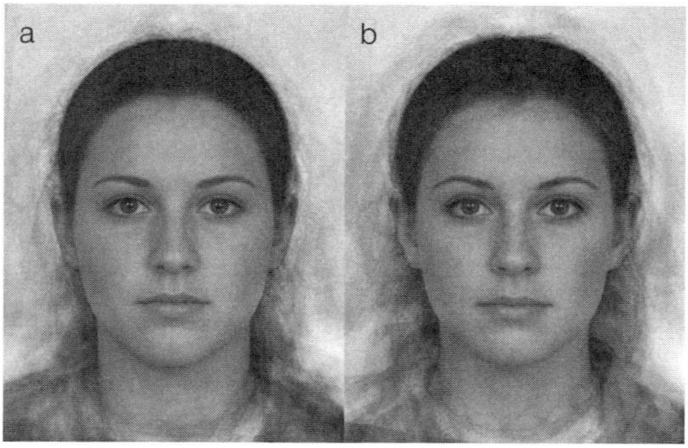

图 3-6 （a）60 张白人女性组成的平均面孔
（b）60 张白人女性照片中挑选出 15 张比较美丽的面孔组成的平均面孔
（引自 DeBruine，Jones，Unger et al.，2007）

2003 年，研究者让一组成年人观看两种不同类型的照片，一种是美丽的、高吸引性的异性面孔的照片；另一种是普通的、低吸引性的异性面孔的照片。这两种面孔有中性表情，也有微笑表情。研究者让他们在磁共振成像仪器里观看这几种类型的照片，给他们的任务是判断这些照片的性别。研究者发现，有一个脑区专门负责面孔的吸引性，即眶额皮层，高吸引性面孔比低吸引性面孔激活了双侧内眶额皮层和双侧扣带皮层后部，这些区域都是与奖赏加工有关的区域。这一结果说明，美貌的面孔本身就是一种奖赏刺激，可以引发个体的愉悦情绪。

这项研究还有一个有趣的发现：人们在观看微笑的面孔时，同样引起了内侧眶额皮层（medial OFC）的激活，不论这些面孔是否具有吸引力。当然，微笑的吸引性面孔比普通的吸引性面孔引起更大面积的内侧眶额皮层的激活。这似乎可以说明，微笑可以成为一种提升面孔吸引力的方法；微笑的面孔比中性的面孔更具有吸引力，所以喜欢微笑的人容易获得他人的好感和喜爱。这种良性的循环也会提高喜欢微笑的人的幸福感。

在另一项研究中，美国达特茅斯学院的梅森（Malia Mason）和英国阿伯丁大学的研究者合作制作了一系列动态图，其中出现了很多面孔，这些面孔的表情包括微笑、皱眉、把脸转到一边以及直视镜头。研究者组织了一批志愿参与研究的人，让他们对自己看到的同性和异性面孔的魅力程度进行评级。参与者并不知道实验的真实目的，单纯以为这是一个测量男女审美差异的实验。经过统计发现，对于同样的面孔，当其直视时，比眼睛看向别处时被参与者评价为更有魅力；直视对方且脸上有快乐的表情是最具有吸引力的面孔，当这张脸来自异性时其魅力最大。这可能因为直视会让我们认为自己被异性关注，成为其注意的焦点。这项研究结果发表在2005年的《心理科学》上。

直视激活了与奖赏有关的脑区，如腹侧纹状体。在以往的研究中发现，这个脑区被认为与获得奖励有关。在个体预感将要获得奖励的时候，其腹侧纹状体的多巴胺能神经元会活跃起来，使腹侧纹状体被激活；如果没有得到奖励，腹侧纹状体的激活就会消失。这就是说，直视对方并微笑时，会激活腹侧纹状体；随着眼神的移开，这种激活也会消失。

直视确实可以让人感到亲切，但要想产生人际吸引和喜欢的感觉，只有伴随着微笑，才能真正起作用。英国阿伯丁大学的琼斯（Benedict Jones）等人在2006年发表在《心理科学》杂志上的一项研究中验证了这一点：即使是美丽的面孔，直视时不伴随着微笑，也不会增加吸引力。当然，这种吸引力主要是指异性之间的人际吸引。这样的结果可能与可获得性的评估有关。心理学家香蒂（James Shanteau）曾经提出一个吸引力公式：异性之间产生人际吸引的程度 = 外表吸引力 × 被对方接受的可能性。也就是说，美丽的面容未必能让异性表示好感或作出追求的举动；只有当美丽的面孔面带微笑并直视他人的时候，才仿佛在说，“来吧，你可以对我表示好感，我愿意接受你”。这样的面孔的人际吸引力是最强的，因为这似乎在表达某种暗示——“你好，我喜欢你”。如果你想提高个人魅力和吸引力，就请直视对方并展露微笑吧！

爱笑的人更有亲和力

在《美国科学院院刊》刊登的一篇文章中，研究者考察了 393 张面部表情照片，照片中面孔的眼睛、双颊的大小和下巴的形状，这些特征各有不同，研究者希望观察这些特征如何影响参与者对面孔的判断。研究者发现，人们对他人的第一印象的形成过程中，有 58% 的影响因素是通过几个面部特征的相对尺寸和位置来确定的。如拥有自然微笑的人被认为更具亲和力，而拥有一双明亮的大眼睛是提高人际吸引力的强有力因素。

美国罗切斯特大学心理学系的研究者在 1990 年进行了一项研究，邀请 100 多名大学生观看男性或女性的微笑或中性表情的照片，然后让这些大学生用 20 个人格特质的形容词评估每张照片。结果发现，微笑的面孔比中性的面孔被评估为更有吸引力。更重要的是，微笑的面孔被评价为更真诚，更擅于社交和更有能力。但微笑的面孔也被认为更不独立，更没有男子气概。微笑对于社交、美德的影响，与面孔吸引力无关。研究者认为这个结果背后的原因可能是，人们认为更真诚、更有亲和力的人更快乐，也就更爱笑。

美国普林斯顿大学的托多罗夫（Alexander Todorov）和巴罗（Sean Baro）在 2008 年进行的一项研究中发现，相比其他表情的面孔，微笑的面孔能够提高可信任程度。英国利物浦大学和斯特林大学的研究者合作进行并发表在 2007 年的《进化心理学》（*Journal of Evolutionary Psychology*）杂志上的一项研究发现，杜氏微笑（真笑）要比非杜氏微笑（假笑）更能够增加亲和力。研究者给 58 名参与者观看高加索人的照片，这些照片中的表情分为三种类型：中性的表情、杜氏微笑的表情或非杜氏微笑的表情。然后让参与者对这些照片中的人在 10 种人格特质上进行 7 点程度的打分，这些人格特质包括吸引性、慷慨度、可信任性、竞争性、健康度、宜人性、责任心、外倾性、开放性以及对经验的开放性。结果发现，真笑的表情比假笑的表情在慷慨度、外倾性上的得分明显更高。研究者认为这样的研究结果说明，真笑的表情能够提高亲和力和利他性。

如果你想要与他人合作，你需要展示更多的真实微笑！

如何增添魅力？女性要多笑，男性可冷峻

微笑能让人看起来更迷人，但这一结论似乎只适合女性；对于男性，微笑并没有增加其个人魅力。日本专修大学的大久保（Matia Ōkubo）研究团队 2015 年发表在《进化心理学》杂志上的一项研究得出了以上结论。研究者考察了东亚和欧洲的女性（其中 54 名日本人，164 名欧洲人），给这些女性观看同种族男性的微笑表情或中性表情，让她们在 7 点程度量表上评估男性的吸引力。这些女性被随机分配到

两种实验条件下，一种实验条件是让她们想象看到的男性可能是她们想约会的男朋友（短期关系），另一种实验条件是让她们想象看到的男性可能是她们要发展的结婚对象（长期关系）。结果发现，在长期关系条件下，微笑面孔的吸引力评分高于中性面孔，但在短期关系条件下，微笑面孔与中性面孔的吸引力没有显著差异。这说明微笑的表情提高了长期关系中男性的魅力，但没有提高短期关系中男性的魅力。

在大久保研究团队进行的第二个实验中，他们邀请了 71 名女性大学生，仍然给她们呈现微笑的或中性的男性照片，让她们对每一张照片评估该男性拥有的三种特质：男子阳刚之气、成熟度以及可信赖程度。研究者发现，微笑的男性面孔被评估为更可信赖，中性的男性面孔被评估为更具阳刚之气。研究者对此给出进一步解释：对于男性，微笑可以使他们看起来靠谱而温暖，更适合长期交往，成为潜在的结婚对象；但同时微笑会让男性看起来缺少一点男子气（masculinity）。如果想要短期交往，男性还是要冷峻一些；选择做丈夫还是选择做约会对象，也取决于该男性平常的表情是亲和的还是冷峻的。

确实，2011 年发表在《情绪》杂志上的另一项研究也证明，相比笑口常开的男性，女性会觉得狂妄、傲慢以及深沉、阴郁的男性更具有吸引力。该研究邀请了超过 1000 名男女参与者评价一系列不同表情的异性照片的吸引力。经过统计，研究者发现了一个有趣的现象：女性倾向认为那些看起来狂傲不羁或具有阳刚之气的男性更具有魅力，她们对微笑的男性照片的第一印象反而没那么好。

事实证明，女性认为，笑得更少的男性更具有男性特质。对男性来说则恰好相反，男性认为笑容灿烂的女性看起来更有魅力，更想接近她们；对于高冷、自信的女性，他们倾向保持距离。其中一位研究者——比尔（Alec Beall）特别提到，这项研究只让参与者观看异性的照片，评估这些照片的性吸引力程度。也就是说，研究者并没有询问参与者，这些照片上的异性能否成为一个好丈夫或贤惠的妻子，因为研究者更关注人们对来自异性的性吸引的本能反应。

一个可能的原因是，在女性眼里，冷峻、狂妄、阳刚等是男性吸引力中最具魅力的特征，而微笑与顺从、服从有关，似乎是更具女性化特质的一种表情。当然，这项研究反映的是这批样本的结果，随着时代的变化与发展，以及人们对传统文化和价值观的革新，男女的择偶偏好也会发生变化，这样的研究结论未必适用于当前的年轻人。

笑具有传染性

研究者发现，每天微笑超过 20 次的人在全世界大概超过 33%，而每天微笑不超过 5 次的人占总人口的 14%，儿童每天微笑次数最多，约为 400 次。在瑞典乌普萨拉大学近期的一项研究中，研究者发现，当人们看到别人微笑时，自己很难同时作出皱眉的动作，会无意识、自动地模仿对方的微笑，与其表情同步。这是因为微笑的感染力极强，你会发现，如果你经常和孩子待在一起，就会变得更爱笑、更快乐。

美国马里兰大学的心理学教授普罗文（Robert R. Provine）认为，打哈欠、大笑、微笑、挠痒痒、呕吐，这几种行为都有很强的传染性。这种现象不仅在人类身上存在，而且在大猩猩等类人猿身上也会出现。这样的结果经过了自然观察和实验室研究的一致证实。

英国伦敦学院的神经学家斯科特（Sophie Scott）的研究表明，我们在与他人谈话时，经常会模仿对方的行为，譬如使用对方的语言，效仿对方的姿势，我们还会模仿对方的笑。在早期的社交沟通中，笑的可传染性扮演了重要的角色。笑声具有触发别人笑的能力，这也是为什么许多情景喜剧都在“包袱”抖出之后播放笑声录音，因为这种方法确实奏效。一项在 1974 年进行的研究曾发现，人们在听笑话时，如果同时听到笑声的录音就更容易觉得笑话好笑。同样看一个喜剧，我们坐在人潮涌动的剧院里看，就比单独在家看笑的次数更多。

从进化心理学的角度来看，科学家认为我们的祖先正是通过微笑向其他群体成员传递友好与和睦相处的意愿。普罗文发现，一个人在人群中笑的次数是独处时的 30 倍。笑发生时往往与社会互动有关，所以有心理学家说，让某人笑的最佳手段是，让他看别人笑。

笑也是表达社会认同、群体归属的一种方式。实际上，当我们一起大笑时，不一定确实是因为某个好笑的事情。我们笑了，可能是为了表达我们理解了对方，同意他的观点，跟他站在同一边。这些都由笑容完成了，这就是笑的社会意义。

图 3-7　笑容的传染性

德国蒂宾根大学的威尔德（Barbara Wild）研究团队 2003 年在《精神病学研究：神经影像学》(*Psychiatry Research*: *Neuroimaging*）杂志上发表了一项研究，他们要求健康的参与者在观看微笑、悲伤或中性的面孔照片时，同步作出向上拉嘴角、向下拉嘴角和嘴部不动这三种动作中的任一种（图 3-8）。结果发现，当让参与者观看微笑的面孔并作出向上拉嘴角的动作时，比观看微笑的面孔并作出向下拉嘴角的动作时的速度更快。这说明我们在看到他人的微笑表情时，也会自动作出嘴角上翘的动作，会无意识地被对方的微笑表情传染。磁共振成像研究还发现，参与者看到微笑表情时会激活壳核（putamen）这个与积极情绪有关的脑区，说明微笑表情确实引发了参与者的积极情绪。

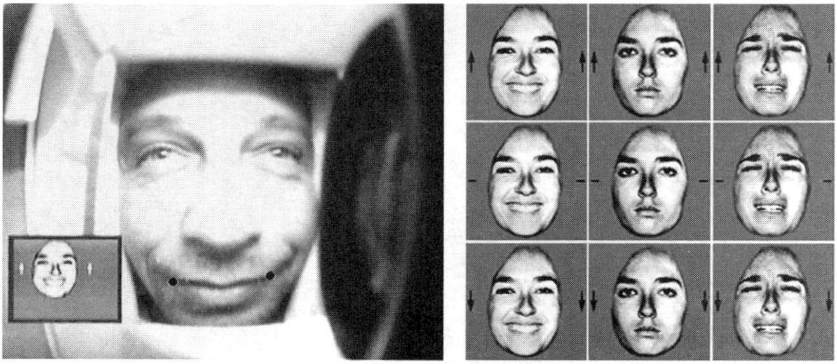

图 3-8　威尔德的研究材料图

注：左边图为参与者躺在磁共振成像设备里，下角小正方形上的表情图是投影给参与者，让他看到的表情图。右图是研究中使用的表情材料图，左侧一列为快乐表情，中间一列为中性表情，右边一列为悲伤表情。研究者请参与者根据箭头方向作出向上、向下或静止不动的嘴部动作。

（引自 Wild，Rrb，Eyb et al.，2003）

微笑能缓解人际冲突或紧张情绪

美国加利福尼亚的心理学研究者利文森（Robert Levenson）邀请了一些已婚夫妇来到他们的实验室，让这些夫妻谈论一些可能会使他们感到压力或矛盾的话题，并用测谎仪监测讨论时这些夫妻的情绪反应和应激程度。例如一对夫妻来到实验室后，研究者对丈夫说："请给我讲一些你妻子做的让你感到愤怒的事情。"很快，夫妻双方都感到了压力，但同时研究者会发现，夫妻们往往会用笑容来缓解压力。确实，夫妻双方向对方展露笑容时，他们的压力瞬间降低了，交感神经系统唤起水平升高，消极情绪唤起水平降低，感觉放松了。研究者还发现，拥有更高满意度的夫妻更擅长用笑容来化解矛盾和冲突。

作为人类，我们不仅仅通过传递笑容、相互发出笑声来表现对彼此的喜爱，还会用笑容来缓解人与人之间的尴尬和紧张，用笑容让双方感觉舒服。我们也擅长用笑来缓解自己的紧张，达到心理上的平衡。

想象一下，假如有一个身穿黑衣、面色凶狠的大汉突然来到你的面前，你马上会有一种不祥的预感，提高警惕，变得紧张起来。没想到大汉忽然面带微笑地向你问路。一瞬间，你不安的心就放松了。与此同时，你发现大汉的门牙上竟然黏着一片菜叶，于是忍不住笑了出来。这就是说，人感到危险时会紧张，但发现危险不存在时就会自然而然地笑出来。实际上，我们每个人每天都在做这样的事，只是做得太多，以至于忽略了笑容的存在。应该说，每个人都低估了自己笑的次数。

微笑是人类最基本的表情

微笑表情是遗传的，人类可能天生就会微笑。运用三维超声波技术，观察在子宫中正在发育的胎儿，胎儿也常是面带微笑的。出生之后，婴儿大多会在睡眠时微笑；即使是先天失明的婴儿，听到人类的声音时也会露出微笑。

微笑是全人类最基本的表情，拥有跨文化的生理机制。在巴布亚新几内亚进行的一些研究中，埃克曼这位著名的研究面部表情的心理学家发现，生活在从未接触过现代文明的原始部落中的印第安人，虽然与西方文化隔绝，也从未接触过电视、报纸、杂志或网络，没有任何方式去学习其他文化环境中的微笑是什么样的，但他们会表现出与美国人相同的微笑表情（图 3-9），他们对微笑表情的解读和现代人对微笑的理解相同。这说明我们的微笑表情没有跨文化的差异，是人类遗传、进化而来的。当然，埃克曼也考察了这些印第安人的其他面部表情，如悲伤、愤怒和厌恶等，发现他们的这些表情和生活在现代文明中的美国人的表情同样相似。

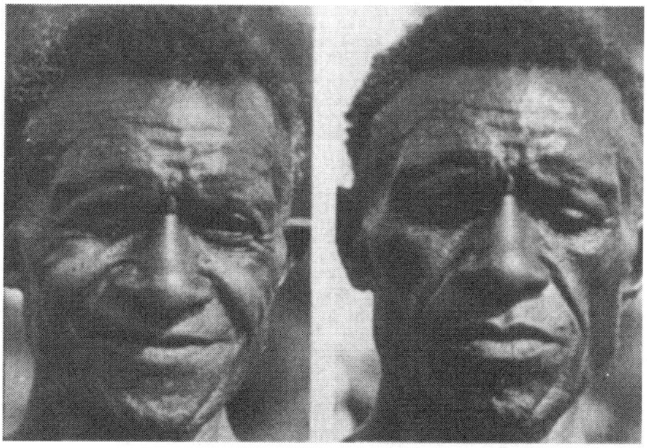

图 3-9　新几内亚高地的印第安人的微笑表情和悲伤表情

［引自《情绪的解析》（2008）］

如果我们仔细观察来自不同国家或地区的人，就会发现：无论男女老少，也无论是否使用同一种语言，所有人笑起来都差不多。哪怕是刚出生的婴儿或天生盲聋的残障人士，当他们感到开心或被人搔痒的时候，都会露出相似的笑容。科学家甚至发现，婴儿黑猩猩搔痒的时候，会眯起眼睛，微微咧开嘴——这是一个和人类相差无几的笑容。从这一点来说，我们可以得出结论：笑是灵长动物共有的表达积极情绪的方式，是一种与生俱来的本能。

大笑与笑声

大笑与笑声是积极情绪达到一定强度时会发出的一种出声的笑，伴有哈哈声。这种表情同时伴随一定的呼吸改变。

大笑也是先天遗传的，有固定的语言和韵律模式。我们可以听到“呵呵”“嘿嘿”“哈哈”这样的笑声模式，但应该没有听过类似“呵哈”“嘿哈”“呵嘿”的笑声模式。大笑在婴儿出生两三个月后就可以出现。

大笑有益于身心健康

大笑为什么会有益于身体健康呢？加拿大西安大略大学心理系的马丁（Rod Martin）教授提出，大笑会通过以下几种方式增进我们的身体健康。

首先，大笑和笑声改变了身体各个系统的生理反应。充满活力的笑声可以锻炼并放松肌肉，提高呼吸水平，刺激血液循环，促进具有止痛功能的内啡肽激素的生成，减少与压力相关的荷尔蒙激素的分泌，提高免疫力。健康的大笑促进了幽默与健康之间的联结。

其次，大笑和笑声往往由积极情绪体验带来，而积极情绪对健康的益处已被很多研究证实，如积极情绪会提高免疫力，撤销消极情绪引起的心血管活动的变化。

再次，幽默和大笑会逆转压力对健康的损害作用。大量研究都表明，压力对健康有广泛的负面作用，如压力抑制了免疫系统的反应，提高了感染疾病和心脏病的风险。而幽默是一种很好的应对压力的方式，让人们从新的视角看待压力，在面对苦难时有控制感和幸福感。有幽默感并经常大笑的人能够更好地应对压力，压力对健康的损害在他们身上不太会表现出来。在面对压力和苦难时，保持幽默感是很重要的。哪怕是适当的自我贬低，也具有适应性。

最后，幽默和大笑会提高人们的社会支持水平。有幽默感且爱笑的人更善于与他人交往，不太可能出现人际关系紧张局面或人际冲突；他们更可能与他人建立亲密联结，也会有更好的人缘，更高质量的人际关系。这种高质量、丰富的人际关系和社会支持对健康有益。

有很多高质量的研究从多个方面证明了以上论点。在精神健康领域，大笑可以成为治疗抑郁和焦虑的良药。我国吉林大学护理学院的陈立教授课题组 2019 年在《高级护理杂志》(*Journal of Advanced Nursing*）上发表了一项研究，详细讨论了大笑和幽默的方法对成年人的抑郁、焦虑和睡眠问题的治疗作用。研究者从维普和万方数据库中搜索了相关文献，进行了元分析。他们从中选出 10 个研究报告，共包含 814 名参与者。元分析结果表明，大笑和幽默的干预方案能够显著降低成年人的抑郁和焦虑的水平，提高其睡眠质量；如果能够坚持大笑，对抑郁会有很好的治疗效果。这种方法非常安全、方便，又很有趣，还能促进患者和临床医生的人际关系，真是一举多得，所以研究者极力倡导在未来的心理治疗中可以考虑将大笑和幽默作为一种治疗方案。

另一项相关研究由英国利兹大学商学院和荷兰阿姆斯特丹自由大学的研究者合作进行，2019 年发表在《社会科学与医学》（*Social Science & Medicine*）杂志上。研究者得出了类似的结论：大笑疗法在最近十几年被广泛使用，是一种既经济又实用的疗法，适用于不同的人群，也可以作为主要疗法的辅助补充。研究者系统梳理了近年来关于大笑疗法的研究报告，评估了大笑疗法对心理健康和身体健康的促进作用。他们确认，大笑疗法确实有助于治疗抑郁，甚至连假装出来的大笑也是有益的。随着医疗费用的上涨和老年人口的增加，大笑疗法展现了成本低、简单易行的优点，也不需要治疗者接受复杂的训练，其发展前景非常可观。

大笑确实可以提高免疫力。进行这个实验的是日本冈山县仓敷市富士（Subaru）诊所的院长伊丹仁郎（Dr.Jinro Itami）先生，他因开发与癌症患者一起登勃朗峰等人生意义疗法，以及通过笑来增强自然治愈能力的活动而知名。参加实验的是 19 名成年人，年龄跨度从 20 岁到 62 岁。实验任务是让他们听 3 个小时的相声、小品以及看喜剧等，使他们大笑并提取其大笑前后的血液，观察淋巴细胞的变化。实验结果显示，NK 细胞（癌症杀手）、淋巴细胞在大笑后都有惊人的变化。虽然 NK 细胞的活动能力因人而异，但实验表明，无论是体弱的人还是体质正常的人，在大笑过之后，NK 细胞的活动能力都比大笑前增加了 3—4 倍。在大笑之后，体弱的人的 NK 细胞活力显著上升。其实，笑不仅可以增强体弱的人的免疫力，还可以使过强的免疫力恢复到正常值。这意味着，笑不仅可增强身体对癌症和病毒等的抵抗力，对于一些因免疫系统异常而出现的疾病，也有缓解病情的效果。

更令人吃惊的是，研究者发现，假笑也能促进 NK 细胞的活性化。也就是说，仅仅是作出微笑的面部肌肉动作，内心并没有愉快情绪体验，也会增强 NK 细胞的活性化。伊丹仁郎研究团队就这个问题进行了一个实验。实验过程是让 6 名参与者单独待在一个房间里，保持笑容并坚持 2 个小时。房间内既没有电视机，也没有收音机。在没有任何外界刺激的情况下，让参与者对照镜子调整自己的表情，保持笑的状态。实验前后均对每名参与者采血，观察 NK 细胞的变化。最后发现，原来 NK 细胞活性过低的人和正常值范围内的人全部获益，NK 细胞活性值过高的人也是如此，其 NK 细胞活性值逐渐回落到正常值范围。

大笑和笑声还可以成为一种止痛药。一些研究让参与实验的人观看喜剧视频，然后考察这些参与者的痛觉阈限或痛觉耐受性的变化。这些研究会设置控制条件，如一组参与者会观看喜剧视频，其他参与者可以放松或分心干其他的事情，也可以设计让参与者进入消极情绪状态。这些研究结果一致表明，观看喜剧视频后，出现大笑和笑声的参与者的痛觉阈限和痛觉耐受性都会提高，这种结果不是因他们分心导致的。来自医学临床实践的研究同样证实了幽默和笑声能起到止痛的作用，当然，这种止痛的作用只局限于中等程度或轻微的疼痛。目前还缺乏研究去考察大笑产生止痛作用的确切机制，还没有证据表明，大笑会引发身体内的鸦片类物质，如内啡肽（有止痛的效果）的释放。

大笑对帕金森病也有干预效果。美国西北大学医学院的贝加（Danny Bega）研究团队在 2017 年发表了一项研究，采用了一种在社区里即兴进行幽默表演的治疗方法，他们想考察这种新的治疗手段对帕金森病患者的干预效果。共有 22 名患者参与了此次研究，患者从西北帕金森病中心和运动障碍中心招募而来。每周有 60 分钟的即兴幽默表演，一共进行了 12 周。这 22 名患者都完成了本次研究，其中有 21 名患者观看了至少 80% 的表演场次。结果发现，所有患者都表示，他们想把这个即兴幽默表演推荐给其他患者看，并报告自己能够从这种即兴幽默表演中获益。接受干预后，这些患者每天的日常活动明显增多，在《统一帕金森病评定量表》（Unified Parkinson's Disease Rating Scale）上的分数有显著改善。

研究者认为，像帕金森病这类神经系统疾病，采用一些改善心态和情绪的方法可能会缓解病情。帕金森病患者的运动能力受损，自发性思想和行为也受损，而观看这种即兴幽默表演会让患者参与游戏和动脑思考，进行社会互动等，有活在当下的感觉，并开始保持专注，所有这些都对他们有益。

我们的大笑和笑声可能是最好的治病良药。

大笑是一种社会信号

美国威斯康星大学麦迪逊分校的研究者阿德里安（Wood Adrienne）和宝拉（Niedenthal Paula）2018 年在《社会和人格心理学罗盘》（*Social and Personality Psychology Compass*）杂志上发表了一篇论文，考察了大笑的社会功能。作者之一——宝拉因其对大笑等情绪表情的研究贡献，荣获美国2017年的詹姆斯·麦肯·卡特尔奖（The James Mckeen Cattell Fund）。在论文中，研究者不再只关注大笑对发出大笑的人的作用或诱发大笑的情境，他们还关注作为一种非言语交流符号，大笑传递的行为意图及其社会性功能。两位研究者提出，灵长类动物和人类的大笑在进化过程中首先是一种表示没有恶意的社会信号，除此之外，大笑大概有三种社会性功能。

首先，大笑有奖赏他人的行为的作用，并且会强化接下来交往双方的社会互动。在两个人交谈时，其中一方的大笑会令对方更可能重复刚才的语言或动作，大笑会是一种奖励信号，让交往双方更愿意进一步交流和沟通。

其次，大笑和笑声有缓解社会紧张或表示从属于他人、对他人不构成威胁的意义。

最后，大笑可以以非对抗的形式，以一种表明支配地位或优越性的方式，强迫他人执行社会规范、谈判协商，或纠正他人表现出的不恰当行为。

是否一起开怀大笑是恋人亲密度的行为指标

在友谊的甜蜜中，要有一起欢笑的笑声，一起分享的快乐。因为在那细枝末节的甘露中，你的心会找到焕然一新的晨曦。

——纪伯伦（Kahlil Gibran）

美国北卡罗来纳大学教堂山分校的库茨（Laurae Kurtz）和阿尔戈（Sara Algoe）2015年进行的一项研究考察了大笑对恋人的亲密度的预测作用，相关文章发表在《人际关系》（*Personal Relationships*）杂志上。

研究者将两个人一起大笑定义为分享性大笑（shared laughter），情侣中如果有一人发出了笑声，说明另一方可能使用了幽默的语言，而不是出现了冲突性言论。一个人的笑声会引发另一个人发笑，这种现象尤其可能出现在关系亲密度比较高的一对人中。一方大笑会让另一方感觉安全和放松，双方都感到被对方理解和支持。所以，研究者对分享性大笑对情侣关系的影响很感兴趣。

研究者招募了 77 对异性恋伴侣（共 154 人），年龄为 20—30 岁，平均恋爱时间为 4.17 年。研究者让每一对恋人到实验室进行 1.5 小时的谈话，告诉这些恋人研究目的是观察“恋人之间的日常互动”。具体来说，他们进入实验室后，首先会填写一个有关伴侣关系的幸福感问卷，然后由恋人中的一方向另一方讲述第一次相遇的场景和发生的事情，可以自由讨论，摄像机会记录下来他们交谈过程中的语言和行为表现。讲述第一次相遇的经过用时大概为 5 分钟，研究者采用基于时间的分析编码软件来分析两人一起大笑的频率。只要伴侣中有一方发出了大笑，就会检查另一方是否也紧跟着出现了大笑。如果有，则为分享性大笑；如果没有，则为未分享性大笑。

结果发现，在情侣对话的过程中，只有分享性大笑的出现比例能够预测恋人关系的质量、双方的亲密度，以及感知到的恋人对自己的社会支持程度；未分享性大笑不能预测这些变量。有趣的是，恋人一起欢笑对恋人关系的满意度、激情和承诺的预测作用，对恋人中的男性一方来说更有效。这就是说，如果伴侣中的男方首先大笑，女方跟着大笑的可能性更高；如果出现男方先笑，女方紧跟着笑的现象，对双方关系质量的预测性会更强。

研究者讨论了这样的研究结果，认为虽然有研究表明，女性更喜欢幽默的男性，但这个结果也说明，男性也会更喜欢那些能够欣赏他们的幽默感的女性。恋人是否一起开怀大笑，对恋人关系质量的预测作用对男性来说因而更有效。

大笑总是积极的吗？

真正的大笑可以缓解生理上的疼痛，排斥性大笑却会有反效果，它会给他人造成“社会痛”。美国北佛罗里达大学的克拉格斯（Stephanie Klages）和俄亥俄州立大学纽瓦克分校的沃思（James Wirth）合作进行的一项研究论述了这个问题，相关文章发表在2014年的《社会心理学杂志》（*The Journal of Social Psychology*）上。

社会排斥会以很多形式表现出来，如沉默。排斥性大笑也是社会排斥的一种方式，它会令个体感觉自己可能失去他人的社会支持，或感受到人际威胁。这种被他人排斥的“社会痛”会让个体与他人的亲密感降低（即个体不再重视与他人的关系，认为这不重要），个体的归属感没有被满足，就会心境变坏，甚至会有攻击性表现。

克拉格斯和沃思从网络上招募了121名参与者，让他们回忆过去经历过的社会排斥事件。这些参与者被随机分配到三种实验条件中：第一种实验条件是回忆过去的一次排斥性大笑的经历；第二种实验条件是回忆他人的大笑，但这种大笑让人感到被他人认可和接纳的经历；第三种实验条件是回忆某一个星期三自己所做的事情的经历，这是研究者设置的控制条件。

当三组参与者回忆完，所有人都需要填写一份测量社会排斥的问卷，在一个10点的程度量表上评估他们感受到的“社会痛”的程度和不愉快的程度。研究者还要求他们通过 6 张疼痛程度越来越强的面孔卡通图片来表明他们有多痛。参与者之后完成了有 20 道题目的测量归属感、自尊、控制感和生活的意义感的问卷，分数越高表明需要被满足的程度越高；还完成了有 20 道题目的心境测量（悲伤、焦虑、愤怒、受伤的感受、愉快），分数越高代表心境越糟糕。参与者同时报告他们有多么强的被忽视和被排斥的感觉。

结果确实如研究者的预期，回忆排斥性大笑的那组参与者，比回忆接纳性大笑和控制组的参与者，既报告了更高的“社会痛”（问卷测量和面孔卡通图片测量的结果一致），也报告了更低的对关系亲密度的评价，同时心境更糟糕。这意味着个体有更多的被他人忽视和拒绝感，有更强烈的愤怒情绪。

因此，大笑和笑声未必都是积极的，这取决于笑声背后的社会意图是善意的还是恶意的。

积极情绪的身体姿态与抚触

2012 年发表在《科学》（*Science*）杂志上的一篇论文提出，人们很难根据面部表情区分高强度积极情绪表情和高强度消极情绪表情。我们不妨做个小测试：图 3-10 中有四张图，很多人能够正确无误地认出 A 图和 B 图中的表情是悲伤和愉快的表情，但对于 C 图和 D 图，你能够分辨哪张图是网球运动员赢球时的狂喜表情，哪张图是网球运动员输球时的挫败表情吗？

我们会发现，表达高强度情绪时，面部肌肉会扭曲，表情狰狞，

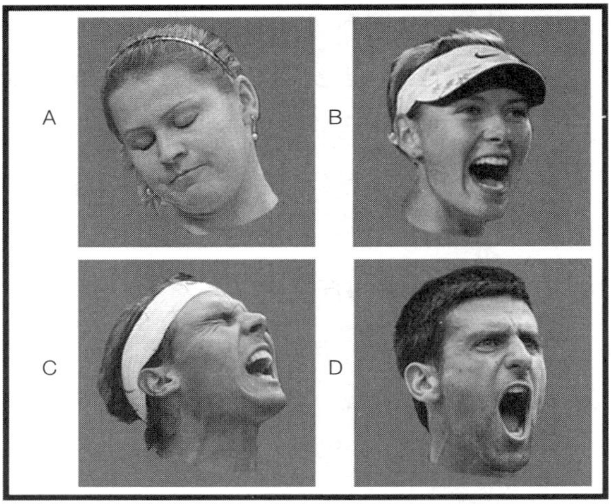

图 3-10　网球运动员的表情照片
（A）中等程度的悲伤；（B）中等程度的愉快；
（C）极端（高强度）的悲伤或挫败；（D）极端（高强度）的快乐或狂喜。
（引自 Aviezer，Trope，& Todorov，2012）

脱离了微笑和悲伤表情的原型，使人难以正确区分。但这项研究还发现，如果给参与者呈现面部表情时同时呈现整个身体姿势，就能准确区分情绪状态了。遗憾的是，在这篇论文中，研究者没有考察什么样的身体姿势给人们提供了正确判断高强度情绪的线索。通过观察可以发现，出现高强度的快乐表情时，人们会有类似自豪的感受，手臂会伸展，肌肉会紧张，还会握拳，头部向上倾斜，身体挺直；出现高强度的悲伤表情时，身体姿势与之相反，会蜷缩起来，肌肉会放松。在许多文化中，身体是打开的和头部向上倾斜，这类与地位高相关的动作姿势被认为是自豪的身体动作表现。

关于积极情绪的身体姿势的研究还有一些零星的研究结果，如研究者发现，乐趣会引发人们的跳跃、蹦跳、旋转等动作，并出现倾斜的头部运动；爱的姿势有深情的注视以及伸开手臂，想要拥抱对方的姿势；满意的姿势通常包括小幅度的剧烈点头和静止的身体；敬畏和兴趣的姿势虽然不包含微笑，但也有独特的表现形式，如眉毛上升，嘴巴张开，头部或躯体向前运动，等等。

对于积极情绪在触觉上的表达方式，现有研究还非常少，比较一致的研究结果是，我们有时会通过碰触他人来表达对他人的积极情绪。零星的研究表明，我们在和他人打招呼、玩耍、安抚他人情绪或与情人进行亲密接触时都会采用触碰的方式，而亲密的触碰会激活负责奖赏环路的眶额皮层。充满爱意的抚摸是亲子依恋的重要表现形式。此外，疼痛时抓住配偶的手，而不是抓住陌生人的手，会降低女性对痛觉的预期，甚至会适当降低疼痛感。

积极情绪的神经机制

与积极情绪有关的脑区主要包括眶额皮层 / 内侧眶额皮层、伏隔核、腹侧苍白球与基底神经节。

前额皮层位于脑的最前方，额叶的运动皮层和前运动皮层的前部。内背侧核内侧的大细胞投射到前额皮层的眶部（腹侧）表层，被称为眶额皮层，它位于前额皮层腹侧前 1/3 处。在采用各种范式的研究中都发现，眶额皮层是表征刺激的奖赏价值的一个重要区域，尤其是对奖赏的预期。在味觉、嗅觉、听觉、体感刺激中，如输钱或赢钱、积极的和消极的言语反馈等，都会有眶额皮层的激活。在呈现愉快的情绪图片时，也会激活这个部位。如果这个部位损伤，就会造成行为紊乱并难以识别面孔的表情。对人类的脑成像研究的结果发现，眶额皮层反映着味觉、嗅觉、触觉、音乐知觉等的愉快感受。

研究者还发现，高吸引性（美丽的）面孔会引发内侧眶额皮层的激活，这再次说明这个区域是表征刺激的奖赏价值的区域，因为高吸引性面孔本身就是一种奖赏，可以引发愉悦情绪。

伏隔核位于前脑皮层下的前部，包含多巴胺和类鸦片传递系统，因而具有诱导积极情绪的作用。这个部位经常被脑神经学家认为是负责奖励和愉快系统的部位，被称为“正性奖励的感情通道”。对药物成瘾的研究支持了这一脑区起着产生积极情绪的刺激作用。

心理学家认为积极情绪产生时，会导致多巴胺水平的升高。多巴胺是“脑的神经愉快传递物质”。伏隔核、下丘脑和杏仁核的一部分以及脑桥侧部等区域是多巴胺的投射区。在近来的一项研究中，研究者发现，将能够升高多巴胺水平的药物注入哺乳动物的伏隔核中，能够使动物产生积极情绪。对人类的实验也支持了这种假设，一些脑成像研究发现，参与者的积极情绪的自我报告分数与伏隔核的脑活动水平之间存在正相关，这都说明伏隔核与积极情绪存在密切的关系。

腹侧苍白球（ventral pallidum）位于下丘脑前下侧。近年来研究者发现，它与杏仁核、横核（accumbens）、腹侧黑质（ventral pallidum）等有密切联系。研究者认为，腹侧苍白球的独特作用是引起积极情绪反应，如果该部位的神经元被毁坏，人就会失去享乐感。如果这个部位被切除，由甜食引发的积极情绪反应将消失，这说明腹侧苍白球的神经元对甜食的愉悦感受起关键作用。腹侧苍白球也对人类的积极心境起作用。兴奋剂，譬如可卡因或安非他明，会引发人类的积极情绪状态，研究发现，兴奋剂引发的积极情绪与腹侧苍白球部位的多巴胺水平的提高存在正相关。另外，向腹侧苍白球注射微量安非他明会引发老鼠的快乐声音，但在背侧注射没有发现这样的结果。这些研究结果都说明，腹侧苍白球可能是与积极情绪密切相关的一个脑区。

一项在 2002 年进行的元分析研究对 55 个采用脑成像技术，针对正常、健康的成年人的情绪研究进行了元分析，希望考察愉快、恐惧、愤怒、悲伤、厌恶这五种基本情绪的脑神经机制。结果发现，约 70% 的诱发愉快情绪的研究报告了基底神经节（basal ganglia）的激活，也涉及腹侧纹状体和壳核，这表明这些区域可能对积极情绪（主要是愉快）非常重要。这些研究包括：对成瘾性药物的研究；采用奖赏范式的研究；要求参与者从事他们喜欢的活动（如玩视频游戏）的研究；给参与者呈现愉快的面孔、积极情绪图片的研究；诱发参与者的愉快回忆的研究；在竞争性任务中取胜的研究。基底神经节被认为与在趋近奖赏刺激的过程中或在向所期望的目标逐步靠近的过程中产生的积极情绪体验有关，这再次验证了积极情绪会引发趋近性行为倾向的观点。

第四章

积极情绪与走向成功

毫无疑问，我们都梦想成功。很多人在孜孜不倦地追求学业、事业乃至人生的成功，诚然，努力是通向成功的必要通道，但除此之外，快乐也会增加成功的可能性。

在人们的传统观念里，只有通过努力和汗水才会获得成功。心理学家挑战了这一观念——更快乐的人更容易成功。

心理学家所定义的更快乐的人，是指更频繁地体验到积极情绪的人，如更频繁地体验到快乐、自豪、兴趣、乐趣、爱等积极情绪，更少地体验到消极情绪，如悲伤、焦虑和愤怒。研究者发现，人们在一段时间里体验到的积极情绪和消极情绪的比例，是幸福感的一个很好的预测指标，但体验到的情绪的强度不能作为预测幸福感的指标。也就是说，幸福的人大多数时间里体验到的是中等强度的、温和的积极情绪。在一项对来自 41 个民族的 7000 多名大学生的调查中，研究者发现，幸福的人有超过一半的时间都在表达快乐情绪。

心理学研究者吕波密斯基（Sonja Lyubomirsky）及其同事 2005 年在《心理学公报》上发表了一份综述性报告，认为积极情绪可以帮助人在生活的各个领域获得理想的结果。快乐会导致成功的原因有两点：首先，快乐的人常常处在积极心境中，在这样的状态下，他们更可能主动朝新的目标迈进；其次，快乐的人会拥有更多的技能和资源，这些技能和资源是在他们以前的积极心境状态下获得的。研究者采用横向研究、追踪研究和实验室研究这三种方法从不同角度论证了快乐或频繁地体验到积极情绪为什么更容易走向成功。

横向研究中所关心的问题是：快乐的人更可能是成功的人吗？不论是人们长期、稳定的幸福感，还是短期、可能随时间变化的积极情绪，两者均与成功行为有关吗？或者说，与适应性的人格特征和技能有关吗？

追踪研究中所关心的问题是：快乐在成功之前吗？也就是说，是快乐的人会取得更大的成功，还是成功使人更快乐？

实验室研究中所关心的问题是：在实验室里诱发的积极情绪状态会导致成功的行为吗？在吕波密斯基的研究综述中，对实验室研究的分析发现，即使一个人并未拥有特质性积极情绪（即在日常生活中更容易体验到积极情绪），仅仅在实验中诱发了快乐情绪，也会使其出现适应性行为。

在这项研究综述中，不论是横向研究、追踪研究还是实验室研究，这三个层面的分析结果都一致表明：快乐的人更容易成功；快乐在成功之前——因为你更快乐，所以你更可能成功。

弗洛伊德（Sigmund Freud）说过，精神健康的人，总是努力爱着并工作着。确实，在几乎任何一种文化环境下，除了健康，爱和工作是人们认为的成功必不可少的两个要素。

积极情绪与工作

在现代社会中，除了睡眠，工作占据了我们大多数时间。工作不仅能够给我们带来收入，还能让我们获得自尊，实现自我价值，找到生命的意义。更重要的是，工作可以为社会创造价值和产品。我们很想知道，快乐的人是否比不快乐的人工作绩效更高？

积极情绪高的员工绩效更佳

横向研究表明，快乐的员工更享受自己的工作，更可能获得面试的机会；一旦被录用，往往更可能获得领导的肯定评价，取得优秀的业绩并具有很高的创造性，也会更胜任管理工作，不太会出现职业倦怠和不良的工作行为。即使在入职之前，即快要大学毕业时，快乐的人也比不快乐的人的毕业率更高。

快乐的员工被评价为有更高的工作自主性，更能够找到工作的意义感，工作方式也更灵活多样。很多研究都表明，快乐的员工对自己的工作满意度更高。一项对 27 个考察情绪和工作满意度之间关系的元分析研究证实了这一点：特质性积极情绪可以解释工作满意度的 10%—25% 的变异，积极情绪和工作满意度之间的正相关约为 0.49。

员工的积极情绪比员工对工作的满意度更能有效预测工作绩效。一项 2000 年发表的研究指出，工作绩效与积极情绪之间的相关度为 0.34，但工作满意度与工作绩效无关。对制造业公司的总经理的调查研究发现，如果总经理有高水平的积极情绪，他的员工就更可能是快乐而健康的，也更可能将组织氛围评价为温暖的、积极的。组织氛围与公司的生产效率（$r = 0.31$）和盈利（$r = 0.36$）存在正相关，乐观的总经理也会被董事会和总公司评价为绩效更好，有更多的投资回报。

对保险公司的员工进行的研究发现，乐观的人寿保险代理人售出的保险更多。塞利格曼曾做过研究，考察积极情绪怎样提高美国人寿保险公司的销售业绩。研究显示，特质性积极情绪高（更加乐观）的推销员第一年销售的保险金额比那些特质性消极情绪高（更加悲观）的推销员高 29%，第二年高 130%。美国运通公司进行了一个小规模测试，他们想考察推销员在接受积极情绪培训后的 3 个月内，销售额比培训之前提高了多少。结果发现，员工的销售额的确出现大幅度提高，于是美国运通公司决定把积极情绪培训作为员工培训的基本内容之一。对公司其他高层管理人员的研究也显示，如果人们能够把挫折或失败视为可以改正的失误，他们就会积极采取措施，避免问题或失误再次发生。

快乐的、令人满意的员工之所以有更高的工作绩效，其中一个原因是，他们更不可能表现出疏离工作的行为，如无故旷工、跳槽、出现职业倦怠和报复性行为。工作中的积极心境越明显，对组织的报复性行为就越少，归属于组织并为组织服务的组织公民行为就越多。在工作中，有积极情绪的员工更不可能离职或和其他员工产生冲突。

我们可以举个例子。有两位管理者都受到上级主管的批评，没有得到提拔。对于这样的结果，其中一位管理者怒不可遏，甚至说要给他的主管一点颜色看看，他逢人就大发牢骚，诉说不满，经常喝得酩酊大醉。他常常说："我这一辈子算是完了。"他也不敢见自己的主管，在大厅里碰到主管时，他故意把头低下。他承认："虽然我很气愤，觉得自己被欺骗了，可是在内心深处我还是想，也许主管是对的，我的确没有本事。我没有把工作做好，这才是不可改变的事实。"

另一位管理者同样感到震惊，愤愤不平，可是他却想得开。他说："听到这个消息我并不那么意外，因为我和主管的观点时常不同，我们经常发生争执。"这位态度开明的管理者获悉未晋升的消息后，回到家向妻子讲了这件事，然后仔细思考了一番，想了想自己哪里做得不对。经过一番反省，他意识到自己还没有竭尽全力，想到这里他的气也消了，决定与主管好好谈谈。"我和主管进行了一番交谈，谈话进行得非常顺利。我想他作出这个决定以后也感到非常不安。我自己没有充分发挥潜能，我很难过。从那以后，我尽心尽力工作，与主管的关系也越来越融洽。”

在上述事例中，两个管理者的关键区别就是，在受到挫折后是否还能产生积极情绪。一个人如果乐观，在面对挫折时就会有积极的看法；相反，一个人如果悲观，在他眼中一切都似乎是命中注定的，无法改变。宿命论者的态度就是绝望和无助，他们想：“既然命中注定，我为什么还要努力？”高特质积极情绪的人往往把挫折看作可以改变的事物，不会把挫折看作是由自身缺陷造成的。第二个管理者明显具有积极的态度，在面对挫折时能够积极采取措施去应对。

进入忘我境界：工作中的心流状态

乔修理技术一流，他是南芝加哥一家工厂的焊工，主要负责协助组装铁路机车。乔有很好的技术，无论机器出了什么问题，人们都会请他帮忙。乔喜欢钻研机器运作的原理，他小时候就曾经把家里的烤箱拆开再装上，现在也孜孜不倦地专攻各种机器问题。有一次，他决定在家里安装一套地下喷水系统，可是一时买不到合适的喷水设备，于是他自己设计，在家里做出了一套喷水设备。乔在机械修理方面也是个多面手，工厂里的工作他样样精通。工厂里有 200 多人，一旦某人有事不在，他就能及时补上空缺。乔虽然已到了花甲之年，却仍然对本职工作热情不减，他干自己的老本行已经近 40 年了。工厂管理者说：“我要是再有五个像乔这样的员工，就会在这个行业里成为龙头老大了。”

有些人能在自己的工作中发现乐趣，乔就是其中一个典型代表。

乔也是典型的优秀员工，他工作时乐在其中，不是因为他所从事的工作多么与众不同，实际上，他从事的工作再平凡不过了，但他在工作时会表现出一种特殊的精神状态，这种状态被心理学家称为心流（flow）。心流是一种如冥想一般，深深沉醉其中的状态，人处于这种状态时会产生陶醉感，甚至察觉不到时间的流逝。此时，我们会在工作时探索新的、具有挑战性的工作方法，进而被挑战吸引，忘我地工作。在这种状态下，我们做什么都感到得心应手，可以灵活调整，面对不断变化的挑战；工作时随心所欲，做事节奏如行云流水一般。

西克赞米哈依（Mihalyi Csikzentmihalyi）是美国芝加哥大学的心理学家，他率先对心流状态进行了研究。他挑选了 107 位来自不同社会阶层的人作为研究对象，其中包括管理者、工程师以及生产线上的工人。他给这些研究对象配备了一个遥控提示器，定时提醒他们记录自己做的事情以及做这件事时的感受。研究结果令人大吃一惊：平均来说，人们处于心流状态时，约 50% 的时间都处在工作中，只有不到 20% 的时间出现在消遣时。在闲暇时光，人们最常见的情绪状态是无聊！

可以认为，心流就是人们工作时最强大的驱动力。我们喜欢做自己感兴趣的事，是因为做自己喜欢的事有助于我们进入心流状态。当然，让人感到愉悦的事情不尽相同，机械工人可能对与焊接有关的东西感兴趣，外科医生可能会被高难度的复杂手术吸引，室内装潢设计师会因为一些富有个性的装饰风格和色调而惊喜万分。我们在心流状态下工作就会有工作的动力，工作本身也成为一种享受。

如果把人们一天的感受记录下来，我们就会发现，当人们觉得工作是乐事时，往往不仅仅因为工作能带来经济收入，更因为他们喜欢自己的工作。人们以寻求乐趣为主要工作动力时，会感到心情舒畅。假如一个人只为了赚钱而工作，会觉得工作枯燥乏味，提不起精神，甚至有点儿痛苦。遇到棘手的工作或压力很大时，就会感觉更加痛苦。相反，如果我们喜欢一份工作，即使薪水很低，我们也能干得很起劲。

从这个角度来说，人们工作的最终目的，或者说人们工作时满足感的来源是什么？研究者就这个问题调查了 700 多位 60 岁以上的人，他们当中既有专业技术人员，也有管理人员，大部分人快要退休了。研究者询问，哪些因素让他们获得满足感，请他们对这些因素排序。人们报告，能带来满足感的最重要的一条是“工作能让个体有机会面对有新意的挑战”，其次是“工作本身包含让人充满干劲的因素”，再次是“工作中包含不断学习的机会”，排在这三个因素后面的是“完成工作后的自豪感”。在所有这些因素中，地位和职务排在靠后的位置，而经济收入排在最后。

传统的激励因素，即工资或奖金等物质因素，已经不能促使人们在工作中有最佳的表现。要想在工作中有杰出的表现，人们就必须热爱自己的工作，并在其中找到乐趣。心流让一个看似不可能的事情成为可能，即它让我们将全部精力投入难度系数很高的工作，却感觉毫不费力。原因可能是，如果一个人觉得工作枯燥乏味，缺乏工作热情，或工作时感到非常焦虑，思维混乱，认知资源就会处于耗尽的状态，这个人会非常疲惫。就算勉强集中精神，大脑细胞的活动也是紊乱的或杂乱无章的，工作效率非常低。相反，在心流状态下，大脑活动的方式具有高效率和准确性，耗费的认知资源比较少。这样，即使人们从事很棘手的工作，也会感觉游刃有余。

不过，人们在工作时有多少时间处于心流状态因人而异，且差异很大。管理者、工程师等要经常从事较复杂、具有挑战性的工作，他们处理每件工作的方式都可能不同，因而更容易进入心流状态。相比之下，经常从事较简单工作的人进入心流状态的时间较少。同时，自控能力较强的人进入心流状态的频率比较高，因为他们能够很好地控制自己的注意，使其集中在主要任务或目标上，不会频繁地分心和走神。这类人更喜欢挑战性工作，有时为了增强工作的挑战性，甚至会故意把某一工作推迟到最后一分钟才做。

工作是人生中的重头戏，优秀的人能够调整自己，在重要的工作任务出现时进入心流状态，取得最佳业绩。

积极情绪高的人收入更高

在现代社会，收入是成功的一个重要指标。积极情绪高的人会有更高的收入吗？答案是肯定的，且已被一些研究证实。

一项在 2004 年进行的对 2.4 万名德国居民的调查发现，收入与生活满意度之间存在正相关（相关系数为 0.20），即一个人的收入越高，他对自己的生活就越满意。另一项对俄罗斯人进行的研究发现，家庭收入也与积极情绪存在正相关，两者之间的相关系数在 1995 年是 0.48，在 2000 年是 0.39。对马来西亚土著农民的研究发现，生活满意度与物质财富之间的相关系数是 0.23。大多数调查发现，收入与快乐的相关系数大概为 0.13—0.24。一项对 286 个实证研究的元分析表明，收入与快乐、生活满意度之间存在显著的正相关；令人意外的是，快乐与生活满意度之间的相关高于教育与收入的相关。这些研究结果都倾向证明，快乐的人有更高的收入。但这些研究都是横向的、相关性质的研究，无法确定究竟是快乐的人收入更高，还是收入更高的人更快乐。因此，需要追踪研究来进一步考察这一问题。

追踪研究的结果可以说明，快乐与收入的关系有一定的因果性。年轻时候认为自己很快乐的澳大利亚人，在后来的职业生涯中有更高的收入。俄罗斯人在 1995 年的幸福感与他们在 2000 年的高收入和低失业率存在很高的正相关，在控制了人口学变量（如这些人的教育水平、家庭背景等因素）后，这种正相关仍然存在。

考察幸福感的著名心理学家迪纳（Ed Diener）及其同事在 2002 年进行了一项研究，他们在大学生入学后（18 岁）测量了其积极情绪，等到这群大学生 30 岁以后，调查了他们的收入。结果发现，新生入学时报告积极情绪更高的人，16 年后在职场的收入也更高，这种影响在控制了父母的收入这个可能产生混淆的影响因素后也仍然显著存在。而且，在父母收入比较高时，积极情绪对被调查的大学生 30 岁后收入的预测作用最强。研究中有具体数据：当父母的收入高于 5 万美元时，积极情绪最高的大学生比积极情绪较低的大学生，每年要多收入 2.5 万美金。对于职场中的员工的追踪研究同样发现，高特质积极情绪的员工收入增长的速度更快。

如果你是个快乐的人，你就更可能是一个在职场上收获成功，获得高薪或丰厚报酬的人。

增加组织公民行为：积极情绪高的人更乐于助人

组织公民行为是指有益于组织，但在组织正式的薪酬体系中尚未得到明确或直接确认的行为，它是员工的一种自觉的个体行为，这种行为可以有效地提高组织的功能和感召力。组织公民行为一般都超出了员工的工作职责，并非其工作范围内所要求的行为，也与组织内部的薪酬制度毫无关联，通常完全出于员工个人主动、自觉的意愿，是一种组织内的公益性行为。快乐的员工是否有更多的组织公民行为呢？

已有研究发现，体验到高水平的积极情绪的员工会有更多的组织公民行为，而消极情绪水平更高的员工有更少的组织公民行为。如高积极情绪的员工会在同事遇到困难时，主动帮助同事或表达善意，愿意维护组织的利益，义务宣传组织的正面形象，作出保护组织的行为，并为组织的发展提供建设性建议，愿意在组织内主动提高自己的能力。

尽管这方面的研究还比较少，但已经有研究证明，快乐的人对社区活动有更大的贡献。快乐的人比不快乐的人更愿意为社区和慈善组织充当志愿者，愿意在志愿服务上花费更多的时间。在一项对以色列高中生进行的研究中，积极情绪水平高的学生更愿意参加社区服务，更可能有服务社会的意愿。

总之，来自心理学家的研究表明，快乐的人更愿意助人。

积极情绪与社会关系

有朋自远方来

有朋自远方来，不亦乐乎。人际关系对人类的进化和生存有非常重要的意义。那么，快乐的人也会有更高质量的人际关系吗？心理学家进行了一系列研究，都一致证明积极情绪高的人、快乐的人、生活满意度高的人，会有更多的朋友。积极情绪高的人比积极情绪低的人更可能获得更多的社会支持，也会在与他人交往过程中体会到更多的快乐。在职场上，积极情绪更高的员工会得到同事和管理者更多的情感上或其他形式的帮助。

心理学研究者发现，友谊与幸福感存在较高相关。如有最高质量的社会关系的大学生，也可能是最幸福的（在所有大学生中，其幸福感排名前 10%）大学生。一项包含 286 个研究的元分析研究发现，一个人与朋友联系的频率和质量超过了其与家庭成员的联系，成为幸福感的最强预测因素。快乐的人常对他们的朋友很满意，更不可能嫉妒朋友；孤独、寂寞则与幸福感存在负相关。

快乐的人拥有更幸福的婚姻

10 个人中有 9 个人最终都会选择进入婚姻，而且大部分人会对伴侣保持忠诚。

心理学家迪纳进行的调查研究发现，结婚的人比那些单身、离异或丧偶的人更快乐。如在一项对 19 个国家的民众进行的调查研究中发现，结婚的人比所有其他人群都更快乐，这样的结果在各种文化下都得到了重复验证。快乐的人倾向有美满的婚姻，对婚姻也更满意。

对婚姻和家庭生活的满意度与幸福感存在最强的正相关。

与快乐和婚姻的关系类似，快乐的人也倾向有更高质量的浪漫的恋人关系。高特质性积极情绪的大学生比低特质性积极情绪的大学生更可能认为当前的浪漫关系是高质量的。而且，与不快乐的人相比，快乐的人更可能将自己的另一半描述为他们的“至爱”。

快乐对婚姻质量的预测作用的最有力的证据来自一系列追踪研究。心理学家对四组澳大利亚年轻人进行了 15 年的追踪研究，这项研究发表在 1999 年，研究结果表明，那些幸福感在平均数 1 个标准差之上的单身年轻人比幸福感低的单身年轻人，结婚的概率高 1.5 倍；幸福感在平均数 2 个标准差之上的单身年轻人，结婚的概率高 2 倍。德国的一项为期 16 年的追踪研究也复制了这样的结果——幸福感更高的德国人更可能在 4 年后或更久后结婚；在 21 岁（大学阶段）时，在她们的脸书（Facebook）相册里展露真笑的女性（即感到更加快乐的女性），更可能在 27 岁时进入婚姻，并且更不可能在中年时处于离异状态。

快乐的人在婚姻中也会感到更幸福。一项为期 6 年的对澳大利亚人进行的研究发现，早年父母的快乐水平会提高孩子在成年人后的婚姻幸福的可能性。快乐的人在离婚后也更可能再婚。一个人的快乐水平会影响其配偶的积极情绪和婚姻幸福感，也就是说，和一个快乐的人结婚，你也会变得更快乐，你会认为自己的婚姻非常幸福。这也可以解释为什么很多人在择偶时倾向将幽默作为择偶的一个标准。

总之，无论是横向的相关性研究还是纵向的追踪研究，都发现快乐的人比不快乐的人更可能步入婚姻或建立稳定的恋人关系，并在这种亲密关系中感到更幸福。

快乐的人更受欢迎

追踪研究表明，积极情绪的水平与外倾也存在正相关。例如，21岁时积极情绪高的女性，在许多年后，如43岁和52岁时，更可能将自己描述为性格外向。

快乐的人会不会被人认为是浅薄的、招人烦的？其实不是，大多数快乐的人要比不快乐的人更招人喜欢。快乐的人和感到幸福的人会被他人评价为身体吸引力更高，智力更高，也更有能力；对他人更友善，既温暖又坚定，更不自私。心理学家发现，快乐的学生被家人和朋友认为有更强的社会技能（如更有礼貌，口才更好），他们在公众面前演讲时更有自信，也是个更好的演讲者；他们有更多的亲密朋友、更稳定的浪漫关系、更多的家庭支持。在幸福感上得分高的学生也被他们的同伴和老师在各方面评价为受人欢迎。

在考察快乐与受欢迎度的关系时，研究者让初中生和大学生阅读关于假想的人的脚本。这些脚本中有些人物被设定为很快乐的人，有些被设定为不快乐的人。这些学生阅读完脚本后汇报，无论他们自己当前的心境是愉快的还是悲伤的，他们最想帮助的人都是最快乐的那个人，最快乐的那个人也是最招人喜欢的。最后，当女性大学生和一个同伴单独待在一起时，积极情绪高的女性会表现出与同伴更多的更高质量的社会互动。高特质积极情绪的人在执行管理任务时也会表现出更高的领导力。

有研究者对脸书上的女性照片的积极情绪进行评价，并作出判断：当女性表现出最高水平的、真正的积极情绪时（即出现杜式微笑），会在与从属有关的人格维度（如慷慨大方、体贴、能保护亲密的人）上得分比较高，在与消极情绪有关的人格维度（如恐惧的、易怒的、对他人有敌意的）上得分比较低。

为什么快乐的人会获得更大的社会回报？

快乐的人更可能建立社会联系，形成一个丰富的社会支持网络。当我们有了更强的社会联结、更多的社会支持，就会进一步增加积极情绪，社会的接纳度、心理健康水平和情绪调节能力也会进一步提高。

频繁体验到的积极情绪与幸福感和高质量的社会关系之间有密切的联结。大量研究都表明，快乐的感受对人际行为有积极影响。人们更想与那些看起来很乐观的人成为朋友，给他们提供各种形式的帮助和支持。例如，对儿童的一项观察研究发现，表现出快乐情绪的儿童会被其他儿童给予更多的移情行为，如身体上、语言上的安慰。快乐的人对他人的友善或为他人提供的社会支持，也会引发朋友或助人者的积极情绪，提高他们愿意保持这种关系的意愿。研究者对幸福的婚姻进行的研究发现，对婚姻维系时间是否长久的最好预测因素就是夫妻之间积极互动和消极互动的比例。

长期保持快乐的人，其典型的特点就是常常会出现真正的微笑和大笑。当我们向别人展示真正的微笑和大笑时，说明我们是友好的，很愿意与他人互动，愿意邀请他人参与进来。这种观点无论是在理论上还是在实证上都得到了证实。考察婴儿与抚养者之间的交互作用的积极情绪研究发现，婴儿的微笑似乎能塑造婴儿与抚养者之间的依恋，让抚养者愿意继续照顾孩子，并给予孩子幸福感。那些常常表达积极情绪的母亲，他们的孩子也会更愿意表达积极情绪。因此，所有妈妈不但要是好妈妈，还要是快乐的妈妈。

积极情绪提高创造性，减少人际冲突

最快乐的人常会有最有趣的想法。有相关证据表明，快乐的人在创造力测验上的得分更高。如创造力测验上得分高的儿童往往是快乐的、放松的、大胆的、自信的，甚至是轻度躁狂的。某些人格特质，如灵活性和开放性，均与创造力相关，这些人格特质在轻度躁狂但不抑郁的人群中最常见，但不太可能出现在轻度躁狂且伴随间歇性抑郁的人身上。

非常有创造力的人还具有高支配性和高自信的人格特征，这两个人格特征是外倾的两个侧面，也被一致认为与长期的幸福感相关。许多研究都发现，开放性与长期的幸福感通常存在正相关（虽然相关系数在不同的研究中不等），这表明快乐与思维的灵活性有紧密关联。研究者考察了积极情绪与“日常活动中的创造力”（采用新的方式和方法去从事日常活动或解决日常生活中的问题的能力）之间的关系，发现当人们处在积极的心境下，就会出现更多的日常创造性活动，但在沮丧的心境下，就不会有太多的日常创造性活动。积极心境，尤其是高唤起的积极情绪，如快乐或兴奋，与好奇心和探索的兴趣相关。员工表露出的积极情绪与管理者对员工的创造力的评价存在显著的正相关（相关系数大概为 0.3）。

快乐的心境会让个体的想法更有独创性，更加灵活。实验室诱发的快乐情绪会令个体的原创性想法和思维的灵活性增加，而这被视为创造力高的表现。不论采用何种方式诱发积极情绪，以及采用何种类型的评价思维灵活性和原创性的方法，都验证了这样的结果——积极情绪能够提高个体在创造力任务上的业绩表现。积极情绪为什么会促进创造力？可能是因为积极情绪使个体感到安全和安心，在没有感到威胁的前提下，个体思维的方式变得多样化，简而言之，变得更好玩。

来自实验室的研究表明，快乐的心境会提高人们解决人际冲突的能力。在实验室中诱发参与者短暂的积极情绪状态后，研究者发现，当人们处在快乐情绪状态下，会表现出倾向于解决冲突的偏好，以及通过与他人合作减少冲突的意愿。另外，参与者会更倾向采用与他人面对面沟通的方式，更不可能通过回避和竞争的方式来解决人际冲突。人们在积极情绪状态下倾向表现出更多的合作性和更少的竞争性，这样的结果在拥有积极氛围的团队中也得到了验证。积极心境下的团队更可能在决策问题上达成成员之间最大的一致，不太可能使用攻击性方式破坏谈判。

有研究者对美国的 62 个公司的首席执行官和高层管理者进行了快乐情绪与冲突解决的关系的研究，发现平均积极情绪特质高的人更不可能体验到人际冲突，更可能与他人合作。在日常生活中，我们也会有这样的体会：办公室里人们的积极情绪与同事之间的人际冲突减少存在正相关。

第五章

积极情绪的阴暗面

积极情绪是通向幸福生活的黄金大道吗？回答并不肯定。人类的情绪生活非常丰富，积极情绪和消极情绪对人类的适应和生存的影响是复杂的。有时候，积极情绪会以多种方式产生相反的作用，它也并不会让每个人都在自己的文化环境或社会制度下获得成功。

我们都向往快乐和幸福，希望自己每天都处在积极情绪中，可以永远远离痛苦。但请你理解，完全快乐的生活首先是不现实的，其次，它也未必是最理想的生活状态。

人类的情绪生活非常丰富，有时候快乐是最适应的状态，但在其他时候，适度的痛苦，甚至对当前现状的不满足，也是我们需要的情绪。积极情绪和消极情绪对人类的适应和生存的影响是复杂的。

快乐的人也会体验到消极情绪吗？

答案当然是肯定的。每个人都可能体验到积极情绪，也同样会体验到消极情绪。一方面，当事情的结果不按预期发展时，如果快乐的人不能体验到消极情绪，他们也是有功能障碍的，因为他们不能对威胁、丢失和其他重要的负性事件有恰当的反应。另一方面，如果快乐的人能偶尔体验到消极情绪，他们反而会更成功，因为当情况不妙时，消极情绪会让人不再作出接近的行为，从而及时撤退，避免资源的浪费或更大的伤害。这里提到了一个重点——当情况开始变糟糕时，人们会用消极情绪来应对。

坏事件产生的消极情绪会造成思想、感受和行为的改变。当负面事件发生时，人们会放弃使用启发式加工，采用更谨慎、更细致的分析性加工，这就不会令个体过分依赖以前的解决问题的方案。当情况改善时，个体会重返积极状态。

幸福可以被认为是一种“密度函数”，人们的积极情绪的变化会影响密度函数。虽然这种状态的频发体验似乎是有利的，但有能力对重大的负面事件作出反应也是有益的。因此，快乐的人的心境也会随时间变化。既往研究支持了这一结论，快乐的人确实会偶尔感到不快乐。如迪纳和塞利格曼的研究发现，最快乐的大学生也会有心境起伏的时候，但他们大多数时间都拥有积极情绪，偶尔出现消极情绪。在一项世界价值观调查中，在一个最高分为 10 分的生活满意度量表上，大多数报告了生活满意度最高分的人（占人群的 14%），也会报告在过去的几周里体验了负面心境或消极情绪。在一项实验室研究中，在对长期快乐的人的成就给予消极反馈后，他们会报告体验到消极情绪（如悲伤、焦虑和灰心）。

在现实生活中，当情境不恰当时，快乐的人也会有负面情绪，但最终会回归积极状态。

不快乐的人也可以表现最佳

心理学家注意到，许多轻度躁狂的个体可以在社会适应上表现良好。他们写报刊专栏，成为影星、演员、律师，以及做其他各种工作。智力、毅力、责任心等能力或人格特质也是人们期望拥有的理想特质，但目前来看，一个人在这些特质上的表现是否优异，与积极情绪没有直接关系。

美国心理学家卢卡斯（Hannah Lucas）和迪纳在 2003 年的一项研究中发现，轻度抑郁的个体可能在需要领导力以及与他人互动的任务上表现不佳，但在类似监控核电站是否正常运转这样的任务上能够表现出色。因为抑郁的个体的警觉性比普通人高，监控核电站是否正常运转这样需要保持高度警惕的工作恰恰符合其认知特点，这种现象似乎可以用抑郁现实主义（depressive realism）来解释。抑郁现实主义是指，抑郁的个体在作决策和判断时更准确、更切实际。非抑郁个体更可能出现认知上的错觉，如不切实际的乐观，高估自己，或者夸大了自己对事件的控制能力，但抑郁个体不会犯以上错误。

快乐的人所具有的典型特征在某些情况下可能有害。如果一个快乐的人总是使用启发式策略解决经常会碰到的问题，但现在使用这种方法获得的答案是错误的，并且没有人给出失败反馈，他就会比不快乐的人做得更糟，因为快乐的人不善于检查错误的信息，总喜欢按照自己的定势来解决问题。相反，悲观的人在解决问题时会更小心谨慎，担心自己出错，会反复检查，悲观的人在需要谨慎、认真检查这样的任务中就会完成得更好。

当然，不太可能一个特定的心境状态会在所有的问题解决或任务成绩上都使人表现得好。积极情绪状态和消极情绪状态对认知加工有不同的影响，对于某种类型的认知任务，积极情绪状态更有利于问题的解决，在另外一些类型的认知任务上，消极情绪状态反而更有利。情绪状态与问题解决或决策制定的关系是复杂的。

东方文化与西方文化下的积极情绪观念差异

对积极情绪的看法可能存在跨文化差异。在一项考察东方文化（以日本人为代表）和西方文化（以美国人为代表）下民众积极情绪观念的差异的研究中，来自日本京都大学的研究者让这两个国家的人分别对积极情绪的好处和坏处进行评分。结果发现，美国人对积极情绪的好处给出了 5.4 的高分（最高分值为 7 分），而日本人给出了相对较低的 5.1 分；日本人对积极情绪的坏处给出了 4.7 分，而美国人只给出了 4.25 分。从统计学的角度，日本人和美国人对积极情绪的积极一面和消极一面的态度是有显著差异的。美国人对积极情绪的看法更积极，日本人对积极情绪的看法更消极。研究者认为，这种差异可能来自东西方的文化差异。

在东方集体主义文化氛围下，人们对积极情绪的态度更保守，这可能是因为东方人更看重集体和他人，认为一个人的积极情绪过多可能会干扰另外一个人。在东方文化中，人们会更在乎自己表露出来的情绪是否会影响他人的情绪体验。研究者将人们在社会生活中学到的依不同的情境或社会的期望而表露出不同表情的现象称为表露规则。如在失败或受挫时，东方人虽然内心难过，但在表情上往往表现得很平静；取得成就时，即使内心非常高兴，也不会在他人面前出现非常开心的表情，当别人向我们表达祝贺时，我们往往会谦虚地回答，“我不过是运气好”。另外，东方人往往认为一个人一味地追求体验积极情绪是贪图安逸，不思进取，逃避现实。以上原因都可能导致东方人对积极情绪的看法比较负面。

美国人比较看重积极情绪。一个美国人从小就被灌输的价值观可能是这样的：“无论遇到什么事情，你都要高高兴兴的，或至少你要假装高兴。”不管是据说由美国人发明的微笑表情符号，还是美国人口中的“have a good day”这样常见的祝福语，都是美国人的乐观主义的写照。

与美国人相比，葡萄牙人对积极情绪的看重程度就要低很多。在葡萄牙，可能没人会祝另一个人快乐，因为这一天他们自己的日子也过得不怎么样。你要是问一个葡萄牙人他的日子过得好不好，最好的答复也不过是“maisoumenos”（还凑合）。葡萄牙人具有郁郁寡欢的民族性格，很多人的脸上阴沉无光，连里斯本市民广场上塑像的面部表情都很凝重。所以，葡萄牙是一个居民幸福感指数不高的国家。在联合国对全球 157 个国家的全球幸福指数的最新调查中，葡萄牙仅排名第 93 位。但是，也别因此对葡萄牙人心生怜悯，葡萄牙人擅长苦中作乐。在葡萄牙语词汇中，“saudade”的含义是“悲中有乐”。除葡萄牙语外，没有其他语言有这样一个精准的词汇对这一感受加以描述。这个词汇也很难翻译成中文，“saudade”是指对给自己曾经带来极端快乐的某些人、地方或经历感到惆怅，具体含义和“怀旧”类似，但与“怀旧”不同的是，某人可以为从未发生过，以后也不会发生的事物而产生“saudade”的情绪。葡萄牙人容忍甚至喜欢“saudade”的原因是，他们认为“这是一种可以与朋友、家人分享的情绪，人们甚至可以在饭桌上分享彼此的烦恼”。一位葡萄牙厨师甚至独创了一种直接以“saudade”命名的巧克力，其滋味是甜中带苦。在葡萄牙人的眼中，悲伤是生活的重要组成部分，他们不能理解为什么有人在该哭的时候强颜欢笑；每个人都应该体验各种情绪感受，悲伤也是一种美，强颜欢笑让人们迷失了自我。在葡萄牙人看来，如果某天一个人心情不好，就应该给他一个安静的空间，让他不被打扰，而不是想尽各种办法，让他高兴起来。

对于一个葡萄牙人，所有日子，无论是快乐的还是哀伤的，都应该安然若素。是的，生活是多面的，人生是变化的，情绪为什么只应该有一种呢？尝试理解和接纳自己的悲伤，再从悲伤中获取经验，以更成熟、平和的心态继续未来的生活，未尝不是人生的一种成长。

凡事皆有代价：快乐的不利影响

迪纳及其同事 1991 年在《人格和社会心理学杂志》上发表了有关积极情绪的代价的论文，这是第一篇讨论积极情绪的阴暗面的文章。研究者对美国人独特的积极情绪观很感兴趣：他们发现美国人会因某场体育赛事慷慨激昂；看到自己的孩子登场表演时会深感骄傲、自豪；找到新工作时会欢欣鼓舞……这种一直追求高强度的积极情绪体验的人生观会不会也有不利的因素？

迪纳等人发现，强烈的积极情绪体验确实会带来一些不好的后果。首先，这会产生对比效应，即一次高度兴奋的体验会使其他让人高兴的事情都黯然失色。例如，你在中了 100 万美元的彩票之后，又通过刮刮乐中了 100 美元，你自然会觉得后者在前者面前根本不值一提。其次，会产生延续效应，放大积极情绪的人也会不自觉地放大消极情绪。也就是说，开心的时候有多么开心，痛苦的时候就有多么痛苦。因为越在乎高强度的积极情绪，也就越难以容忍消极情绪。为了一场胜利而大肆庆祝的人，也更容易因为一场完败而灰心和绝望。

在某些情况下，不适当的积极情绪或过度的积极情绪会损害成绩。近年来的研究结果表明，极度快乐的个体在某些成就领域比中等快乐的人成绩更差。极度快乐的人太爱社交了，也更容易分心，在需要坚持性或花费很长时间才能完成的任务上，未必能取得最佳成绩。非常快乐的人可能对现状过分满足而被批判，他们可能被他人认为是自满的、自负的或肤浅的。确实，懒惰生活状态下或无意义生活下的快乐情绪被认为是相当负面的，适当降低积极情绪的能力（即出现高强度的积极情绪时，将强度降低一些）也是一个人能够有效地自我调节、适应社会、体现高情商的一种能力。

快乐的人还要避免因贪图一时的享乐而放弃追求长期目标。在日常生活中，我们常常会为了追求长期的快乐（目标的实现）而放弃即时的享乐，如我们会为了一个工作任务而加班熬夜，放弃去唱歌和旅行等能够获得即时享乐的活动。虽然在完成工作的过程中，我们会感觉疲惫、焦虑，但我们愿意坚持下去，因为只有这样才可以体验完成工作任务之后的成就感和发自内心的喜悦。这种为了追求长期的快乐而放弃短期享乐的现象存在个体差异。与欧裔美国人相比，亚洲人和亚裔美国人更可能在某个他们正在做的、表现欠佳的任务上更加坚持，即使在完成整个任务的过程中他们会遭遇挫折，或因表现欠佳而感到痛苦或不愉快，但因为对目标非常看重，期望也比较高——预期达成目标后会体验到巨大的快乐，资源和能力都可以得到提升，所以愿意坚持下去。当然，在目标没有达成之前，他们也会感到担忧，害怕目标不能顺利实现；在目标确实没有实现时，这会放大消极情绪。

快乐的人更常体验到积极情绪是因为他们对环境中的奖赏更敏感。积极情绪与“行为接近系统”相联系，所以，积极情绪总会引发接近的行为倾向。对周围环境中的奖励总是靠近的倾向可能会让个体陷入双趋冲突，在两个想要的目标之间左右为难，难以作出决策。而且，人类生活的复杂性决定了我们有时候需要去回避一些刺激，不能总是贸然向诱人的奖励靠近。积极情绪让人们形成过于乐观的估计，甚至会导致不恰当的冒险行为。

快乐没有想象得持久：享乐主义踏板车现象

在你苦苦追求一个目标而不得的时候，无论是追求学业上的进步还是工作上的成就，你是不是都会在目标未达成时有这样的预期——一旦达成目标，你会获得最大、最持久的快乐，甚至会别无他求？譬如，你十几年寒窗苦读，梦想通过奋斗考入理想的大学，在没有成功之前，你会想，只要能进入这所大学，你一定会成为最快乐、最幸福的人，从此之后也会一直快乐下去……但事实是，人们往往会发现，结果并不像想象的那样。经过坚持不懈的努力，终于达成心愿后，确实会在很短时间内积极情绪骤然攀升，可是在绝大多数情况下，之后就会在很短时间内迅速回归积极情绪的基线水平。人们甚至会感到怅然若失，会感叹快乐总是那么短暂，难以持久。研究者将这种现象称为享乐主义踏板车现象。

进化心理学家对享乐主义踏板车现象进行了解释：在进化的过程中，人们会努力获得更美味的食物、更舒服的住所等各种形式的奖赏。但得到这些奖赏后，只有那些能够迅速习惯化和适应的人才会被进化选择。一旦满足或沉迷于一时的奖赏，就会停滞不前，碌碌无为，甚至被进化淘汰。换句话说，只有不断产生新的目标和追求，不断不满足，才会获得越来越多的资源，提高自己的能力。回到刚才那个例子，当你终有一天跨入梦想中的校园，你确实会兴奋、新鲜一阵子，但很快就会平静下来，开始酝酿新的人生目标和追求，例如要各科成绩全优，争取获得保送研究生的资格；要参加各种社团活动，锻炼各项能力，等等。

如何应对享乐主义踏板车现象呢？一种方法是克服渴望与喜爱偏差（wanting/liking bias）。大多数人第一次认识到这种偏差时都很震惊，因为他们这辈子都没有意识到这个问题的存在。这种偏差是指很多时候我们渴望的东西未必是真正喜欢的。举个例子，你可能想养一只宠物狗，但你实际上并不习惯，也不喜欢家中有狗的生活。神经生理学家已经证实，人们存在渴望和喜爱这两种不同的心理过程，它们在神经机制上确实存在差异。渴望是一种欲望，它产生于大脑的某一个区域；喜爱的感觉则产生于另外一个大脑区域。所以，在追求快乐和幸福的过程中，一定要将渴望和喜爱区分开。

人们常常会误认为渴望的东西就是喜爱的东西，它们是一样的。如果一个人想要某样东西，从逻辑上来说，当他得到的时候应该会喜欢它，但这并不是事实。当我们渴望某种东西时，想要获得的不管是新的工作机会、新的学业成就、新玩具还是美味的食物，都很容易产生必须要得到、欲罢不能的冲动。然而，我们一旦得到了自己想要的东西，那种热情、高涨的情绪就会消失。也许我们一点儿也不喜欢新工作带来的堆积如山的文件、每天上下班通勤的辛苦，乃至钩心斗角的争斗，但在没有得到这份新工作之前，我们是万分期待的。在现实生活中，有人会渴望一次海岛旅行、一段禁忌的婚外恋、一次职场的晋升、一块名贵的手表……这些东西在当时看来具有无法抗拒的诱惑力，但真的拥有后，我们并不像预期的那样喜欢。有时候，人们在生活中追求某个目标往往只是被强烈的欲望驱使，并没有考虑这种追求实现后是否会给自己带来长期、深远的影响，是否会获得生命的意义感或自我实现感，是否愿意承担目标实现后的负面影响。所以，一定要区分渴望和喜爱之间的区别，才不会在追求快乐的过程中作出一些糟糕的决定。

避免享乐主义踏板车现象的另外一种方法是降低频率。美味的食物、美妙的旅程带来的体验固然非常美好，但无论多么强烈的积极情绪，如果太过频繁地经历，最后都会变得平淡无奇，所以不要天天去吃美食、看美景，偶尔去一次就好，会让人印象深刻，达成心愿后获得的快乐感更强烈，快乐情绪的“留香”时间也会更持久。

人们更厌恶损失：对同等收益和损失的不对等反应

请你设想一下，失去 100 元的失望感和得到 100 元的快乐感，哪个带给你更大的情绪波动？你可能会发现，失去 100 元的难过程度超过得到 100 元的快乐程度。确实，人们可以获得很大的收益，却很难忍受一点点损失。相比收益，同等价值的损失会给人带来更大的情绪波动和更大的痛苦。人们对积极情绪的感受阈限相对较高，而对消极情绪的感受阈限相对较低。也就是说，我们更容易体验到消极情绪。

消极的社会比较

社会比较有三种类型，分别为平行的社会比较、向下的社会比较和向上的社会比较。平行的社会比较是为了自我评价而进行的比较，这时，个体会和与自己的能力或观点相似的人比较；向下的社会比较是为了自我增强而进行的比较，个体会与各方面不如自己成功的人比较，这种比较可以保护个体的自尊；向上的社会比较是为了自我提升而进行的比较，个体会与那些各个方面都比自己好的人比较。我们会与在身体健康、外表与个人魅力、财富、社会地位、学术成就等方面比自己好的人比较，这种比较虽然会使自我得到提升，但也会带来消极情绪。很多人会自动地进行向上的社会比较，这是我们常常感到不快乐的原因之一。

心理学家发现，高自尊的人并不总是进行向上的社会比较。这是因为他们有稳定、恰当的自我概念，对自己有很清晰的定位，不太可能作向上的、消极的社会比较。相反，低自尊个体倾向作向上的社会比较。

展示完美的一面会引发消极的社会比较？

你经常在微信、微博等网络平台上发布自己的动态，如分享照片、想法或情绪吗？在这种公开的社交平台上，你倾向分享给他人什么样的内容呢？

心理学家有几点发现：首先，人们更愿意在社交平台上为自己塑造一个良好的社交形象，倾向在朋友圈展现一个完美的自我，或总是展示自己快乐的情绪。也就是说，你可能在心情好的时候发朋友圈，但对心情低落的时刻只字不提。高神经质的个体也更可能在朋友圈营造完美的自我形象。正因为人们的这种心态，我们在朋友圈看到的总是他人成功、如意、幸福的一面。其次，人们倾向认为，在朋友圈总分享美照的人比自己过得更快乐，从而引发妒忌情绪，这种现象尤其可能发生在深感抑郁的人身上。心理学家因而推测，人们在朋友圈看到的他人展示的完美生活与自己的平淡生活形成鲜明的对比，这可能引发害羞、嫉妒等消极情绪，或使个体的自尊受伤。

为考察这个问题，阿尔法西（Yitshak Alfasi）专门进行了一项研究，相关论文发表在 2019 年的《人格和个体差异》（*Personality and Individual Differences*）杂志上。他招募了一批参与者来到实验室，将这批人随机分到两个组中，其中一个组为实验组，这组的参与者进入实验室后，需要花 15 分钟浏览自己的朋友在社交平台上发布的内容（即浏览朋友圈的动态）；另一个组为控制组，这组的参与者进入实验室后，需要花 15 分钟浏览网络上的新闻。两组参与者在这 15 分钟内只能做研究者指定的任务，不能浏览其他内容，然后测量他们的自尊水平和抑郁倾向。确实与研究者的预期一致，被要求浏览朋友圈的动态的实验组参与者比控制组参与者自尊水平更低，抑郁水平更高。这证实了研究者的假设，即人们在社交平台上看到他人展现出来的完美形象或幸福的感受后，会形成向上的社会比较，产生更多的消极情绪。

既渴望又拒绝：哪类人会更频繁地分享自己的动态？

英国约克大学的奥尔德梅多（Julian Oldmeadow）和奎恩（Sally Quinn）2013 年的一项研究认为，高社交焦虑的人喜欢采用网络这种沟通方式，因为他们回避与他人面对面的交谈。网络沟通有更大的灵活性，也不用与他人面对面，这样可以降低高社交焦虑的人的焦虑水平。

奥尔德梅多等人据此进一步推测，母婴依恋类型是焦虑型依恋的人更可能通过网络平台这种线上交流的方式来获取他人的关注。焦虑型依恋的人是指在渴望亲密和害怕拒绝之间纠结的人，他们想要与他人亲密相处，又担心被他人拒绝，因此进退维谷；他们不敢轻信他人，不敢发展亲密的关系，内心又渴望被人关注。焦虑型依恋的人往往认为，如果他们在微信、脸书或微博等公共社交平台上，更多地发布自己的照片、言论、链接等，呈现自己美好的一面，就更可能让他人喜欢自己，建立亲密的人际关系。在网络平台上互动不需要面对面，还可以随意控制与他人互动的时间和空间，这些特点都非常迎合焦虑型依恋的人的需求。这种交流形式还可以提供一种归属感，例如可以通过关注某个人的微信朋友圈，了解他现在在做什么；也可以分享自己的实时动态，让他人知道自己此刻在做什么。焦虑型依恋的人通过这种方式让自己一直出现在他人面前，与他人保持持续的社会联系。

奥尔德梅多等人调查了 600 多人，采用线上问卷的形式测量了他们使用脸书这类社交平台的频率及其依恋类型和社会技能水平。与预测一致，焦虑型依恋的人的确更频繁地使用网络社交平台，他们会在出现消极情绪时，如感到孤独时，更多地选择通过这些平台分享自己的心情，获得他人的关注或安慰，缓解消极情绪，重获积极情绪；他们也会更在乎他人看到自己分享的内容时的看法和评价，这可能源自他们的自尊水平比较低，会希望通过他人积极、肯定的评价肯定自己的价值。

更少关注他人社交动态的人更幸福？

2016 年，来自丹麦的心理学家发现，当我们不使用网络社交软件时，我们的积极情绪水平和幸福感反而提高了！这些研究者对在 2015 年年末使用脸书的 1095 位丹麦人进行了为期一周的调查，这些脸书使用者在社交平台上平均有 350 个好友，每天使用脸书的时间均超过 1 个小时。研究采用的具体方法为，将 1095 名参与者随机分为两组，要求其中一组在一周内不使用脸书，而另外一组可以继续使用，并且保持原来的使用频率。

一周后的调查结果发现，被限制使用脸书的人，其积极情绪水平以及对当前生活的满意度均比使用前有明显提高。这一现象在三类人身上尤为明显：以前频繁使用脸书的人、被动使用脸书的人（如为了工作而不得不使用脸书）以及在脸书上可能会妒忌他人的人。

快乐的人可能具有的弱点

快乐的人有哪些弱点？这个问题非常有趣，心理学研究者进行了一系列研究后，有两个发现。

快乐的人缺乏说服力

如何才能说服他人改变他们的想法和行为？例如，如何说服他人使用某个牌子的牙膏？如何说服他人保护环境？要说服他人按照我们的想法行事，就必须使其相信我们的想法比他们自己的想法好。

美国心理学家西奥迪尼（Robert B. Cialdini）在其畅销不衰的经典作品《影响力》中总结了一些让人具有说服力的基本原则。

第一个原则是，人们尊重权威，愿意相信专家的意见。权威人士和专家的说服力确实比普通民众要强很多，以至于广告中出现的医生都不需要是真正的医生，哪怕是一位演员，他演过医生，在广告中穿上一件白大褂，就会让观众更容易赞同他的意见。

第二个原则是，尽量用细致、缜密的话语表达想法。有趣的是，注意细节是不快乐的人的思维特点。快乐的人则恰好相反，为了宏大的未来，他们会忽略眼前的细节，我们将这称为概括式思维。不快乐的人语言更详尽、具体，因而要比表达方式更抽象、更概括的快乐的人更具说服力。研究结果也证实了这一点，研究者考察后发现参与者在论证一些生活议题，如“是否应花费公款修建公园和游乐场”“是否存在灵魂伴侣”等问题时，不快乐的人比快乐的人更具说服力：不快乐的人在语言感染力方面的平均得分比快乐的人高 25%，在细节是否翔实方面的得分高 20%。上述数据都建立在参与者的说服对象与其的关系是朋友的基础上，如果把说服对象换成陌生人，不快乐的人的说服力将是快乐的人的两倍。

快乐的人更可能产生错误的记忆

快乐的人可能会以肤浅、概括性思维去接受和处理来自外界的信息，所以他们更容易忽略细节，且抱有先入为主的偏见，从而产生错误的记忆。在一项实验中，研究者先让参与者看了一组相近主题的词汇，如卧床、休息、疲倦等，总共 15 个词，这些词都和“睡觉”有关。稍候再问这些参与者刚才有没有看到“睡觉”一词（这个词实际上没有出现过），结果发现，快乐的人更容易将错误的信息添加到自己的记忆库里，他们纷纷说刚才出现过“睡觉”这个词。研究结果很惊人，快乐的人产生错误记忆的概率比不快乐的人要高出 50%。

在另外一项实验中，一群学生坐在教室里，亲眼看见一个表情非常紧张的女人走到老师面前，动手袭击了老师。当然，这是研究者提前安排好的，其目的是考察这些学生的记忆。之后研究者请学生回答一些关于刚才的事件的细节问题，其中一些问题描述的内容实际上从未出现过，例如："你记得刚才那个年轻女人挥舞头巾的时候，老师从钱包里拿出了什么东西给她吗？"这项实验证明，快乐的人比不快乐的人产生错误记忆的概率高出 25%。

快乐的人为什么更容易记错？研究者认为，一个重要原因是快乐的人往往过于满足现状，并不关心周围环境的变化，甚至对眼前发生的事情视若无睹。当然，也可能是由于快乐的人盲目自信，更会凭自己的主观臆测来下结论。从这个角度来说，对于警察、消防员、保姆、医生等格外强调耐心、细致的工作，也许不那么快乐的人的工作绩效会更高一些。

另一个重要原因是，快乐的人处在紧急状态时更可能依靠刻板印象作出判断。在"9·11"事件发生后，有研究者进行了一次实验，要求参与者玩一款第一视角的射击游戏，击毙屏幕上出现的所有携带枪支的目标。目标中有一半是裹着头巾的恐怖分子形象的人，另一半没有裹头巾。如果快乐的人有"裹头巾的人更可能是恐怖分子"的刻板印象，面对裹头巾的目标时，会不会有更大的可能扣动扳机？研究结果确实发现，快乐的人射击裹着头巾的人物的概率是不快乐的人的 3 倍。实际上，有些裹头巾的人并没有携带枪支，不能成为射击的目标，但快乐的人还是错误地扣动了扳机。可见，快乐的人相对更难摆脱根深蒂固的成见。虽然通过刻板印象作出判断省时省力，但正如上述实验表明的那样，在关键场合不关注细节，还使用刻板印象作决策的话，可能会带来毁灭性后果。

这些研究为我们提供了关于快乐的全新视角。虽然快乐的益处很多，但万事万物常常是均衡的，快乐的人也因为快乐有了弱点。

积极情绪也存在天花板

零度是个临界点，在这之上就是水，在这之下就是冰。冰是固态的、僵硬的、稳定不变的，而水是液态的、流动的、灵活多变的。美国心理学家弗雷德里克森在 2005 年指出，积极情绪也有临界点，高于这个临界点，你的生活就会变得欣欣向荣。

积极情绪的临界点可以通过积极率这个指标计算出来。积极率是指在任意一段时间内，用积极情绪出现的频率除以消极情绪出现的频率得到的比值。弗雷德里克森发现，积极率的临界点是 3∶1，这一比值为积极情绪与消极情绪的最佳比值。当积极率高于 3∶1 的比值时，一个人体验到的积极情绪就能够将其塑造为一个有很强的心理修复能力和抗压能力，以及在身体、健康、智力等方面实现良性循环、不断发展的人，弗雷德里克森将这种人称为欣欣向荣的人，他们在人群中占少数，只有 1/5 的人属于这类人。

弗雷德里克森采用了两个研究来证实积极情绪存在这样一个临界点。在每一个研究中，她首先让参与者完成一个初步的调查，从而“诊断”出哪些人可能是欣欣向荣的人。在接下来的 4 周时间里，她让每个人报告自己的日常情绪体验，每天晚上都要完成一个有 20 道题目的《积极情绪和消极情绪问卷》。虽然坏事总是比好事让人感受更强烈，但在每天的日常生活中，感觉糟糕是比较少见的，人们在生活中的大多数时候都是感觉良好的，科学家将这种不对称性称为积极情绪抵消（positivity offset）。弗雷德里克森通过这种方法计算每个人在日常生活中的积极率，并计算月平均值，再除以整个月中的消极情绪的平均值。结果发现，欣欣向荣的人的平均积极率确实都高于 3∶1。确切地说，在第一个研究中，欣欣向荣的人的平均积极率是 3.2∶1；在第二个研究中，欣欣向荣的人的平均积极率是 3.4∶1。对于非欣欣向荣的人，也就是我们大多数普通人，平均积极率一般为 2∶1。具体说来，在第一个研究中，参与者的平均积极率是 2.3∶1；在第二个研究中，参与者的平均积极率是 2.1∶1。

普通人（没有心理健康问题的人）大多数时候确实是积极的，这也反映了积极情绪抵消现象，但这种积极没有达到欣欣向荣的程度。

欣欣向荣的婚姻与分崩离析的婚姻

主要研究婚姻关系的心理学家戈特曼（John Gottman）一直在试图找出使婚姻得以持久的模式和可能使夫妻关系破裂的模式，以及两者之间的差异。戈特曼邀请很多夫妻来到他的实验室，这个实验室令人感觉舒适，如同在家里一样。他让这些夫妻在实验室里交谈，最终会引导他们谈论一些激烈的话题，这类话题可能会令两个人的意见产生很大分歧，例如可能涉及金钱或如何抚养孩子，再或如何处理大家庭中的各种关系。每对夫妻都要挑选他们认为可能引发矛盾的话题来讨论。

在这些夫妻讨论的时候，戈特曼记录了他们在对话过程中的心率、汗腺活动和其他生理指标的变化，并且用隐藏式摄像头拍摄了夫妻间整个交流的过程，之后对这些夫妻进行访谈和问卷调查。实验结束后，他还一直与这些夫妻保持联系，追踪哪些夫妻后来一直生活得很幸福，哪些夫妻的婚姻关系最终破裂。

通过对这些数据的大规模调查和研究，戈特曼最终将婚姻分成了两类：一类是能够维系很久的、夫妇双方都感到满意的婚姻，这种婚姻可以称为欣欣向荣的婚姻；另一类则是已经分崩离析的婚姻，这些夫妻对对方都感到不满，疏远对方，最终分居或离婚。在最好的情况下，分崩离析的婚姻能够勉强维系，但貌合神离；在最坏的情况下，这类婚姻关系会彻底失败。

弗雷德里克森发现，在那些对夫妻关系感到满意、幸福的婚姻中，夫妻之间的积极率大概是 5:1，而濒临失败、可能会离婚的婚姻的积极率低于 1:1。

抑郁症患者的积极率

临床心理学家施瓦茨（Robert Schwartz）认为，与正常人的积极率相比，也就是与大多数普通人的大约为 2:1 的积极率相比，心理障碍患者（如抑郁症患者）的积极率应该显著低于 1:1。

施瓦茨及其同事追踪了一大批正在接受抑郁症治疗的患者。这些抑郁症患者或正在接受认知行为治疗，或正在接受药物治疗，每一种治疗方法都有可靠的科学证据证实该方法有效。每个星期，在治疗之前和治疗进行中，这些患者会完成一项关于他们的情绪体验的调查。患者每两个星期还会接受一位并不了解研究目的的临床医生的评估，主要评估这些抑郁症患者的治疗情况，了解其抑郁症状是否有效缓解。要被认定病情得到了缓解，患者至少需要连续四周表现出抑郁症状减轻。症状达到最佳缓解的标准是，患者几乎没有抑郁的迹象，在日常生活中有认知功能、精神状态恢复的表现。

经过一段治疗后，施瓦茨等人发现，在治疗开始之前，这群抑郁症患者的积极率大概为 0.5∶1，在表现出最佳缓解的那部分患者中，这一比值上升为 4.3∶1。大部分患者的积极率向正常人的积极率靠近，约为 2.3∶1。当然，仍然有一部分患者在经过一段时间的治疗后，症状没有减轻。不言而喻，这些人的积极率也只有轻微的上升，约为 0.7∶1。

高商业绩效团队拥有高积极率

在商业领域，高绩效团队的积极率也符合 3∶1 这个假设。有研究者建立了一个专门的实验室，考察商业团队中的行为。这个实验室类似于会议室，有一张大桌子，周围是商务风格的椅子。很多企业团队都曾使用这间会议室来处理事务，如制定商业任务和战略规划。实验人员通过单向观察镜可以观察商业团队中每一个人的行为。在整个实验过程中，研究者会关注参与者三个方面的表现：其发言是偏向于积极还是偏向于消极，是聚焦于自我还是聚焦于他人，是基于问题本身还是基于捍卫自己的观点。采用这样的方法，研究者考察了 60 个商业团队。

高绩效团队在三项商业指标上都得到非常高的评价：该团队的利润和客户满意度都很高，来自上级、同级和下级的评价也很好。从各方面来说，这些团队都表现得非常出色，创造了很大的利润，并从与他们共事的所有人那里得到好评。低绩效的团队在这三项商业指标上一律得到低分。

高绩效和低绩效团队的积极率有什么不同呢？研究者发现，高绩效团队的积极率约为 6:1，而低绩效团队的积极率远远低于 1:1；混合绩效的团队仅仅略高于低绩效团队，大约为 2:1。这样的结果再次证实了弗雷德里克森的观点。

从个人、婚姻和商业团队这三个方面来验证，都证明了高心理弹性或欣欣向荣的人的积极率应该高于 3:1 这样的理论观点。弗雷德里克森说，积极率在 3:1 以下，积极情绪可能被消极情绪淹没；积极率只有达到 3:1 以上，积极情绪才能压倒消极情绪，展现出积极情绪的惊人效用，积极情绪的拓展与塑造作用也才能体现出来。

积极情绪的上限

积极率是否越高越好呢？弗雷德里克森和美国密歇根大学信息学院的教授迈克尔·科恩（Michaev Cohen）合作，通过建立数学模型发现，积极率也有上限，大概为 11:1，超过这个上限，个体可能出现异常的心理状态，如躁狂。

弗雷德里克森认为，积极率如同浮力与重力间的平衡。积极情绪好比浮力，浮力是一种把你举向天空的无形力量；消极情绪好比重力，重力则是把你拉向地面的力量。积极情绪提供了让人振作和欣欣向荣的阶梯，但不加抑制的浮力会让人轻狂、不踏实和不现实，成为盲目乐观、过度自信的人，这种状态让人觉得不真实。与之相反，生活给了我们足够的理由去感到害怕、愤怒、悲哀以及其他很多消极情绪。不加抑制的重力会令人在痛苦中坍塌，只有适当的消极情绪才能传递适当的重力，让人脚踏实地。在艰难时期，保持适度的消极情绪更为重要。

尼古拉斯·布朗（Nicholas Brown）及其同事在《美国心理学家》（*American Psychologist*）上发表论文，提出弗雷德里克森的 3:1 和 11:1 的临界值的观点缺乏实证证据。首先，弗雷德里克森关于积极率的两个研究的样本量不够大，只有 200 人左右，而且测量时间太短，只有一个月的时间。其次，弗雷德里克森的计算方法存在概念性或方法上的错误。再次，这样的临界值是否适用于所有类型的人？是否会因文化或年龄而有所不同？其他研究者对此持怀疑态度。最后，人类的情绪是瞬息万变、不停流动的，很难将人类的情绪用精确、客观的数值来量化，尤其是量化到 2:1、3:1、11:1 这样精确的数字，实在难以置信。

遗憾的是，弗雷德里克森本人没有在后续的研究中进一步解答这些问题。究竟是否可以用积极率来预测人们的心理健康水平，积极率的确切数值应该是多少，还需要未来的研究者进一步考察。有一点不容置疑：积极情绪最大化并不是最优的选择，积极情绪确实应该有个上限；在很多时候，我们需要消极情绪。

消极情绪的进化意义

看过《头脑特工队》（*Inside Out*）这部电影吗？它是一部动漫片，主人公是一个 11 岁的小女孩莱莉。莱莉的大脑里住着五个情绪小精灵，分别是快乐（乐乐）、忧伤（忧忧）、害怕（怕怕）、愤怒（怒怒）和厌恶（厌厌）。

莱莉是一个乐观的孩子，她有好朋友，热爱运动，在父母的爱中长大。不管是父母还是老师，都会给我们灌输同一个概念：一个乐观开朗的人，更容易过上好的生活，也更容易融入新的环境；相反，如果一个人总是很悲伤，这个人绝对是不讨喜的，甚至会失去生命中的很多东西。这部电影对这个传统概念提出了挑战。搬家到旧金山后，莱莉遇到种种不快，情绪指挥官乐乐总是想方设法帮助莱莉消化负面情绪，而忧忧与乐乐完全相反，一直犯错，甚至连它自己也不知道，为何要这样做。例如，忧忧总是用手去触碰盛放莱莉美好记忆的小球，想要给这些记忆附上悲伤的色彩。如我们所料，忧忧最终染指了莱莉快乐的回忆，让莱莉变得忧伤。

在没有搬家之前，莱莉有温馨的家庭（其实一直都有），有非常要好的朋友，有热爱的冰球，每天无忧无虑，被快乐和幸福包围。但因为爸爸的工作变化，莱莉不得不面临搬家的现实，从小城市来到大都市。新的生活、新的环境给莱莉带来了巨大的挑战：爸爸创业，压力很大，陪莱莉的时间骤减；新的学校、新的同学让她一时之间难以适应；莱莉从小引以为傲的冰球技巧在这里黯然失色……

突如其来的一切，让 11 岁的莱莉的内心深处发生了重大变化……乐乐和忧忧迷失了，大脑总部只剩下掌管愤怒、害怕与厌恶的三位精灵。原本天真、快乐的莱莉变成了孤僻、乖张的少女。最初一个个核心记忆球通过大脑深处的记忆库创造出的搞怪岛、运动岛、友谊岛、诚实岛都相继瓦解，剩下的家庭岛正摇摇欲坠，乐乐与忧忧必须尽快在复杂的脑世界中找到路，回到大脑总部，才能让莱莉重拾快乐。

这里有一个很有趣的现象，莱莉从小生活甜蜜，其情绪一直由乐乐主控。当遇到不可控、不快乐的情况，乐乐总是想尽一切办法让莱莉快乐起来，这时的莱莉认为，只要“逼”自己快乐，什么问题都可以解决；忧忧、怕怕、怒怒、厌厌都是不好的情绪，要尽量避免它们控制自己。但最后，拯救莱莉的是忧忧，那个满目忧愁、没精打采的家伙，用它那双蓝色的手，让原本金黄的记忆球（乐乐的主导色）染上了忧郁色调。“场外的”莱莉终于放下倔强，在爸爸妈妈的怀抱里哭诉自己这些天的痛苦和无助，亲人的理解和拥抱融化了莱莉心中的寒冰，一切又变得美好起来……就在这一刻，缓缓滑向核心记忆库的是一颗不同于以往的纯粹金黄色的记忆球，而是一颗黄蓝相间的记忆球。

从此以后，12 岁的莱莉的记忆库里开始存放着更多混色记忆球。如果要给这些混色记忆球起名字，把它们叫作“成长”再合适不过了。

每个人都经历过失去。电影中的主人公莱莉失去冰球，失去金黄色的快乐记忆球，失去曾经引以为傲的个性之岛。我们要认识到，失去是成长中不可分割的一部分，没有人会一直拥有，从不失去，这是个悲喜交集的过程。当失去来临，我们需要告别。有时候我们用彻底忘记来告别，有时候我们在废墟上重建新城。童年的消逝宣告着，记忆从此不再毫无杂质，交织的情绪让回忆开始五味杂陈。然而，这正是人生。懂得悲伤，方能体验欢乐的可贵；背负过沉重，才能拥有真正的轻松。

我们生活中的很多人会自顾自地以为，害怕、厌恶、愤怒、悲伤都是不好的情绪，一旦自己的心中滋生这些情绪，就要想办法化解。但化解的方式往往不那么合理，如有人为了让自己看起来不令人厌恶，会假装自己很快乐；有人害怕失去自己的伴侣，努力维持表面上的和平。殊不知，那些掩藏起来的情绪没有得到释放，久而久之，危害会更大。

美国作家莱特（Judith Wright）的《如何正确吵架》一书被誉为创造了幸福伴侣的沟通术。书中归纳了很多种吵架类型，作者还给出了吵出幸福的技巧。作者甚至告诉我们，夫妻争吵时言辞犀利，其实只是想要和对方建立某种联系；愤怒可以提高一个人在冲突中获胜的概率。有研究发现，如果让人们在面对蛮横的对手（例如面对那些无视餐厅的禁烟标志，在邻桌抽烟的人）之前，选择一首歌曲来听，选择重金属音乐和摇滚乐的人要比选择流行音乐的人多33%——随着音乐“沸腾”起来的情绪状态更有利于解决冲突。愤怒使人在面对专横跋扈的人时更坚定，更能获得有利的结果。

愤怒可以让我们追求公平，厌恶可以让我们远离有毒的刺激，害怕可以让我们躲避危险……在面对蛮横无理的人时，愤怒比快乐更有用；在应对潜在威胁时，焦虑比快乐更重要；在遇到损失和困难，需要帮助时，悲伤比快乐更有效。我们人类正因为拥有了多种情绪，才更加完整。

拼命寻求积极情绪体验，回避消极情绪感受，不只是白费功夫，还会适得其反。对环境敏感的人能够抓住机会，根据情境的需要将情绪向快乐或不快乐的模式转换。关键在于适度，我们需要主动寻找、忍受并珍视自身的消极情绪。

第六章

敬畏

人类能感受到的最美丽的事物莫过于未知的神秘……那些对这种情感无动于衷，无法再惊奇地驻足、敬畏地伫立的人，近乎已死。

——爱因斯坦（Albert Einstein）

敬畏是什么样的情绪？

当我们第一次面对空旷的大平原，或我们首次参观巴黎圣母院大教堂，站在朝阳中，沐浴在耀眼的光辉下，抑或目睹我国国产 C919 大型客机试飞成功……我们感到正在被伟大彻底征服，感觉自己渺小和谦卑，一时间动弹不得；我们此刻面对的是一个比自己更庞大的东西的一部分，在精神上正面临吸收和容纳它的挑战，这种感受就是敬畏（awe）。

敬畏是积极情绪的一种。当面对宗教文化、政治信仰、自然奇观、艺术作品或非凡的人类行为（如埃及金字塔、中国的长城），以及许多美好的事物时，我们的很多情绪被激发，其中最核心的情绪就是敬畏。图 6-1 是可能引发敬畏情绪的一种自然景观——极光。

图 6-1　极光

我们的汉语非常准确地诠释了“敬畏”这种情绪的核心，“敬畏”中有“敬”，也有“畏”，敬佩和畏惧的混合就是敬畏。敬佩是敬畏的核心元素，没有敬佩的感受，当然就不会有敬畏。目前，对于敬畏，研究者广为接受的定义是：敬畏是个体面对盛大、神奇且难以捉摸的事物时产生的一种复杂的情绪体验，包含震惊、钦佩、谦恭和顺从，可能有时伴随着困惑、惊恐，有时还带有强烈的审美上的愉悦感和好奇感。

理解敬畏感，需要理解它包含的两个重要特点：“感知到的宏大”和“顺应的需要”。“感知到的宏大”指感知到一切比自我强大的事物，涉及物理空间（物理空间的巨大或广阔，如峡谷和星空）、社会地位（高权力或高威望的象征，如老板和导师）或比个体强大的事物（如英烈和伟人）；“顺应的需要”则是敬畏体验的另一个重要成分，即当个体遇到不熟悉甚至挑战以往知识和经验的情境时，需要主动去调整。“感知到的宏大”使个体有自我的渺小感、无力感和服从感，因而产生对潜在威胁的恐惧等边缘情绪，当然，个体可能意识不到或无法正确表达出恐惧；“顺应的需求”则可能使个体对面前的景象感到费解和困惑，进而产生惊奇等边缘情绪。敬畏的这两个核心特征缺一不可，仅仅含有一个特征所产生的情绪都不是敬畏。

在敬畏感的驱使下，人们会自然而然地产生一种渺小感。更重要的是，这种独特的渺小自我体验让人们感受到与身边的人、周围的世界，甚至更大的宇宙之间有了更密切的联系，而不是感到孤独。

我们面对产生敬畏情绪的不同刺激时，伴随的边缘情绪也是不同的。例如，面对令人害怕的暴风雨，会产生威胁感；面对伟大的艺术作品，会产生美好感；面对令人钦佩的杰出伟人，会产生景仰感；面对令人感恩的乐善好施者，会产生美德感；面对令人惊奇的宗教奇闻，会产生超自然的感受。

我们看到自己特别崇拜的人时，敬畏感也会油然而生。敬畏的情绪多了，一个人的心态会发生变化，会变得谦虚。敬畏与谦虚是一对表兄弟，那些目空一切、骄傲自满的人是不会经常体验到敬畏情绪的。不懂得敬畏或极少感知到敬畏，就容易陷入自我的泥潭，难以自拔，也很难获得幸福。

表达与诱发敬畏的方式

在日常生活中，人们的敬畏情绪的诱发源主要有两类：一是社会诱发源，如信仰或权威的领导者；二是物理诱发源，如壮美的景观——龙卷风、大教堂等。实验室中诱发敬畏情绪，通常采用的方法包括视频任务、回忆任务和阅读任务。

视频任务通常要求个体观看一段视频以诱发敬畏情绪，如自然景观的纪录片，包括瀑布、沙漠、海洋、大河、高山、星空以及北极光等，也有有关做 B 超、孕妇分娩、孩子出生的瞬间，以及第一次怀抱婴儿的视频，都能诱发个体对大自然和生命的敬畏。

回忆或书写任务要求个体回忆过去体验过的敬畏经验。例如，研究者会这样告知参与者：“敬畏是对巨大的、令人震惊的事物的一种反应，这种事物可能改变了你对世界的理解，请写下使你体验到敬畏的经历。”或要求个体回忆看到过的最美的自然景观，如观赏过的日落、游览过的著名景点等。

阅读任务通常要求参与者读一段故事，尝试体验故事中人物的感受。如阅读内容是关于某个人登上埃菲尔铁塔，眺望整个巴黎，看到的震撼景象的故事，让阅读者想象并体会敬畏情绪。

除此之外，还有研究者采用虚拟现实技术来模拟出三维的、变化的自然界的景观，让参与者有身临其境的敬畏感受，研究者会通过指导语让参与者将注意力集中于当前模拟出的自然环境，使个体感受到强烈的敬畏情绪。

敬畏表情与敬畏情绪的跨文化一致性

产生敬畏情绪时会出现什么样的表情？这是心理学家一直在努力探索并尝试回答的一个问题。敬畏情绪在埃克曼提出的基本情绪之列，但敬畏情绪是否有独特的、人类共通的表情模式还是一个悬而未决的问题。已有研究发现，敬畏的典型表情可能会有嘴巴张大、下颚下拉、内侧眉毛抬起、眼睛瞪大、头部向前倾等动作，同时可能伴有吸气，甚至身上会出现很多鸡皮疙瘩。

积极情绪的典型表情是微笑，但敬畏与其他积极情绪有明显不同之处——敬畏情绪很少出现微笑表情。对敬畏表情的探索还在进行中，希望未来可以取得更有价值的发现。

美国俄勒冈大学和旧金山州立大学的研究者合作，考察了敬畏情绪是否在不同国家中或不同文化下有差异，即敬畏情绪是否具有跨文化一致性，其研究结果发表在 2016 年的《情绪》杂志上。研究者调查了美国、伊朗、马来西亚和波兰这 4 个国家的 1173 名参与者，他们推测，如果敬畏更可能在社会等级制度比较分明的国家出现，在马来西亚这种权利和地位比较鲜明的国家里，人们的敬畏情绪会最多。另外，鉴于以往研究表明，外倾和开放性这两种人格特质与敬畏情绪存在正相关，而美国人在这两个人格特质上的得分往往比其他三个国家的人更高，因此，美国人的敬畏情绪水平也应该高于其他三个国家的人。

研究结果发现，对于这些参与者，在敬畏、自豪、快乐这三种情绪中，他们一致认为敬畏是一种独特的情绪，和其他所有情绪均不同，敬畏情绪也不只在西方文化中存在。从这一研究结果来说，敬畏情绪具有跨文化一致性。但该研究也发现，敬畏情绪确实存在一定程度的跨文化差异，如美国人体验到的特质敬畏情绪是最高的，而伊朗人是最低的；伊朗人对自豪和快乐情绪的体验也比其他三个国家的人低，而且报告了更高频率的消极情绪。两个国度对敬畏情绪体验的差异，并不是由两种文化氛围下人们对敬畏情绪的重视程度的差异引起的，而是可能源于伊朗人的幸福感水平比较低。当然，研究者最后指出，这个研究结果只是初步的研究结果，未来还需要进一步去证实，特质敬畏情绪是否真的存在文化上的差异。

敬畏情绪的神经机制

2019 年，荷兰阿姆斯特丹大学范埃尔克（Michiel van Elk）教授的团队在脑科学领域的重要杂志《人脑地图》(*Human Brain Mapping*）上发表了一项关于敬畏情绪的脑神经机制的研究报告。

在这项研究中，该团队招募了 32 名健康的大学生参与者，给他们观看不同视频，以诱发敬畏情绪（主要是一些令人印象深刻的自然景观，如高山、远景、海洋、飞鸟和瀑布）、中性情绪（普通的自然景观，不像敬畏那样震撼，如荷兰乡村的景象以及人造的物体）和快乐情绪（移动的、可爱的或好玩的动物视频）。在观看这些视频时，要求参与者同时或者完成一项分心任务——数出视频中视角的改变次数以及不同视频片段的视角切换次数；或者完成沉浸任务，即全神贯注地观看视频，包括注意观看视频画面和倾听视频中的声音。

范埃尔克等人通过磁共振成像仪器观察到，在敬畏情绪状态下，庞大的、令人惊叹的事物令人们体会到自我的渺小，因而降低了对自我的关注，与自我有关的大脑激活区域，如额叶皮层、后扣带皮层和角回（angular gyrus）这几个脑区的激活显著降低，这样的结果只出现在让参与者全神贯注地观看敬畏情绪视频时。在要求参与者数出视角切换次数的任务条件下，额顶注意网络的相关脑区的激活增加了，这个部位主要与任务相关的目标注意有关，这说明此时参与者因为有明确的实验任务要完成，注意处于更警醒的状态。

敬畏的脑神经机制的研究结果验证了这种情绪确实会让人处在身临其境、被宏大景象所吸引的状态，从而降低与自我有关的脑区的激活水平。

如何测量敬畏情绪？

美国宾夕法尼亚大学的亚登（David Yaden）和意大利天主教圣心大学的研究者合作编制了敬畏情绪的测量问卷，其研究发表在 2019

年的《积极心理学杂志》上。该研究先让 501 名参与者写出他们在什么时候会体验到强烈的敬畏情绪，并完成对敬畏情绪的调查问卷。

结果发现，最常诱发人们产生敬畏情绪的刺激是自然景观；除此之外，还有令人惊叹的能力、优秀的美德、建筑物或纪念碑、有能力的领导者、伟大的理论或思想、音乐、艺术作品等。它们都和美丽、能力、美德、超自然或威胁等特征有关。

测量敬畏情绪的问卷有六个维度，分别是：时间感知被改变；自我变得渺小；联结感；感知到宏大或浩瀚；身体上的生理变化；归属或从属的需要。

（1）时间感知被改变维度的题目。

我感到时间变慢；

我注意到时间好像停止了；

我觉得我的时间观念开始改变；

我觉得时间流逝的方式与我以前的感知不一样了；

我觉得此时此刻的时间变长了。

（2）自我变得渺小维度的题目。

我感到自我消失了；

我感到自我变得渺小了；

我感到我的自我感下降了；

我的自我感变小了；

与周围的一切相比，我觉得自己很渺小。

（3）联结感维度的题目。

我有一种与周围的一切都有联系的感觉；

我有一种与所有生物交流的感觉；

我有一种与万物合一的感觉；

我现在与整个人类密切联结；

我有一种充分的联结感。

（4）感知到宏大或浩瀚维度的题目。

我感觉我正面对着一种壮大或宏伟的事物；

我正在经历着比我自己更伟大的事情；

我感觉我正站在伟大的事物面前；

我感觉到面前的事物比我自己大得多；

我感到了宏大感。

（5）身体上的生理变化维度的题目。

我觉得我的下巴快要掉下来了；

我浑身起了鸡皮疙瘩；

我大口喘气；

我感到浑身发冷；

我觉得自己的眼睛瞪得很大。

（6）归属或从属的需要维度的题目。

我觉得我的心理上经受着从未经历过的挑战；

我发现我很难理解目前的经历；

我觉得接受这段经历是一个挑战；

我正在努力接受面前所经历的一切；

我试着去理解我所经历的事情的重要性。

人际敬畏

在心理学家进行的敬畏研究中，引发敬畏情绪的刺激往往是自然景观、音乐、太空或伟大的理论诸如此类的事物。最近，美国宾夕法尼亚大学的格拉齐奥斯（Marianna Graziosi）和亚登认为，敬畏情绪也会被其他人的行为引发。

虽然也有前人研究发现，有魅力的领导者会让个体出现敬畏情绪，但这两位研究者关注的是亲密的人际关系中产生的敬畏情绪，他们进行的这项研究发表在2019年的《积极心理学杂志》上。其研究使用了定性和定量两种研究方法，共考察了636名参与者。他们发现，虽然不如自然景观引发的敬畏情绪那样强烈，但在亲密的人际关系中，确实可以产生敬畏情绪。自然景观产生的敬畏情绪往往与美丽有关，而亲密的人际关系中的敬畏情绪主要与美德以及优秀的人格品质有关。

在这项研究中，格拉齐奥斯等人给参与者呈现的产生人际敬畏情绪的指导语为："敬畏是我们面对庞大、令人惊讶的事物时的情绪反应，这些事物能改变我们看待这个世界的看法或方式。请描述最近你感受到的一次你所爱的人让你产生敬畏感受的经历，尽量把这个经历讲述得更准确和详细，从你的角度尽可能多地讲述一些细节。你能够写多少就写多少。"给参与者呈现的由自然景观诱发敬畏感的指导语为："敬畏是我们面对宏大、令人惊讶的事物时的情绪反应，这些事物能改变我们看待这个世界的看法或方式。请描述最近一次你置身于自然景观中时大自然带给你的敬畏情绪体验，尽量把这个经历讲述得更准确和详细，从你的角度尽可能多地讲述一些细节。你能够写多少就写多少。”

在对自然景观引发的敬畏的描述中，61.2% 的内容都与美丽这个主题有关，如参与者会这样写：“我在 1 月末看到一轮超大的月亮，我以前从来没有注意到月亮竟然可以离我这么近，月亮竟然这么大，看起来真的太令人震惊了！”“我从哈勃望远镜里看到的景象真的太震撼了，我没有想到竟然有这么多星系，太空如此浩瀚广阔，真是美丽绝伦！”

在所描述的人际敬畏中，最常被提及的主题是“美德”或“优秀的人格品质”，参与者往往是被所爱之人的行为鼓舞或感到震惊。如有参与者这样描述：“当我看到我的妻子收到肿瘤科医生对她的病情的诊断和预测的反应后，我产生的情绪就是敬畏感。医生很直接地告知她，她不久于世，生命大概还剩多长时间，医生现在还能做些什么来帮助她减轻痛苦和折磨。她听完这些，淡淡地回答：‘好的，我知道了，就这样吧，谢谢你们对我的所有帮助。’她的反应比我想象的勇敢，我因她对生命的淡然、从容而感到敬畏。”

还有人这样描述人际敬畏：“几周前，我妈妈来看我们，我们一起出去吃晚饭。我们聊到过去的关系，我妈妈详细讲述了她的过去以及她经历的一切。坦白地说，这些事情我以前从来不知道，真的难以想象。她竟然为我做了那么多事情，真的让我特别惊讶。她平静又谦虚地诉说着这一切，这个时候，她看起来像个我从来不认识的女性，但是我很喜欢这种感觉，因为妈妈现在是个强者，而不是弱者。”

该项研究首次证明，确实有那么一种敬畏情绪，它与自然景观引发的敬畏是不同的，它是由周围的亲密爱人引发的，但它同样符合敬畏的概念，也会让个体感到宏大，产生需要去适应和接纳的感受。这种宏大感是相对的，取决于与亲密爱人的亲密程度。人际敬畏情绪也会让个体产生自我渺小感，甚至出现身体上的生理变化（如出现鸡皮疙瘩等），这一点与自然景观引发的敬畏情绪是类似的。

敬畏情绪的心理效应

修复身心：敬畏提高了整体健康水平

心理治疗的相关研究认为，人天生就有能力启动敬畏感，它会使我们的身体、情绪和精神整体上处于健康水平。培养敬畏的情绪，是修复人们因过分关注自我而导致心理不健康的途径之一。

美国心理学家做过一项研究，从 20 世纪 60 年代到 90 年代，在 30 年间，人们的物质条件与经济收入大幅提高，美国的抑郁症患者却增加了很多。心理学家分析，这与从 60 年代开始的美国儿童自尊运动有关，即过度关注儿童，一味表扬他们；孩子只是作出了一点点成绩，父母都会给予不恰当的表扬。这使得孩子长大后变得自以为是，以自我为中心，总觉得自己了不起，看不起别人。有这种心理状态的人，生活的满意度会比较低。在我国也存在这样的趋势，虽然物质水平在提高，但人们越来越自我，社会意识和社会责任感在下降，抑郁症、焦虑症的患者越来越多。心理学家呼吁，如果能够多培养敬畏情绪，让人们不再过分关注自我，学着去敬畏周围的一切，就会提高人们的心理健康水平和幸福感。

在一项研究中，心理学家随机挑选了 86 位大学生，将其分为两组，一组大学生回忆敬畏情绪的经历并记录下来，另一组大学生回忆中性情绪的经历并记录下来。结果发现，记录敬畏情绪的大学生报告，在书写完敬畏情绪经历后，他们焦虑、急躁的情绪得到了很大的缓解，更愿意在有价值的事物上投入时间和金钱。

在另一项研究中，研究者将 105 名在校大学生随机分成两组，要求他们阅读一篇短篇小说，并设身处地地同感主人公的感受。一半大学生阅读的小说内容与敬畏情绪有关，描述了主人公爬到埃菲尔铁塔上，从高处俯瞰巴黎；另一半大学生阅读的小说内容为中性内容，故事中的主人公爬到了一个不知名的铁塔上，俯瞰一片平原。结果发现，诱发了敬畏情绪的大学生会报告他们更珍惜当下的人生，也更加感恩，认为人生应当知足常乐。

幸福感与对当前的生活感到满意是人们追求的终极目标。尽管现代社会生活的祛魅化（disenchantment），使一切神圣的东西都退隐到人自身的欲望和需求的满足活动的幕后，但敬畏感依旧有助于激励人们去品味不确定中的永恒。敬畏感可以鼓励害怕的人去接受，引导自大的人变得谦卑；帮助人们把绝望变成深思，在单调、无聊中看到意义。充满敬畏情绪的人，会觉得前途很光明，生活很美好，自己很有力量，生命很有奔头。敬畏意味着找到了学习和追赶的榜样，意味着找到了追求的人生目标。有了目标，就会产生力量，就会诉诸行动，这样的人的心理健康指数就比较高，幸福感也会越来越强。

还有研究发现，敬畏可以提高人们的身体健康水平。在 2015 年进行的一项研究中，研究者邀请了 105 名大学一年级的学生，测量他们日常生活中常见的七种不同的积极情绪出现的频率。结果发现，在这七种积极情绪中，敬畏情绪是被检测出的唯一一种细胞信号蛋白（即白细胞介素-6）水平较低的积极情绪，这种细胞信号蛋白被认为是心血管疾病甚至抑郁症等病症的诱因。研究者推测，这样的研究结果说明，敬畏情绪有防御个体患上心血管疾病或抑郁症的可能。

对大自然的敬畏：一剂减缓压力的良药

美国加利福尼亚大学伯克利分校的研究者安德森（Craig L. Anderson）、蒙罗伊（Maria Monroy）和敬畏情绪的主要研究者克特纳（Dacher Keltner）合作，在2018年的《情绪》杂志上发表了一篇论文，考察了对大自然的敬畏如何影响压力和幸福感。

图6-2 敬畏情绪的主要研究者之一——克特纳
（引自克特纳个人介绍主页）

他们进行了两个实验，分别关注非凡的自然体验和日常生活中的自然体验所引发的敬畏情绪。第一个研究考察的是非凡的自然体验——一次漂流之旅对参与者的幸福感和压力的影响。他们招募了72名退伍军人和52名来自贫困社区的年轻人。在某种程度上，这两类人都是有一定压力的人。这些人参加了在 2015 年和 2016 年的夏季漂流季中，由俱乐部组织的为期 1 天或为期 4 天的漂流旅行。

在旅行之前，克特纳等人请所有参与者完成问卷，调查和测量参与者的一些人口学变量、人格特质和幸福感。在每天漂流完成后，参与者要完成一篇漂流日记，记录这一天的经历、体验到的情绪变化和认知评价。因此，参加 1 天旅行的参与者完成了 1 篇日记，而参加 4 天旅行的参与者完成了 4 篇日记。日记主要分析参与者报告的 6 种类型的积极情绪：敬畏（敬畏、惊奇、奇迹）、乐趣（开心、好玩、有趣、开怀大笑）、满足（满意、放松、平和）、感恩（感激、欣赏、感谢）、快乐（欢乐、兴奋、热情）和自豪（自豪、成就感、成功）。漂流旅行结束后，会以电子邮件或邮寄的形式，让参与者完成有关幸福感、生活满意度以及压力感感知的问卷。

确实，在漂流之旅结束之后 1 周再次测量的幸福感水平，明显比漂流之前的幸福感水平更高；漂流之旅对年轻人的幸福感的提升效果更明显。进一步分析发现，在漂流期间体验到的敬畏情绪超过了其他的积极情绪，成为幸福感的提升、压力症状减轻的最显著的预测因素。

克特纳及其同事在第二个实验中招募了 119 名大学生参与者。首先，请参与者来到实验室，完成幸福感、人口学变量等方面的测量。之后，从这一天开始，每天完成日记记录，要连续记录 14 天，要求参与者每天报告体验到的情绪、社会经历和这一天的想法。每天日记的结尾要描述这一天大自然带给他们什么样的敬畏体验或其他积极情绪经历。在日记记录完的最后一天，再次测量参与者的幸福感。参与者在日记中提到的敬畏经历包括观看日落，在阳光明媚的日子欣赏美丽的校园，注意到盛开的鲜花……例如，一位参与者这样记录："今天的日落特别美丽，太阳很大，覆盖了大片的天空，天空变幻了很多颜色，有深红色、橙色和黄色。我在窗前驻足，欣赏这美丽的日落，直到太阳完全落下去。这真是宁静而祥和的时刻。"

第二次实验的结果再次发现，当人们报告有更多的敬畏经历时，其生活满意度也更高。虽然参与者报告的其他两种积极情绪——满足和感恩，也与生活满意度有关，但敬畏对生活满意度的积极影响更强。每天的由大自然带给人们的敬畏经历是最强的引发敬畏情绪的刺激。研究者最后鼓励所有人多多进行户外活动，增加敬畏情绪体验，这也会增加幸福感，进而缓解压力。

请大家多出去走走吧，春观百花秋赏月，夏沐骄阳冬踏雪。多留意身边的一草一木、一虫一鸟、一星一月、一山一水……品味自然，既能产生敬畏这一积极情绪，又会体验到满足、平和、感恩等其他积极情绪，最终舒缓压力，走近幸福。

探索未知：敬畏激发对科学的兴趣

科学的乐趣在于思考伟大的事物，寻求未知事物的答案。美国罗切斯特大学的心理学研究者麦克菲特斯（Jonathon McPhetres）在2019年的《认知与情绪》杂志上发表的一项研究发现，敬畏感能让人们感受到自己在科学知识认知上的缺陷，激发对科学的兴趣。

敬畏情绪包含两个核心特征：对知识范围以外的对象的认知；出现将未知的事物纳入自身知识体系中的需要。简单来说，我们在心怀敬畏感时，当遇到超出自身知识范围的信息时，会改变已有的知识体系来接纳这些新的信息。敬畏感会使人们更在意未知的事物，由此我们便更有可能寻找新的知识体系来填补未知的空白，而科学在人们的日常生活中往往扮演了这个未知的角色。

麦克菲特斯共招募了 1518 名参与者，进行了两个实验。在第一个实验中，参与者将有一次“免费观影”的机会（用于激发敬畏感）。参与者被随机分为两组——实验组与对照组，实验组参与者观看的是英国广播公司拍摄的一部科教电影，对照组参与者观看的是英国广播公司拍摄的幽默视频。观影完毕，参与者需要进行“心情分享”（填写测量情绪的问卷），通过回答问题来报告自身知识缺陷的程度。最后，参与者报告自己对科学的兴趣，麦克菲特斯还会给参与者艺术展览和科学博物馆的门票，让参与者选择其中一种。实验结果表明，观看敬畏电影（科教电影）的参与者明显比观看幽默电影的参与者报告了更强烈的敬畏情绪，同时，他们认为自身知识存在更大的缺陷并有更强烈的科学兴趣，更多地选择了科学博物馆的门票。

如果在播放科教影片的过程中，给参与者呈现相关讲解，参与者感受到的知识缺陷会不会更少，对科学的兴趣会不会因此降低？

为了回答这一问题，麦克菲特斯在第二个实验中将参与者随机分成了四组，三组参与者观看科教影片，一组参与者观看幽默影片。科教影片的内容相同，均为一部能够诱发敬畏情绪的影片（以北极光为主题），区别在于观看的科教影片是否提供了与观影内容相关的解释性信息。第一组看的是没有添加任何解释性信息的原始影片，第二组看影片的同时还会有相关专家在线解读（科普专家在线解释北极光的原理），第三组看影片的同时会播放与当前科教影片信息无关的讲解（如何打不同的绳结）。同时，麦克菲特斯还使用了虚拟现实技术以帮助诱发更强的敬畏情绪。幽默影片的内容（以 2D 形式呈现）与第一个实验相同。

第二个实验的结果表明，观看科教影片的三组参与者的敬畏情绪确实显著高于观看幽默影片的参与者；相比其他组参与者的科学兴趣，有相关科普信息讲解的那组参与者的科学兴趣虽然有所降低，但他们对自身知识缺陷的认知并没有太大的变化。这说明，即使有相关信息讲解，仍然不能弥补我们自己处在知识盲区的认知，而这种认知可能成为我们继续学习和探索科学的动力。

科学兴趣的激发对理解世界与提升生活质量具有重要的作用。正如麦克菲特斯所说："没有科学，我们不会拥有电灯、飞机、疫苗与麻醉剂；没有科学，我们可能因为小小的牙齿发炎而死掉。"

麦克菲特斯的研究可以给教育者这样的启示：如果想要激发学生学习科学的兴趣，不要先给他们呈现枯燥的定理、公式。可以先给学生呈现一段能够真正激发他们敬畏感的视频或科幻电影，学生心中升起强烈的敬畏情绪的同时感受到科技发展的宏伟，突然发现自己对这一领域知之甚少，学习动机和学习兴趣就一下子激发出来了。

敬畏增加了"小我之感"

当你看到优胜美地国家公园的瀑布时，会产生什么样的体验？克特纳和中国清华大学的彭凯平教授合作，通过一系列研究证明了敬畏情绪与小我的关系，相关论文 2017 年发表在社会心理学的顶级期刊《社会和人格心理学杂志》上。在论文中，他们首次编制测量自我大小的问卷。在接下来的五个实验中，他们让中国和美国两个国家的大学生在连续 14 天的日记中，每一天都报告自我的大小。结果发现，如果在某一天中大学生体验到敬畏情绪，就会报告有更小的自我。

接下来，两位研究者在美国优胜美地国家公园测量了游客面对巍峨的高山和秀美的瀑布（敬畏条件）时报告的自我大小，并对比了游客在渔人码头悠闲散步（中性条件）时的自我大小。他们发现，游客在优胜美地国家公园观赏瀑布时比在渔人码头散步时产生了更强烈的敬畏情绪，也同时报告了更渺小的自我。在另外一项 2015 年的研究中，研究者随机选派了 100 名大学生观看三分钟的视频：一段视频是诱发敬畏情绪的视频，如龙卷风、火山爆发等；另一段视频为诱发中性情绪的视频，如木制厨房台面的搭建过程。同样发现，观看敬畏情绪视频的大学生报告了更多的“渺小个体”的感受以及互相帮助的倾向。

敬畏催生的小我不同于自卑时候的小我：前者让我们关注自我之外的世界，体会自己与天地、他人之间的联结和联系；后者让我们只关注自己，从而更加孤独。保持敬畏之心能获得小我之感，这终会激发我们想要融入集体与群体之情。

最后，研究者通过几个实验室的研究进一步发现，在敬畏产生的同时，人们报告了更强烈的集体主义倾向：美国人在体会到敬畏情绪的同时，认为自己有更多的朋友；中国人在体会到敬畏情绪的同时，认为自己与朋友更亲近。

时间变多了：延长对可用时间的充裕性感知

现代人大多感觉生活节奏快，工作压力大，时间不够用。这种有太多事情要做而没有时间去做的感觉会给人们带来很多负面影响，如不健康的饮食，频繁吃快餐、外卖，缩短睡眠时间，身体健康状况每况愈下，等等。人们总是觉得有太多的事情要做，时间不够用。

但个体在敬畏情绪下知觉到的时间更充裕，这说明相对于快乐，敬畏可以延长人们对时间充裕性的感知。心理学家研究发现，当人们将注意力集中于当下时，感知到的时间会变长，即“延展了的当下时光”（extended-now）。敬畏感使人将注意力集中在当下正进入视野的环境和事物上，因此延长了时间知觉。

在敬畏情绪下，人们更有动机和愿望去获得新知识，会愿意细细品味一顿午餐，长久驻足于一幅名画前……这些都会使我们生活得更轻松。在当前高压力和快节奏的现代社会中，敬畏体验对于个人生活颇有益处。

敬畏之心：增加生命的意义

对中国人来说，春节是一个具有仪式感的节日。除了春节，我们还热衷于过各种各样的节日，如情人节、端午节、中秋节等。我们会为这些节日准备一些专属的仪式，如吃有节日寓意的食物，观看有节日意义的表演，邀请亲朋好友一起过节，等等。

2014 年，清华大学彭凯平教授的行为与大数据的研究团队发现，在圣诞节期间，无论是否信奉基督教，人们都有不同程度的集体感、意义感和幸福感的提升；在农历新年、元旦及其他重要的节日，也有类似的效果。我们为什么会隆重过节？彭凯平教授认为，敬畏之心可能是隆重过节这一现象背后很重要的情感基础，人们通过节日的仪式，如春节时观看春节联欢晚会、吃特定的食物（饺子、年糕）、守岁等增加敬畏情绪，找寻归属感和集体感。

在我们即将离开学校，参加毕业典礼时，当我们和伴侣牵手走进婚姻的殿堂时，在我们初为人母、人父的那一刻，当我们除夕夜和家人围坐在一起……我们回忆起这些仪式感十足的时刻，就会回忆起生命中的某些片段，它们在闪闪发光。仪式感就是一种敬畏心，是对生活和生命的敬畏，是对工作、闲暇的尊重；常怀着敬畏心去面对人和事，就是仪式感。

节日里的习俗和仪式让我们对生命、爱、思念等重新思考，人们会更认真地生活，萌生对生命和自然的敬畏……仪式感产生的敬畏情绪，是我们通过仪式获得幸福感和生命意义的重要情绪基础。人们在对仪式的敬畏中感知到崇高与善良，产生道德提升感。道德提升感是人们对道德审美和人类善意的情绪反应，使人感到内心充满温暖和愉快的感觉，希望自己成为一个更好的人，过更美好的生活。

日复一日的琐碎、单调的生活，很容易让人感到无聊和倦怠。我们应该常常给生活制造一些仪式感，如晚饭时可以铺上餐垫，摆上筷架，摆放一些好看的碟子、盘子等，不但有味觉上的享受，也会带来视觉上的愉悦。在这样的氛围下，家人之间更乐于分享情感、交流思想，都会得到心灵的放松，也会让沟通和交流的质量得到提升。仪式感让生活保持着最初的美好。

敬畏能增加生命的意义，这在很大程度上与敬畏感和宗教的高关联有关系。人们想要逃离苦难，但又不能摆脱命运，所以个体想要找到生命的意义。当人们从宗教教义中寻找到对当下现实生活的解释，让自己获得解脱后，敬畏感便油然而生。研究者发现，在实验室诱发大学生的敬畏情绪，会让他们产生更多与宗教相关联的想法，在旅游目的地的选择上会选择与宗教相关的地点，而不是单纯的享乐性地点。

宗教的宏大建筑，如教堂、寺庙，可以激发人们复杂的情绪，其中最常见和最重要的就是敬畏情绪。

敬畏对消费行为的影响：更重视精神体验

如果你现在有 5 万元可以自由支配，你愿意用这些钱购买奢侈品，还是去享受一次北欧之旅？研究者发现，如果人们出现敬畏情绪，就更可能用这些钱获得某种经历，而不是购买消费品。

高物质倾向的人一般愿意把钱花在购买有形产品上，如买衣服、手表、手包等。但很多研究表明，体验式消费（或精神产品的消费）比物质消费更能够带来持久的幸福感。研究者在实验室诱发敬畏感后，参与者会更多地选择体验式消费项目，而不是物质消费的项目。他们更愿意选择购买精神产品，如去旅游、参加聚会、去运动等。敬畏情绪能帮助我们从世俗欲望中跳出来，让我们看轻金钱。敬畏情绪还会增加亲社会倾向，如在游戏和合作中表现得更利他和更慷慨。敬畏感会让人更愿意加入社会团体，为其贡献时间和精力；敬畏感也会让人有更高的慈善捐助意向。

敬畏是一种与信仰、精神有关的自我超越型情绪，它减少了个体的自我感，此时个体不那么关注个人的利益和得失，所以遇到享乐性物质消费这样的旨在展示自我的事件时，就会出现冲突。华东理工大学的胡静等人 2018 年发表在《国际消费者研究》（*International Journal of Consumer Studies*）上的一篇论文证实了这一点。胡静等人进行了三个实验，共有 896 名参与者。这些实验发现敬畏情绪促进了精神需求的出现，减少了炫耀性购买行为；个体的特质性敬畏程度与炫耀性购买行为具有负相关。如研究者诱发参与者的敬畏情绪后，问参与者愿意花多少钱买一双鞋，参与者可以在 200—1500 元这个区间内选择。另一个问题是问参与者愿意花多少钱去欧洲度假一次，参与者可以在 5000—35000 元这个区间内选择。在敬畏情绪状态下的大学生，相比在自豪情绪和中性情绪状态下的大学生，不愿意花费更多的钱去购买鞋子，反而更愿意去欧洲度假。

周欣悦教授团队开展的一项研究考察了消费者的敬畏情绪对购买行为的影响，相关论文发表在 2018 年《亚洲社会心理学杂志》（*Asian Journal of Social Psychology*）上。论文中共记录了六个研究，证明消费品确实能引起消费者的敬畏情绪，而这种敬畏情绪包含了四个要素：美感、永恒、吸纳和感知到的宏大。

美感是一种审美上带来的快乐，美丽的风景和动人的音乐都是最常见的可能产生艺术上的美感并引发敬畏感的因素。如苹果手机，它能够引发消费者的美感。如果一个事物包含“永恒”这个特征，也有可能引发敬畏感。这是指这一事物创造了历史，超越了时代，给人永恒的感觉，甚至随着时间的流逝成为传奇或经典之作。这就是为什么几乎所有的文物即使不如埃及金字塔那样体积庞大，也可能引发敬畏情绪。在周欣悦教授进行的研究中，有些消费品可以引发钦佩和欣赏，有些消费品可以引发敬畏。如在对消费者进行访谈时，他们会认为香奈儿的香水是永恒的、经典的；“钻石恒久远，一颗永流传”这样的广告语也同样诱发了“永恒”这个特征，并激起人们的敬畏情绪；或者认为苹果手机改变了历史，因而引发敬畏感。永恒感、需要适应或接纳这两个要素是能够引发敬畏的消费品的主要特征。引发欣赏的消费品主要带来的是积极情绪，而引发敬畏的消费品会同时包含积极情绪和消极情绪。

在这项研究的第四个和第五个实验中，周欣悦教授团队考察了引发敬畏情绪的消费品的品牌宣传对消费者的影响，以及消费者对这类消费品的购买欲。方法是让参与者想象一种可能引发敬畏情绪的产品，以及一种可能引发爱的情绪的消费品，然后问参与者这样的问题："如果这种产品出现，你愿意将它推荐给你的朋友吗？""你愿意向你的朋友描述这种产品的好处吗？""这种产品是令人难忘的吗？"这些问题测量消费者对产品的正面宣传度。结果发现，引发敬畏情绪的产品会令消费者增加正面宣传该品牌的意愿度，更可能向别人推荐该产品。

在第五个实验中，研究者通过操纵《时代》(*Time*)杂志的广告语来诱发对该杂志的敬畏情绪。在敬畏情绪条件组，参与者会看到这样的广告语："当《时代》出现，整个世界都停下来倾听。"在中性情绪条件组，参与者看到的广告语是："请带走《时代》杂志吧，它很简短。"参与者会评价每种广告语的好坏程度，并在观看每种类型的广告语 20 秒钟之后，报告其购买意图以及订阅这本杂志的意愿。实验结果与之前一样，看完敬畏式广告语的参与者更愿意订阅杂志，即购买意图更高。

顺化与谦虚：敬畏在组织与群体中的作用

敬畏情绪产生的"变小的自我"的体验，使得它在群体中能发挥非常大的作用。早期的社会心理学研究提到敬畏的时候，会将其视为一种将个人与社会团体联结起来的重要心理因素。社会心理学家也非常关注哪些因素能够影响组织稳定程度，希望找出使人们关心集体更胜于关心自己的因素。

敬畏是一种社会性情绪，社会性情绪是“等级制定者”；产生社会性情绪，可以帮助个体确认自己在社会等级中的位置。敬畏情绪帮助个体确定对更高权力对象的遵从和附属地位。敬畏感本质上是一种社交信号，传递着人们在社会等级中的地位信号。在社交活动中，当一个较低权力的个体遇到另一个极高权力的个体，较低权力的个体就可能出现敬畏情绪；敬畏产生时，敬畏不仅包含发送给高权力者的社交信号（尊敬和恭敬），也包含发送给自己的情绪信号（威慑感和自我提升感）。

为什么敬畏会有利于组织稳定？因为敬畏会让人感觉到一种“无能为力”（inability）。当人们感觉不能将当下的体验同化到现有的认知模板中，就会产生一种顺化的需求。顺化是发展心理学家皮亚杰（Jean Piaget）提出的重要概念，是人类接受知识的两大途径之一。在我们遇到新知识时，首先会采取将新知识和旧知识类比的方式，将其与头脑中已有的旧知识关联起来，这叫同化（assimilation）；当我们发现不能类比和同化时，就改变和调适旧知识的概念模型，以容纳新的内容，这就是顺化。群体中因为地位和权力的不同引发的敬畏感中的“顺化”具体包括：对领袖的顺从；弱化个人利益，转向遵从集体利益，等等。敬畏感使个体发自内心地愿意跟随领袖，所以敬畏对于社会等级的稳定是有利的。但在群体中因为地位和权力的不同，它也可能引发其他情绪，如嫉妒情绪。嫉妒情绪在维持社会稳定方面的作用是消极的，如果群体中地位低下的人产生了嫉妒情绪，就不会使个体“屈服”于领导者。

敬畏感既然有利于维持社会秩序的稳定，领导者在社会变革的过程中就可以利用群体成员的敬畏情绪对群体成员施加重要的心理影响。心理学家认为，敬畏感有助于促进集体与个体之间的利益统一，群体成员可以更多地服从集体，作出有益于集体的行为。

组织里的什么要素能引发敬畏感？相关研究显示，在人类社会早期，主要是高权威人士（如宗教领袖或团体精神领袖）能引发敬畏感。随着社会渐渐进入文明时代，敬畏感指向的权威开始包括社会互动过程中的各种人物。在 2012 年进行的一项研究中，研究者让参与者回忆生活中引发敬畏的因素，发现多达 46.1% 的参与者报告，产生敬畏情绪是由于听了一段激动人心的演讲，或是想到了某个名人。这些激动人心的演讲和名人所共有的特征就是让个体产生“感知上的宏大”，因为他们所做的事情超越了普通人的人生极限。除此以外，在社会活动中，那些与集体利益相关的刺激也会引发人们的敬畏感，如发起与集体利益一致的竞争性目标（如球队在比赛中获得胜利），或发起集体共同的诉求（如在灾难中存活下来）。

除了表现出对组织领导的顺化，敬畏情绪还让人在与同伴相处时变得更谦虚。2018 年发表在《人格和社会心理学杂志》上的一项研究发现，如果让同伴对一个人就谦虚这个特质打分，那些在日常生活中容易产生敬畏情绪的人会得到更高的评分。研究者在实验室里通过电影视频或回忆诱发敬畏情绪，一致发现，产生敬畏情绪的参与者比控制组的参与者出现更多谦虚行为，这种谦虚的倾向甚至可以保持一周以上。

敬畏也是一种思维方式，它使人多关注他人的优点，从他人那里发现自己的短板，努力提升自我。从心理健康的角度来看，敬畏是眼睛向外，发现他人优点，确立榜样。敬畏的过程是发现优点、学习榜样的过程，是超越小我、提升自我的过程。有敬畏情绪的人被要求写出自己的优点和缺点时，他们写出的优缺点的数量是平衡的，还会将自己取得的成就更多地归功于外因（根据经典的归因理论，人们倾向将失败更多地归因于外界，将成功更多地归因于自身）。研究者证明了敬畏让人更谦虚的原因是，敬畏会让自我变得渺小，心理学家将其称为“消失的自我”。

敬畏提高了创造性表现

意大利天主教圣心大学和瑞士日内瓦韦伯斯特大学的研究者合作，2018 年在《创造力研究杂志》(*Creativity Research Journal*）上发表了一篇研究报告，讨论了敬畏情绪对创造力的促进作用。

研究者招募了 52 名大学生，采用 3D 视频技术诱发其敬畏情绪或中性情绪。这些大学生在实验过程中要戴上 VR（virtual reality，简称 VR）头盔，每段诱发情绪的视频时长大概为 2 分钟。敬畏情绪视频是以 3D 模拟形式出现的，如大学生好似身临其境，仰望和环顾四周高大树林的景象；中性情绪视频为大学生看到草地上来回徘徊的母鸡。这些视频已经在以往的研究中被证实能可靠地诱发敬畏情绪或中性情绪。

所有大学生在观看完视频后，完成创造力测验，测量以下几个创造力成分：流畅性、灵活性、独创性和拓展度。结果发现，那些观看敬畏视频的大学生在流畅性、灵活性和拓展度方面得到了更高的分数，但在创造力的另外一个成分——原创性（如请大学生说出杯子的不寻常的用途）这个维度上，没有表现出敬畏情绪的促进作用。

虽然只发现了敬畏情绪对创造力的三个维度（流畅性、灵活性和拓展度）的促进作用，但这足以证明敬畏情绪有助于人们发挥创造性。

敬畏情绪有阴暗面吗?

敬畏体验能带来钦佩、尊敬与谦卑，提高利他性，让个体融入集体中，增加其亲社会行为和合作行为等。但在近期的研究中研究者发现，敬畏情绪也有黑暗的一面。

敬畏情绪出现时，也会有类似恐惧的消极情绪体验，这使敬畏情绪诱发了与消极情绪相似的生理指标。过度的敬畏体验能带来恐惧、无助和脆弱，这是一种过度的“谦卑”，最终可能导致盲目的个人崇拜，如希特勒就利用人们的敬畏情绪，使人们臣服；也有邪教组织利用人们的敬畏情绪，使人们盲目追随“教主”，无法理性思考，最终成为邪教组织的一分子，作出极端的行为。

2019 年发表的一项神经科学研究表明，当参与者观看诱发敬畏的视频时，自我反思的水平显著降低。这说明敬畏情绪会减少对自我参照加工的参与，导致自我反思减少，这样的研究结果证实了敬畏情绪具有令人着迷、沉浸式、吸引人注意力的特点，它使人沉浸在环境中，忽视自我的力量。极端的自我渺小感会让人忽视和贬低自我，降低自我控制感，高估环境的压力，从而变得脆弱，对环境带来的压力更敏感，引发情绪障碍。

从敬畏情绪的主要研究者克特纳和海特（Jonathan Haidt）2003

年提出敬畏情绪的概念开始到今天，仅仅经过了 17 年的时间，对敬畏这一积极情绪的研究尚处于起始阶段，但这些研究给我们的启发是，拥有敬畏情绪的体验对于日常生活的方方面面都非常重要。敬畏情绪可以影响我们的归属感、时间感知、身体健康、谦虚行为、助人行为等。敬畏情绪也可能帮助个体达到最佳的状态。对于高压力和快节奏的现代社会，研究敬畏情绪对提高人类幸福感颇具意义。未来，心理学家将进一步揭示敬畏的积极效应，考察如何让敬畏情绪的负面影响降至最低，以及如何利用敬畏情绪促进社会的和谐、稳定与发展。

第七章

自豪

如果有生活的愿望和对本身力量的自信，整个一生就将是一座最美好的时钟。

——高尔基（Maxim Gorky）

自豪是什么样的情绪？

想想你什么时候会产生自豪（pride）感？可能是考试得了全年级第一名，或者发表了一篇在学术界产生较大影响的论文，或者加班努力完成的项目得到了上司和同事的认可，或者向心仪的对象表白成功了，或者打王者荣耀升到了最强王者的段位……这些时候，我们都会体验到多样化的情绪，但最典型的就是自豪。

我们对自豪感不会陌生。当人们取得自认为有意义、有价值的成就时，就会产生自豪感。什么是自豪，研究者给出了很多定义，将这些定义归纳起来可以得出共识——自豪是个体把一个成功事件或积极事件归因于自己的能力或努力的结果时所产生的一种积极的主观情绪体验。自豪的产生至少需要三个条件：需要有成功的事件；这个成功的事件主要与个体的社会性需要相关；个体将取得的成功归因于自身内部因素。

当我们感到自豪时，会感到快乐，但自豪时产生的快乐与享乐性快乐是不同的。享乐性快乐是我们吃到美食、看到美景、嗅到花香、触碰到柔软的被褥时感受到的快乐，这种快乐建立在生理需要获得满足的基础上。自豪时产生的快乐是个体的社会性需要，如成就动机的需要（学业成就）、社会交往的需要（获得爱情或归属感）、权利动机的需要（升职）、求知的需要（解出了一道数学难题）等，获得满足时体验到的快乐。

自豪是一种自我意识情绪。情绪可以分为基本情绪和自我意识情绪，前者即埃克曼提出的快乐、悲伤、愤怒、恐惧、厌恶和惊讶等基本情绪；后者更加复杂，是一种自我意识的逐渐认知并通过自我反思产生的情绪。达尔文在 1872 年《人类和动物的情绪表达》(*The Expression of the Emotions in Man and Animals*）这一著作中指出："儿童在三岁左右就会出现自我意识，害羞、内疚和羞耻等情绪伴随着意识的出现而产生。它们不仅仅是简单的人类情绪的反应，更是对他人如何看待我们自身这个问题的一种反应。"

自豪研究的代表人物，美国加利福尼亚大学戴维斯分校的心理学家特雷西（Jessica Tracy）和罗宾斯（Richard Robins），2004 年在《心理科学》杂志上发表了一篇文章，率先指出自豪是与其他所有情绪都不同的一种积极情绪，是一种积极效价的自我意识情绪。除了自豪情绪之外，其他的自我意识情绪包含内疚（guilt）、羞耻（shame）、尴尬（embarrassment）、妒忌（jealousy）。

如何表达与识别自豪情绪?

一个人开心或生气时可能很容易被看出来："巧笑倩兮，美目盼兮"描述的是开心，"蛾眉倒蹙，凤眼圆睁"描述的是生气。出现自豪情绪时，我们的表情是什么样的?

首先考察自豪的表情的还是特雷西和罗宾斯这两位心理学家，他们 2004 年在《心理科学》杂志上发表了题目为《展现你的自豪：一种独特的情绪表情》的论文，考察了自豪的表情这一问题。两位研究者找到了一些模特，让他们作出快乐、惊讶、自豪或中性的表情及其身体姿势，然后让参与者再认这些情绪的表情。他们发现，参与者对自豪表情的再认正确率非常高（接近 90%），几乎与快乐和惊讶这类基本情绪表情的再认正确率相当。而且，参与者也绝不会将自豪表情误认为惊讶或快乐的表情。研究者据此推测，既然自豪的情绪表情再认能够达到与基本情绪相似的正确率，似乎不得不承认自豪是一种独特的、与其他情绪完全不同的情绪，即自豪情绪有着自己独特的面部表情。

在另外一个实验中，特雷西等人不给参与者任何提示（可供参与者选择的答案），让他们以开放的形式回答模特照片上的表情所代表的情绪，如询问参与者："照片上表现的是什么样的情绪？"结果仍然发现，参与者会将自豪的表情照片描述为与自豪很相关的情绪词，如他们会说照片表现的情绪是"骄傲""自信"或"得意洋洋"。

自豪表情具有哪些特征？研究者控制了 8 种不同类型的自豪表情，如轻轻地微笑或大笑、手臂举过头顶或手臂放在臀部、头轻轻后仰（15°）或较大后仰（30°），然后将 8 种不同类型的自豪表情以及惊讶、快乐的表情呈现给参与者，让他们再认哪些表情是自豪表情。获得参与者最高共识的自豪表情所包含的特征有：嘴角上扬，面带微笑；在身体姿势上，自豪时人们往往会出现向外的、伸展性的姿势，主要体现为上半身直立，头部倾斜（可能轻微倾斜），或头往后仰，双手叉腰，或双手握成拳举过头顶，或双手放在臀部。以上这些特征被认为是自豪的原型性表情，包括面部的表情和身体的动作（见图 7-1）。

自豪独特的表情模式说明，自豪情绪可能具有独特的进化功能，即向他人展示自己的成功，提升自己的社会地位。伸展的身体姿势会

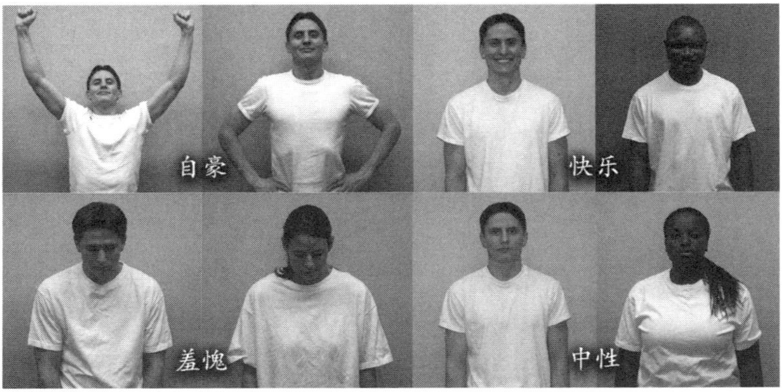

图 7-1　自豪、快乐、羞愧和中性的表情
（引自 Tracy，Shariff，Zhao et al.，2013）

吸引他人的注意，给他人呈现身体非常巨大的印象，这有助于表达自己对他人的控制性；而头轻微倾斜，可能是希望他人将注意力放在自己身体的上半部分，这可以彰显自身的优越感。当观察者接收到他人的自豪表情时，可以避免双方不必要的冲突，传递和理解社会等级信息。

自豪表情具有跨文化一致性

特雷西等人在 2008 年进行的一系列研究均证实，自豪的表情具有跨文化一致性。即使在非洲东部的布基纳法索，一个与世隔绝的部落（在这里，人们不太可能受其他文化的影响，也不太可能通过电视、媒体等学习到其他文化下的自豪表情模式），这里的人也可以与美国大学生一样，正确再认出自豪的表情。想想看我们在奥运会赛场上看到的各国运动员夺冠之后的表现，是不是都基本上包括了展现笑容及举起手臂之类的动作？有些运动员甚至会披着国旗，张开双手飞奔，这些都是自豪的表现。

发展心理学家甚至发现，即使是 4 岁的儿童，也能正确地辨认出哪些表情照片正在表达自豪感。也就是说，我们从小就已经发展出识别自豪情绪的能力。人们的这种识别自豪情绪的能力究竟有什么作用？我们知道，情绪具有传递信息的作用，自豪可以提供有关一个人目前的社会地位的信息。因此，识别自豪表情的其中一个作用就是，让我们从一个群体中快速找到地位较高的人。

社会地位高的人更常出现自豪表情

特雷西等人 2013 年发表在《实验心理学：概述》（*Journal of Experimental Psychology: General*）上的一篇论文，证明了自豪表情和快乐表情都是高社会地位的象征，但自豪表情比快乐表情更加彰显高社会地位，这一发现具有跨文化一致性。

特雷西等人找了两种文化下的人群作为研究对象，一类人群是典型的生活在西方文化下的美国大学生，另一类人群是位于斐济群岛西北角的亚萨瓦岛（Yasawa Island）上的原住民，这些原住民几乎与世隔绝，其文化是不鼓励人们刻意彰显社会地位的。这个岛上有 6 个村落，每个村落大概有 100—350 人。这里没有电视、网络、公共设施和邮局，也没有报纸和杂志。岛上有 3 所小学，去最近的集镇购物要坐一天船。

在政治上，亚萨瓦岛上大概有 5 个宗族，由一个由老年人组成的委员会和一位酋长共同管理。这里的每个人几乎都与其他人有亲属关系或血亲关系。这里既有严格的等级制度，也有互惠性帮助，等级关系是垂直方向的，高地位的人拥有权力，低地位的人必须听从并尊重高地位的人。在用餐、参加社区活动、聚会、喝卡瓦酒时，也会体现地位的高低，而且有着严苛的礼节。主要宗族的男性成员会携带特殊的标记，表明他们有更高的社会地位。在同性别的垂直的上下关系中，对话是有目的的，地位低的部落成员一定要服从和尊重地位高的成员，权威是不允许被挑战的。与之相比，基于平等的互惠性主要出现在平行的关系中。这样的关系是以平等为前提的，人们可以彼此开玩笑，对话可以是非常有目的的，也可以是随意的闲谈。

亚萨瓦岛上的这种明显的等级制度会让这种社会有两个明显的特征：第一，低等级地位的人一定不会通过夸耀自己、鼓吹自己或一些身体语言，来让他人认为自己有着高特权地位。第二，高等级地位的人会刻意地不表现出自己比他人的地位高，反而会有意识地努力淡化自己的优势地位。因为在这样的社会里，高等级地位的人不需要刻意强调自己的优势地位，就会有很多规定的惯例或仪式强调这一点。

等级制度的社会规范体现在日常生活的方方面面。例如，族长的房屋要建设在比普通人的房屋高很多的地方，甚至会用人工的方式建造一个高的平台，将族长的房屋建在上面。在进入屋子时，新来的人要坐在比他们实际给予的地位低很多的位置上，直到有高社会地位的人劝他们去高地位的位置上就座，才可以换个更高的位置。高社会地位的人进入另一个人家的房子时，也要坐在比自己实际地位低的位置上。不管是高地位还是低地位的人，如果要在一间房子里移动位置或走动，都要刻意蹲低一点，拖着脚走，并以非常抱歉的语气说，“对不起，打扰一下”，以免自己表现出凌驾他人的样子。村子里不允许出现帽子或其他头饰，因为戴着这些东西会让自己看起来凌驾于酋长之上。

酋长也不允许戴帽子，因为这样会被认为公开彰显自己的高地位。连在西方文化中被公众普遍接受，甚至大家也认为理所当然应该表达自豪情绪的事件，如橄榄球比赛中得分时的呐喊，在亚萨瓦岛上也很少看到。在亚萨瓦岛的文化氛围中，高社会地位会在与就座、饮食或谈话等活动相关的社会规范中体现出来，人们认为没有必要通过展示自豪情绪来展现高社会地位。

亚萨瓦岛上的社会文化既压制了低等级地位的人的表情（这会挑战权威），又压制了高等级地位的人的控制性表情的表达。因为原住民一直都被抑制释放高社会地位的信号，研究者推测，他们可能没有进化或发展出自豪这种表明高社会地位的表情。就算原住民能够再认自豪表情，也不会将自豪表情与高社会地位联系起来。但如果他们能意识到自豪表情是高社会地位的一种符号，那就可以说明，自豪的进化功能是表明高社会地位。

为了证明这个假设，研究者让美国大学生和亚萨瓦岛的原住民（各 100 人左右）分别观看自豪、快乐、中性和羞愧的表情，接下来询问他们："假如某人常常出现这样的表情，你会有多尊重他？""假如某人常常出现这样的表情，你认为他的社会地位有多高？""一个高社会地位的人出现图片中的表情的频率有多高？"研究结果发现，无论是美国人还是亚萨瓦岛上的原住民，都倾向认为表达自豪和快乐表情的人有更高的社会地位。尤其是在内隐水平上，他们都认为自豪的表情与高社会地位相联系。在外显水平上，原住民比美国人更倾向认为快乐表情代表着高社会地位。自豪和羞耻的表情恰好相反，羞愧时，人们的头会垂下来，身体蜷缩，脸上流露出悲伤。

以上研究结果说明，在群体中，自豪与社会地位是息息相关的——越是地位高的人，越容易出现自豪的表情。自豪与高成就、高社会地位以及声望都有密切的联系，这应该是自豪情绪进化出来的意义。人们在获得成就之后会感到自豪，这种情绪一旦表现出来并被他人识别，就会提高自己的社会价值，获得他人的肯定和认可，也会让他人认识到自己的高社会地位，获得尊重。

我们在日常生活中也可能通过他人是否出现自豪表情来判断其社会地位。高社会地位给人带来的好处实在太多了，人们在择偶时甚至也会更加青睐高社会地位的人。一个成年男性时常出现自豪表情，就可能增加异性对他的关注，获得异性青睐的概率也会大大提高呢！

自豪的功能

识别自豪的表情可以帮助我们分辨人群中社会地位比较高的人，但自豪本身有什么作用和功能？自豪情绪对我们有什么样的意义？

自豪的进化意义：提高自我价值和社会地位

从进化的角度来看，在远古时期，人类每天进行的猎食、耕作等活动的主要目的就是生存，而情绪的主要功能也是生存以及促进社会适应。例如，在有人侵犯我们的领地或资源的时候，我们会愤怒，这种情绪促使我们奋起抵抗并维护自己的权益；在遇到危险时，我们会恐惧，这种情绪帮助我们逃离危险情境；在与小伙伴一起玩耍时，我们会开心，这种情绪可以促进我们和群体成员之间的交流，增强感情联结和对群体的归属感。

当我们获得某种成就之后，自豪的主观体验会增强我们的自尊，让我们觉得自己可以获得更高的地位，或可以更被社会接纳，进而在以后继续保持并增加产生自豪感的行为。假想一下，如果你是远古时期某个原始部落的一员，你的任务是每天出去捕猎，有一天你凭一己之力设下陷阱，猎杀到一只体型很大的动物。你回到部落，叫上其他小伙伴，一起把猎物抬回去。大家都惊叹于你精湛的捕猎技术，并为未来至少一周内不会为食物发愁而特别感谢你。这样的积极情绪体验显然提高了你在部落中的地位，你心仪的女孩也开始对你热情起来，这时你体验到的情绪很可能就是自豪。于是，你会在以后的捕猎行动中表现得更努力和勇敢，希望再次获得自豪情绪体验，你在部落中的地位也会进一步巩固。从这个小故事里，我们可以理解自豪情绪的进化意义及作用。

从远古时期到现代社会，虽然我们已经不必每日为了获取食物而铤而走险，但自豪的情绪依然保留了下来，因为它还可以增强和激励具有社会价值的行为，帮助我们保持积极的自我概念和赢得他人的尊重。也就是说，我们努力达到目标后产生了自豪感，这种情绪会反过来增加产生自豪感的行为，我们会继续努力，争取做得更好，或为自己设定下一个目标，因为我们知道这样做会让我们再次体验到自豪，这种预期的自豪感激励我们继续努力，形成一个良性的、向上的循环。

乐于助人：自豪促进亲社会行为

自豪情绪会强化个体的亲社会行为，提高助人的可能性。

特雷西认为，尽管人们在认知上能够认同在他人需要帮助时，应当伸出援助之手这种观点，但要付诸行动，往往还需要一种情绪的力量，如自豪情绪的推动，才会促使人们真正作出利他行为。而且自豪情绪往往出现在一个重要的目标或成就实现后，此时个体会有多余的精力或空闲的认知资源去关注他人的需求，会更有能力帮助他人。

人们在自豪情绪下更可能作出利他性助人行为，在作出利他行为之后会进一步得到他人的感激、尊重或其他形式的奖赏，提升社会地位，这样就形成了一个向上的、良性的循环。

获得幸福：自豪增加生命的意义感

什么是幸福的生活？从某种角度来说，幸福的生活是有意义的生活。

意义感基于对整个世界的认知，它是一个人对生活本身的感受。我们的意义感来源于家人、朋友以及与自己有关的一切，也来源于这个每天带给我们积极价值体验的世界。

心理学家认为，意义感可以通过两种方式产生：第一种方式是，当个体完成了一件事之后，马上增加对这件事的关注，也就是在刚刚完成之后就细细品味这种完成感；第二种方式是，事情完成之后，过一段时间间歇性地回味一下这件事的意义感。总之，瞬间的评价过程和接下来伴随的感受都会增加日常生活的意义感。心理学家曾经在实验室中要求一群大学生汇报自己生活中产生意义感的时刻，并用各种方法让他们评估生活的意义，结果发现，意义感的产生几乎都集中在工作、学业成就和人际关系等方面。

作为一种积极情绪，自豪往往来自目标相关事件的达成，并伴随积极的自我评价与肯定，这里所说的目标相关事件指对个人而言特别重要和有意义、非常想实现的事件。自豪可能出现在学习、工作或家庭生活中，如完美地修完了大学的所有课程，可以顺利毕业；或在工作中克服了很大困难，实现了一个重要目标；或为家人亲手烹制了美味的晚餐，家人交口称赞；或利用一个下午的时间，将房间打扫得干干净净……这些事件都是目标相关的事件，不管目标很大还是很小，只要感到目标实现了，就会体验到自豪情绪，获得生活的意义感。

从这个角度来说，无论是成就行为还是亲社会行为，均与自豪情绪的产生相关。在工作和家庭生活中，比起取得成就时产生的自豪情绪，作出亲社会行为（如助人）时产生的自豪情绪更能使人获得人生的意义感。

放弃蝇头小利：自豪使人追求长期卓越

以色列本·古里安大学心理系的研究者卡齐尔（Maayan Katzir）和埃亚勒（Tal Eyal）等人指出，快乐和自豪这两种积极情绪分别对应不同的目标，快乐对应的是短期目标的实现，自豪对应的是长期目标的实现。实现长期目标往往需要付出长时间的努力，有时候是非常困难的，在这个过程中可能会感觉单调、乏味，还会经历失败，甚至需要暂停或推迟短期目标的实现。例如一位大学生为了实现期末各科学业成绩全优这个长期目标，放弃了短期目标的实现，如推迟与朋友的聚会，不去度假或购物，缩短睡眠时间，等等。

能否致力于实现长期目标，对一个人的技能发展、社会适应、自我提升等有非常重要的意义。一直沉溺于享受，长期目标就可能永远无法实现。自豪情绪有抑制冲动行为，提高行为坚持性的作用。如孩子完成作业后会体验到自豪情绪，这是一个长期目标的实现。但如果在写作业的过程中去打游戏、看电视、吃零食等，这些行为就与短期目标的实现有关，虽然可以获得即时性享乐，却有碍长期目标的达成。研究者预测，个体在追求自豪情绪的过程中，抑制冲动的能力会增强，延迟满足的能力会提高。

为了验证以上推测，研究者在实验室中让一群大学生想象未来可能发生的一件自豪或快乐的事件，以诱发他们的自豪或快乐的情绪状态。诱发自豪情绪时，让这些大学生想象在学业考试中得到高分，在体育竞技比赛中获胜，或被老师或家人称赞等；诱发快乐情绪时，让他们想象去参加聚会、度假或与朋友在一起等。接下来，让所有大学生完成一个判断箭头方向（箭头方向有四种可能性：上、下、左、右）的任务，但在呈现箭头之前，会先呈现一张让他们分心的图片（如女性模特的照片），这张分心图片呈现的位置和接下来箭头呈现的位置恰好相反（如果女性模特照片出现在屏幕左侧，箭头就会出现在屏幕右侧）。研究者主要关心的是，在三种情绪（自豪、快乐、中性）状态下，这些大学生判断箭头方向的正确率。研究者认为，如果个体能成功抑制对分心图片的注意，保持对箭头方向判断的很高的正确率或反应速度（研究者将此称为优势反应），就说明个体能成功抑制冲动行为或无关信息的干扰。

这项研究的结果确实发现，在自豪情绪状态下，大学生对箭头方向判断的正确率是最高的。重要的是，快乐情绪状态下的大学生判断箭头方向的成绩是最低的，说明个体在快乐情绪下对愉快的分心性信息有更多的关注，损害了优势反应。这项研究发表在 2010 年的《实验心理学：学习、记忆和认知》（*Journal of Experimental Psychology: Learning, Memory, and Cognition*）上。

美国东北大学的威廉姆斯（Lisa Williams）和德斯特诺（David DeSteno）2008 年发表在《人格和社会心理学杂志》上的一篇文章，也证明了自豪情绪有助于人们坚持长期目标。他们诱发自豪的方法是成绩反馈。先让一群大学生完成一个点数估计任务，要求报告出屏幕上出现的红色圆点的数量，有 2 秒的时间作出判断，但实际上，在 2 秒的时间里是数不完这些红点的。研究者通过给这些大学生不同的成绩反馈来诱发不同情绪。自豪组大学生的成绩反馈主要是突出他们完成得比大多数人都好，如告诉他们："总分 147 分，你已经得到 124 分，你现在超过了 94% 的人。你做得真是太棒了！这是目前为止我们看到的最好成绩！"研究者也会用一些非言语线索，如语调和微笑表情，传递出这一组大学生的成绩给他留下了深刻印象的信号，让他们产生自豪情绪。对于中性情绪组大学生，研究者只客观陈述成绩，不加以褒奖，如研究者告诉他们："总分 147 分，你已经得到 124 分，你超过了 94% 的人。"研究者的语气并不热情，非常中性，当然也不带有任何谴责。

接下来，自豪组和中性情绪组的大学生都被要求完成一个非常单调、枯燥的心理旋转任务，这个任务内容很多，需要花费很长时间。它已经在前人研究中被证实为单调而枯燥的。研究者告诉所有大学生："请尽可能完成心理旋转任务，完成得越多越好。但不要认为这是必须完成的，事实上，在我们的实验时间里，你不可能完成所有内容。如果你不想继续了，可以随时停下来。"研究者记录了大学生在这项任务上所花费的时间，结果发现，自豪组大学生坚持的时间最长。

其他研究也发现，相比快乐情绪，当人们体验到自豪时，坚持完成一项困难任务的时间会更长。体验到自豪情绪时，人们的自我控制能力也更强，可以抑制冲动行为。这些结果都意味着，体验到自豪感能够增强人们在任务中的坚持性。

关于自豪情绪的这些研究结果对我们的日常生活有一定的启发。你可能会感叹想要减肥太难了，总是不能坚持下去，面对奶茶、炸鸡或可乐的时候根本无法抵制诱惑，很快就会放弃，向这些高热量食物妥协。这个时候最关键的一步就是给自己定下一个稍微小一点的目标，如先成功瘦身一斤的小目标，然后努力去实现它！实现这个小目标之后，自豪感就产生了，这种神奇的情绪会帮助我们坚持下去，抵制诱惑，增加产生自豪感的行为，形成一个良性循环，从而成功瘦身。

越自豪，成绩就越好

自豪可以通过促进个体适当的行为反应，提高其在工作和任务中的绩效表现。

加拿大不列颠哥伦比亚大学的魏德曼教授（Aaron Weidman）等人和美国罗切斯特大学的埃利奥特教授（Andrew Elliot）2016 年在《人格杂志》（*Journal of Personality*）上发表的一项研究证实了自豪情绪对成绩的促进作用。

研究者进行了两项追踪研究。在第一项研究中，他们招募了 108 名参加长跑训练的成年人，考察了这些成年人 2—4 个月内的自豪感、训练的目标、训练过程和结果的变化。研究者会让他们回答这样的问题：“在过去的一个月里，你在多大程度上按照你的计划来训练？”“在过去一个月里，你在多大程度上达到了你的训练目标？”“在过去一个月里，你的训练强度有多大？”同时测量了他们在这个过程中体验到的自豪感。结果发现，自豪感使跑步者更频繁地衡量自己在多大程度上达到了训练目标，是否遵循了训练计划，以及进行了多少高强度的训练。这些感觉会使跑步者随后调整自己的行为，进而影响之后的训练结果。也就是说，自豪感可以促进行为的改变，成为预测训练是否成功的指标。

研究者接下来又对参加心理学课程的 1024 名大学生的自豪感、自我效能感、学习行为以及测验成绩进行了一学期的研究。他们发现，自豪感可以促使大学生改变自己的学习习惯，自豪感的高低可以作为预测考试成绩高低的指标，即自豪感越高，考试成绩就越高。

这些结果表明，自豪甚至可以充当个体能否取得成就的一个预测指标。自豪情绪越高，人们的行为反应就越恰当，任务成绩就越高。

自豪的类型：真实自豪与傲慢自豪

自豪和骄傲、自大是同样的情绪吗？研究者发现，确实存在两种类型的自豪。有时候自豪让我们更自信，如我们通过努力拿了一个大奖，感觉自己棒棒的，于是会更努力，取得更好的成绩，这种情况下我们将其称为真实的自豪；但有时候自豪为我们带来一些人际方面的问题，如打游戏时拿了全场 MVP（most valuable player，简称 MVP；意为最有价值游戏者，即对胜利最有贡献的游戏者），自豪感爆棚，不禁感叹自己技艺精湛、天赋异禀，却完全无视队友的付出，引发队友的不满，这种情况下我们将其称为傲慢的自豪。

真实自豪与傲慢自豪

根据特雷西和罗宾斯的观点，当一个人将成功归因于内在的、不稳定的、可控的原因，感受到的就是真实的自豪（authentic pride）。如我的成功是因为我付出了很多努力，这让我感觉很自豪。而当把成功归因于内在的、稳定的、不可控的原因时，感受到的就是傲慢的自豪（hubristic pride）。如我的成功是因为我本来就是这么优秀，我真是太厉害了。这时两者之间的差异是由对事件的不同认知评价过程导致的：前者是基于成就的，更倾向“我为我做的事而自豪”，成功是通过我的努力取得的；后者是基于自我本身的，更倾向“我为我是谁而自豪”，成功是因为我的能力特别突出。

真实自豪是在真实成就的基础上形成的，是在自我价值得到肯定后伴随的一种自然而然的感受，真实自豪会使个体的自尊和自我效能感得到真正的提高。真实自豪与特定事件联系在一起，而傲慢自豪是一种对自我的主观评价，未必是客观的。也就是说，个体可能并没有取得任何真实的成就，但仍然自我感觉良好，这就是一种傲慢的自豪。

特雷西认为，当个体的自我价值受到威胁时，傲慢的自豪可能作为一种防御机制被激活，导致了自我的膨胀和主观的自我概念。“我天赋异禀”等毫无根据的想法让人变得骄傲自大，蔑视弱者；通过自己努力取得的成功则会催人奋进。

真实自豪和傲慢自豪与不同的人格特质有关。可以将这两类人做个对比：经常体验到真实自豪的人更可能拥有外向性、宜人性、尽责性和稳定性这样的人格特质，他们可能是外向的、宜人的、认真且一丝不苟的；经常体验到傲慢自豪的人在宜人性与尽责性这两个人格特质上可能得分更低。真实自豪的人往往有更稳定的自尊，常是高自尊的人；傲慢自豪的人往往是喜欢自夸、容易害羞、容易令人不愉快的人。真实自豪的人更可能设定长期的成就目标，完成任务是为了掌握技能，获得的高社会地位也更稳定；傲慢自豪的人喜欢走捷径，完成任务是为了获得别人的肯定，即使获得高社会地位也是不稳定的、暂时的。真实自豪的人在提升自己的地位时会采用亲社会性、关系取向的方式，让他人感觉相处起来很愉快；傲慢自豪的人则会通过让他人羡慕，甚至恐吓对手的方式提升自己的地位。

特质自豪与状态自豪

在我们区分两种自豪时，要注意区分“特质”与“状态”之间的不同。

特质自豪指一种人格特质，是在一个人身上稳定的、在不同情境中都表现出来的、一贯的行为倾向。无论在任何情境下，有特质自豪的人相比没有这种特质的人，更容易自豪。如有些人看上去就比较傲慢，似乎他是人群中最厉害的那一个，这样的人就可能是“特质”的傲慢自豪者。典型的例子如《生活大爆炸》中的谢尔顿，他获得某项成就后，会觉得这全都归功于他的非凡智慧；要论智商的话，只有霍金才有资格当他的朋友（即使他的朋友非常包容他，也会经常觉得他令人难以忍受）。

状态自豪指我们每个人不论有什么样的人格特质，都可能因为一件事而拥有真实自豪或傲慢自豪的体验。以《生活大爆炸》中的霍华德为例，霍华德是一名工程师，他制作了一个可以参加比赛的战斗机器人，朋友们都说，“霍华德，你做的这个机器人好厉害”，他自豪地说，“当然啦，也不看看是谁做的”，这时他把成就归功于自己本身的优秀，体验到的是“状态”的傲慢自豪感。当他被美国宇航局选中去当宇航员时，他激动万分，做一名宇航员是他从小就有的梦想，他认为美国宇航局看中的是他一直以来的努力，能得到此荣誉是因为他工作努力，做得很好，此时他体验到的就是“状态”的真实自豪感。

傲慢自豪的人：更自恋，更易有偏见

真实自豪的人往往被认为“才艺高”“有自信”，傲慢自豪的人会被认为“傲慢”“自负”。后者会说这样的话：“我每件事都做得非常好。”“我天赋异禀。”傲慢自豪的人很怕失败，所以给自己贴上能力高的标签，防御他人给自己的负面评价。他们希望得到他人的认可和肯定，自尊心更脆弱而敏感，所以会夸大成功或失败：成功了，意味着一切皆有可能；失败了，意味着灾难降临。他们还可能有些神经质，情绪不稳定，一旦别人否定或质疑其能力，就易怒并出现攻击性行为或言语。傲慢自豪的人的膨胀的自我形象使他们无视他人的感受，对他人充满敌意。

傲慢自豪的人设置的不切实际的目标更可能增加消极情绪出现的可能性，然而其自我控制或抑制冲动性反应的能力并不如真实自豪的人高。美国迈阿密大学的研究者卡弗（Charles Carver）等人合作进行的研究证实了这些推测，其研究论文发表在 2010 年的《人格研究杂志》（*Journal of Research in Personality*）上。研究者招募了 936 名大学生，让他们完成了《真实自豪和傲慢自豪自测问卷》，该问卷共 14 道题目，其中测量真实自豪和傲慢自豪的题目各有 7 道。测量真实自豪的题目的样例为，“我正在努力实现一个目标；我感到满足；我是能够取得进步的”；测量傲慢自豪的题目的样例为，“我是自负的、自大的、有点浮夸的、沾沾自喜的”。这些大学生还做了一系列其他问卷。

卡弗等人发现，傲慢自豪与敌意、冲动和攻击行为存在显著正相关，说明傲慢自豪的人更可能对他人有敌意，冲动和攻击行为更多；真实自豪与愤怒、敌意存在显著负相关，说明真实自豪的人更不可能出现愤怒情绪，并对他人有敌意。真实自豪的人倾向有更高的自我控制能力，在意积极情绪体验与生命的意义感，他们即使遇到失败，也会重新设定人生目标；而傲慢自豪的人更渴望经济上的成功，更在意好的社会名声和高高在上的社会地位。两种自豪的人都更不可能会焦虑。研究者推测，傲慢自豪的人的社会适应性可能更糟，更可能酗酒，出现与敌意或攻击有关的问题行为。他们还可能是自恋的人，甚至出现反社会型人格障碍，即其心理健康水平比较低。

傲慢自豪还会导致偏见，真实自豪会产生共情。荷兰阿姆斯特丹自由大学的艾森-詹姆斯教授（Claire Ashon-James）和美国加利福尼亚大学戴维斯分校的特雷西教授发现，当人们把成功归结于自我的卓越才能时容易造成偏见，而当人们把成功归因为自己付出了辛苦努力时更易产生共情。这项研究发表在《人格和社会心理学公报》（*Journal of Personality and Social Psychology Bulletin*）上。

两位教授招募了138名大学生（均为白人），将其分为三组，让这些大学生尽可能详细地回忆过去的经历：一部分大学生回忆过往中自己十分出色、无人可及的时刻以唤起他们的傲慢自豪感；另一部分大学生回忆自己付出努力后获得成功的经历以唤起他们的真实自豪感；控制组大学生则回忆过去任意一天所做的事。接着，用一个量表测量所有大学生的自我价值、自信心、自我实现、自我中心等的水平，从而评定他们回忆的内容是否诱发了真实自豪感或傲慢自豪感。

最后，所有大学生要完成一个人口调查，评定他们心目中的亚洲人与白种人的品质。两位教授罗列了一系列品质，主要包括 2 个正向品质（友好的、讨人喜欢的）以及 2 个负向品质（具有敌意的、好斗的），这些大学生通过 5 点程度量表（“1”代表“一点也不符合”，“5”代表“十分符合”）评定其心目中的亚洲人与白种人的品质是否与罗列的品质相符。结果发现，诱发了傲慢自豪情绪时，这些大学生会对亚洲人产生更负面的评价；相比之下，出现真实自豪情绪的那组大学生对亚洲人的评价更正面。两位教授认为，出现这样的结果是因为当人们处于真实自豪情绪中时，对自己的评价是积极的，此时人们有安全的高自尊，不会去羞辱他人或对他人产生歧视或偏见。而处于傲慢自豪情绪中时，人们有不安全、脆弱的自尊心，此时也是自恋的，容易对外群体成员有偏见或歧视，这也是他们防御性攻击的一种方式。

艾森-詹姆斯教授与特雷西教授推测，真实自豪的人可能对外群体成员有更多的共情，不会产生偏见；傲慢自豪的人对外群体成员的共情较少，因而产生了更多的偏见。为了验证他们的推测，两位教授又进行了一个实验。这一次，他们招募了 61 名白人大学生，同样采用回忆的方法诱发其真实自豪或傲慢自豪情绪，接下来让这些大学生完成对共情关注的测量。这个测量是询问大学生对某个群体（可能是亚洲人，也可能是白人）的责任心、同情心、热心、同理心、对他人的关心以及仁慈度，进行 9 点评分的评价。然后，让所有大学生评估亚洲人和白人的偏见性。具体方法是，让大学生报告，在亚洲人或白人中，有积极特质（友善、惹人喜欢）的人所占比例是多少，有敌意或攻击性特质的人所占比例是多少。

结果发现，真实自豪或傲慢自豪对外群体的偏见的预测，确实是通过共情发生作用的。在诱发傲慢自豪情绪后，共情被削弱，这些大学生变得更加自我，目中无人，容易对他人产生偏见；在诱发真实自豪情绪后，他们对他人的处境更可能感同身受，也更不可能对他人产生负面评价或偏见。

成功可以成为催人奋进的动力，也可以成为妄自尊大的毒药。当我们为自己获取的成功暗自得意、喜悦的时候，要保持一颗坦然处之的心，才不会让我们那满满的自豪感转化为对其他人的偏见。

真实自豪的人：更易成为管理者，更具创造力

如果我们从这两种类型的人中选择一种人做管理者，显然应该是真实自豪的人更适合做管理者，因为这样的管理者会对下属有更高的共情，不会对下属产生偏见或刻板印象。如果傲慢自豪的人做管理者，下属可能会深受其害，他们会因偏见或刻板印象随意雇佣或解雇员工。管理者是真实自豪的人，才不会对小群体有偏见，因而公平地为所有下属谋求福利或提供晋升的机会，深得人心。

美国加利福尼亚大学戴维斯分校的研究者达米安（Rodica Ioana Damian）和罗宾斯在 2013 年招募了 589 名大学生，测量了他们的真实自豪和傲慢自豪的特质程度，以及其内在动机和外在动机的水平，最后还请他们完成了《创造力成就测验》(Creative Achievement Questionnaire，简称 CAQ)。《创造力成就测验》涉及美术、音乐、舞蹈、建筑设计、创造性写作、幽默、发明、科学发现、戏剧和电影、烹饪等 10 个领域，每个领域有 7 道题目。在这个测验上得分高的人，其特点是发散性思维水平更高，有更多的创造性产物，具有高创造性人格特质。

两位研究者发现，真实自豪与内在动机和创造力存在正相关，即真实自豪的人更可能是具有高内在动机、高创造力的人；内在动机在真实自豪和创造力之间起中介作用，也就是说，一个越可能拥有真实自豪的人，就越可能在各项活动（如美术、音乐、舞蹈、建筑设计等）上有更高的内在动机，进而有更高的创造力。傲慢自豪与外在动机虽然存在正相关，但与创造力没有直接的关系。这项研究发表在《学习和个体差异》(*Learning and Individual Differences*）杂志上，研究者推测，真实自豪的人更可能是创造力高的人，而傲慢自豪的人并未表现出高创造力。

民族自豪感

“此生不悔入华夏，来世还做中国人”，这样的流行语反映了什么样的积极情绪？

它也是一种自豪情绪，不过我们可以将这种特殊的自豪称为民族自豪感（national pride）。当看到 2019 年 10 月 1 日国庆阅兵仪式上军队整齐划一的步伐，坚毅、挺拔的军姿，以及威武、先进的东风 41 核导弹方队，耳边伴随着“今天是你的生日，我的中国……”，此时此刻，你会不会热泪盈眶、热血沸腾？如果你感到身体在颤抖，心跳加快，此刻产生的就是民族自豪感。

民族自豪感是对某个民族强烈的归属感，是对一个国家强烈的情绪上的依恋感。民族自豪感不同于民族认同感，民族认同感是一种认知，是对自己的身份有非常清晰的边界感，如“我是一个中国人，我不是一个美国人”。民族自豪感既可以是对自己国家取得的成就（如经济上的发展、良好的社会治理、清廉的政府或体育上的成就）的积极情绪，此时可称为爱国主义（patriotism），也可以是基于对国家的某些特征（如文化和传统）的积极感受而产生的国家优越感，类似于民族主义（nationalism），它可能导致对其他国家的偏见。

自豪可分为真实自豪和傲慢自豪，这里提到的前一种民族自豪感就是一种真实的自豪，后一种民族自豪感就是一种傲慢的自豪。

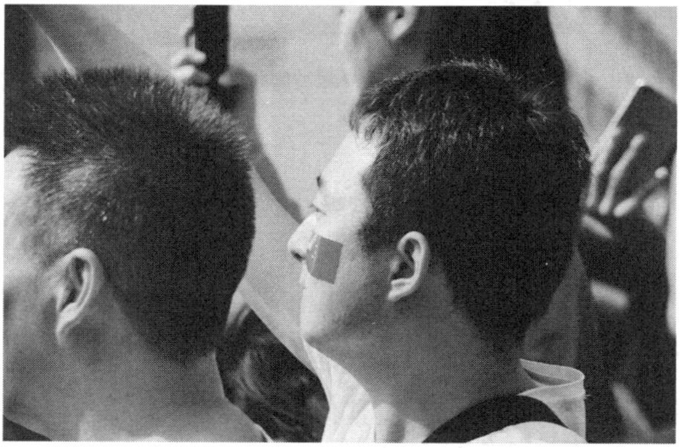

图 7-2　观看阅兵仪式的民众

评估民族自豪感的工具往往是问卷，如可以用如下几道题目评估一个人的民族自豪感：

- 我只想成为（某个国家的）公民，不想成为任何其他国家的公民。

- 关于（某个国家的）许多事情都让我为这个国家感到羞耻。（反向计分题）
- 如果其他国家的公民都能像（某个国家的）公民那样，整个世界将变得更好。
- 总的说来，（某个国家）比其他大多数国家都好。
- 人们应该永远支持他们的国家，哪怕他们的国家正处在苦难中。

以上5道题目采用5点计分，从“完全不同意”（1分）到“完全同意”（5分），得分范围为5—25分。分数越高，代表民族自豪感越强。

民族自豪感可以提升幸福感

民族自豪感会直接影响一个人的民族满意度，民族满意度又会影响一个人总体的生活满意度，进而影响幸福感。

2015年，伊朗阿扎德大学的研究者乔伊巴里（Mitra Moslehi Joybari）等人在《心理学研究》（*Psychological Research*）上发表了一篇论文，考察了希望感和民族自豪感对大学生幸福感的预测作用。他们一共招募了200名2014—2015年度在校的阿扎德大学（位于阿姆丹）的大学生，用问卷测量了这些大学生的幸福感、希望感和民族自豪感。他们发现，民族自豪感和希望感都能够积极地预测幸福感。也就是说，一个人的民族自豪感和希望感越强，这个人越可能是一个幸福的人。确实，如果你对未来有更多的希望，你就更愿意接纳自己的身份，对民族的依恋感也会更强；你可能是更外倾的，而不是以自我为中心的，不会轻易反对他人观点，最终提高了幸福感。研究者最后得出结论：增强个体的希望感、民族自豪感和身份认同感，最终会增加幸福感。

另一项研究由韩国国民大学政治和国际关系学院的研究者完成，论文发表在 2015 年的《社会指标研究》(*Social Indicators Research*)杂志上，该研究的数据来自 2010 年的韩国综合社会调查（Korean General Social Survey，简称 KGSS），这项调查由国家发起，从 2003 年开始，每年进行 1 次。在 2010 年的这项调查中，被调查的民众有 1576 人。

这项调查包括以下几个变量：民族身份感、民族自豪感、幸福感、人口学变量以及一些影响个人幸福感的态度和行为变量（如经济上的满意度、自我报告的健康水平、宗教信仰状况）。研究者再次发现，民族自豪感与个人的幸福感存在正相关，但是没有发现民族身份感与幸福感之间的关系。研究者得出结论：民族自豪感确实会影响一个人的幸福感；未来研究需要考虑真实的民族自豪感（爱国主义）和傲慢的民族自豪感（民族主义）的不同，以及考察它们对幸福感的不同影响。

个人的价值观与民族自豪感

在以往研究中发现，如果一个人的价值观与该民族文化所弘扬的价值观相符，这个人的民族自豪感就更高。但是，个人与民族文化的匹配程度如何影响民族自豪感呢？一项研究考察了这个问题，这项研究发表在 2019 年的《人格研究杂志》上。

该研究是由广州大学心理系、澳门大学心理系和香港大学教育学院的研究者一起合作完成的。研究者调查了 17 万人的个人价值观与民族文化价值观的匹配程度，以及它与民族自豪感的关系。结果发现，如果民族文化的价值观与个人价值观都一致宣扬成就、安全、服从、传统、仁爱和普世主义，这个民族的自豪感就会很强；如果民族文化的价值观与个人价值观都一致宣扬自我、追求刺激、享乐和追逐权力，这个民族的自豪感就会比较弱。

体育竞技运动提高民族自豪感

政府管理者和体育运动的组织者往往将是否取得经济效益作为该不该在自己国家举办盛大的体育赛事的一个依据，但其实在自己的国家举办盛大的体育赛事除了会带来经济益处，还会带来其他益处。

新加坡南洋理工大学和新加坡共和理工学院的研究者合作在《体育社会学国际评论》(*International Review for the Sociology of Sport*)杂志上发表了一篇论文，考察了新加坡 2010 年举办青年奥林匹克运动会（简称青奥会）对新加坡国民的民族自豪感的影响。研究者调查了新加坡一所高校的在校大学生，在青奥会举办两个月前和举办完两个月后，分别测量了这些大学生的民族自豪感。结果发现，举办体育竞技赛事对民族自豪感的培养和提升作用在男性身上表现得比较明显。也就是说，在新加坡举办青奥会提升了新加坡男性公民的民族自豪感。研究者讨论了这个结果，他们认为，以往的大多数研究结果都证明，举办盛大的体育运动赛事能够提升民族自豪感，但在他们的研究中只发现了其对男性的民族自豪感的促进作用，这可能是因为青奥会的赛事规模比较小，不能与奥林匹克运动会和国际足联举办的足球世界杯相提并论。在中国、日本这样举办过大型体育赛事的国家，既往研究都已经强有力地证明，举办盛大体育赛事确实能够提升国民的民族自豪感。

另外一项相关研究由荷兰穆利尔研究所和阿姆斯特丹自由大学的研究者合作完成，发表在 2014 年的《体育社会学国际评论》杂志上。研究者验证了在体育竞技中取得成功也能够提升民族自豪感，乃至扩大国家在国际上的影响力。研究者在 2008—2010 年间进行了追踪研究，共涉及 11185 名荷兰成年人。在此期间，共有欧洲足球杯、世界足球杯、夏季奥运会和冬季奥运会这几项体育赛事。研究者测量了荷兰民众的民族自豪感、民族归属感、体育参与度和总体的幸福感。结果发现，如果荷兰运动员在各项国际体育赛事上取得成就，确实能够提升荷兰人的民族自豪感、民族归属感，乃至幸福感，这种促进作用在运动员、男性和本土居民（非外来移民）身上表现得比较明显。当然，这种提升作用是有限的，可能不会持续很久。

第八章

感恩

感恩不仅是最伟大的美德，也是所有美德之母。

——西塞罗（Marcus Tullius Cicero）

感恩是什么样的情绪？

感恩是父母在你回家后，为你精心准备一顿丰盛的晚餐；感恩是老师及时纠正你的错误，耐心给出建设性意见；感恩是陷入困境时，朋友伸出友谊之手；感恩是在工作最忙碌的日子里，伴侣打扫卫生并准备晚饭，使你免于这些杂务；感恩是在陌生城市突然迷路，一位路人热心指路……以上都是体验到感恩情绪的时刻。

“感恩”（gratitude）一词起源于拉丁文“gratia”，是恩典（grace）、感谢（gratefulness）和恩赐（graciousness）这几个词的变形。根据其拉丁文来源，“感恩”这个词有“友善、慷慨、礼物、给予和接受之美”的意思。美国加利福尼亚大学戴维斯分校的心理学教授埃蒙斯（Robert Emmons）和迈阿密大学的教授麦卡洛（Michael McCullough）合作，在2004年出版《感恩的心理学》（*The Psychology of Gratitude*）一书，他们认为感恩来自个体（受助人）认识或感知到他人（捐助人）或资源（上天、运气、命运）上的一种有意的帮助。这种帮助可能对捐助人造成了某种损失，但他仍愿意作出对受助人有价值或益处的行为。感恩会引发受助人的幸运、感谢、对捐助人心怀赞赏的主观感受。当受助人向捐助人表达感恩情绪时，会激发捐助人再次作出助人的行为。

感恩的对象可能并不是一个实际存在的人，我们也可能感恩上天、运气或命运等。例如，当你得知，自己的家人刚刚在地震中幸免于难，你就会感恩上天有眼；当你申请某个工作岗位，排在前面的候选人突然放弃，你也会感激好运相伴。

要产生感恩情绪，需要有良好的同理心，能认识到他人的帮助是在损害个人利益的前提下。感恩不仅对个体有益，也可以视为人们的利他行为的一种动机。

感恩不同于亏欠

当别人帮助我们时，我们还可能产生另外一种感受，即亏欠于人。但请记住，感恩不同于亏欠。亏欠相对来说是一种消极情绪，此时受助人觉得他人对自己的帮助是有条件的，必须以某种形式回报捐助人，这种回报是一种责任。如果不能及时回报对方，受助人会有情绪上的压力。捐助人希望得到回报的期望越高，受助人体验到的感恩越少，亏欠情绪越强。亏欠情绪会让受助人产生万事最好不求人的想法，不想再寻求他人的帮助；感恩并不会让受助人产生消极情绪，反而会令其在感激捐助人的同时，也倾向主动帮助他人，更愿意作出亲社会行为。

为什么在接受帮助的时候，有时会产生亏欠感，有时会产生感恩情绪？研究者发现，受助人感受到捐助人对自己越关怀，付出越多，自己受益越大，就越倾向认为捐助人的行为是一种亲社会性美德，不求回报，因而产生比较强的感恩情绪。反之，如果受助人未能产生类似的认知评价，就会产生亏欠情绪。

感恩的两种类型：状态感恩和特质感恩

英国华威大学的伍德（Alex Wood）、莱斯特大学的马尔比（John Maltby）、诺丁汉大学的约瑟夫（Stephen Joseph）等研究者合作，2008 年在《情绪》杂志上发表了一篇文章，提出感恩可以分为特质感恩（trait gratitude）和状态感恩（state gratitude）两种类型。

状态感恩是在当前情境下，因某个特定事件引发的感恩情绪体验，如我们在本章开头所举的那些例子就是状态感恩。特质感恩是一个人具有容易感受到感恩情绪的心理倾向，这种人往往会有较持久的感恩心境。状态感恩与特质感恩是不同的，体验到感恩情绪的人与具有感恩特质的人不能画等号。但状态感恩和特质感恩之间也存在联系，一个人如果是高特质感恩的人，他在日常生活中就会频繁体验到感恩情绪，其体验也较强烈。

如何测评感恩情绪？

测评状态感恩和特质感恩的方法也有所不同。

对于状态感恩，可采用多种方法，如让人们列举日常生活中让他们感恩的事情，并对这些事情引发的感恩情绪进行评分。研究者也会根据人们的行为表现测量感恩情绪，如万圣节孩子们会提着南瓜灯笼，挨家挨户讨糖吃，这时可以将孩子们拿到糖果后是否说了“谢谢”作为感恩的一种自发性测量指标。

对于特质感恩，主要采用问卷的方式去测评。如《多维度祈祷调查表》(Multidimensional Prayer Inventory)，2004年发表在《国际宗教心理学杂志》(*International Journal for the Psychology of Religion*)上的一篇文章使用过这个调查表。它是一个7点的反应量表（“1”代表“从来不这样”，“7”代表“总是这样”)，其中一个维度是感恩的维度，关于感恩的题目分别是：“我为特定的事表达谢意。”“我为我的境况表示感恩。”“我为发生在生命中的事件感谢上帝。”《多维度祈祷调查表》中的感恩分量表的语言明显是宗教祈祷的言辞，若得分高，就与频发的宗教相关仪式有关，如常常祷告。

还有两个常用来测量特质感恩的自我报告形式的问卷。第一个问卷是《感恩、怨恨和感激测验》(Gratitude, Resentment, and Appreciation Test，简称 GRAT)，有 44 道题目。第二个问卷是由感恩的两位主要研究者——麦卡洛和埃蒙斯 2002 年编制的《感恩问卷-6》(Gratitude Questionnaire-6，简称 GQ-6)，是一份有 6 道题目的问卷。每个题目均采用 7 点反应形式计分。具体题目如下，其中第三题和第六题为反向计分题。

1. 我的生活中有非常多需要感谢的事情。

2. 如果让我列出使我感恩的每件事，那将是一个非常长的单子。

3. 这世界上并没有什么需要感恩的事情。

4. 我感恩于生活中出现的各种各样的人。

5. 当我渐渐长大后，回首过去，我发觉自己对过去的人、过去的事和情境更有感恩之情了。

6. 要让我对某些人或某些事有感恩之情，那还要很长时间。

感恩的理论：感恩在人际关系中的作用

美国北卡罗来纳大学教堂山分校的阿尔戈教授在 2012 年发表在《社会和人格心理学罗盘》杂志上的文章中，提出了感恩的“发现—提醒—联结理论”(find-remind-bind theory)，用以解释感恩在人际关系中的作用。

该理论认为，感恩情绪会让个体发现一段新关系，并且决定建立和维护这段新的人际关系。对于已经存在的关系，感恩会提醒个体以前没有注意到，但已存在的关系中的益处，从而更愿意维系这段旧关系。在这个过程中，感恩的表达也会让双方更亲密。

不论是建立新的人际关系还是维持现有的人际关系，表达感恩都起到重要作用。因为感恩的表达可以带来一种向上的、良性的循环互动，即表达感恩的人对捐助人的认知更加积极，而捐助人会产生继续帮助对方的想法，从而形成良性循环，有利于双方关系的进一步发展。

感恩的心理功能

在介绍了感恩的定义和理论后，不难想到感恩这种美好的积极情绪对我们的心理有非常多的益处。研究者发现了感恩对人们的哪些益处呢？

感恩提高幸福感

在心理学中，幸福感常常与“主观幸福感”（subjective well-being）、“情绪幸福感”（emotional well-being）、“心理幸福感”（psychological well-being）、“生活质量”（quality of life）、“生活满意度”（life satisfaction）这些词混用。简单来说，幸福就是“我们有多么喜欢我们现在的生活”。幸福感的主要代表人物迪纳教授认为，幸福由三个成分构成：对当前生活的满意度；对自己人生重要领域的积极评价；更频繁地体验到积极情绪和更少地体验到消极情绪。

迪纳教授后来又引入两个新的概念。第一个概念是心理富足感（psychological wealth）。心理富足感是体验到幸福感和高质量的生活，感觉到生活很美好。它让我们享受其中，并愿意全力以赴地努力生活。生活令我们有人生目标感，并且给我们带来快乐和满足。心理富足感包含多个要素：对生活的满意度和幸福感；生活有目标感和精神上的富足感；对生活的积极态度和积极的情绪；有高质量的社会关系、有趣的工作、积极的人生价值观等。当然，前提是至少要拥有心理健康和生理健康，在经济上有能够支持自己的物质资源。第二个概念是精神上的繁荣（mental flourishing），包含以下成分：对人生的主观评价、良好的社会关系、高自尊、有能力、有引人入胜的工作；在精神上，也要有有意义的人生目标。

美国威斯康星大学麦迪逊分校的心理学家莱福（Carol Ryff）又提出了"心理幸福感"（psychological well-being）的概念，它包含六个要素：（1）自主性，是一种对自己生活的掌控感。每天为自己设立一个现实、可行的目标并达成它，就足以让我们感受到自主感。（2）管理复杂的环境，以适应外界的需求和变化。（3）个人的成长和发展，喜欢尝试新的事物，实现自身的潜能。（4）有积极的人际关系。（5）自我接纳，对自我持有肯定的态度，承认并容忍自己的优点和缺点。（6）对生命有目标和方向感。莱福的这项研究发表在 1999 年的《人格和社会心理学杂志》上。

自感恩的概念提出后，有非常多的研究证实了感恩情绪对幸福感的促进作用。这种结果很可靠，在老年人、成年人、儿童等各种年龄段的人身上，都能得到非常一致的结果。

最近的一项新研究于2019年发表在《老化研究》(*Research on Aging*)杂志上，由美国龚萨格大学心理系的研究者完成。他们考察了老年人的感恩情绪对老年人的幸福感和健康的影响。研究者招募了一批老年人，将他们随机分成两组：一组老年人要每天书写关于感恩事件的日记（实验组），另一组老年人每天记录琐碎的小事（控制组）。日记要连续记录三周，书写日记的任务完成后，测量其幸福感和健康程度，包括主观幸福感、主观感知到的健康水平和身体症状。研究者发现，老年人的感恩水平能够预测其幸福感和健康程度。实验组老年人增加了幸福感，身体也更健康了。老年人的孤寂程度在其中起调节作用，也就是说，老年人越感恩，就越可能有好的人际关系，不太可能感到孤寂，从而提高幸福感和健康水平。

另一项研究由北京师范大学心理学院刘翔平教授的研究团队完成，其结果发表在2019年的《积极心理学杂志》上。刘翔平等人让监狱中的犯人练习细数生活中的感恩事件，并与他人分享感恩情绪，以研究这对他们的主观幸福感和攻击性的影响。刘翔平等人在监狱中招募了一批囚犯（均为男性），将他们分为三组：第一组囚犯每天细数发生在监狱中的感恩事件；第二组囚犯练习对他人表达感恩情绪；第三组囚犯为控制组，不进行任何感恩练习。这样的感恩练习持续了5周时间。结果发现，不管是细数发生在监狱中的感恩事件，还是向他人表达自己的感恩情绪，都能提升这些囚犯的主观幸福感，并降低其攻击水平。研究者得出结论，感恩对幸福感的积极作用，对于关押在监狱中的囚犯这类特殊群体也是适用的。

心理学家对感恩与幸福感之间的关系进行了解释。首先，心怀感恩的人倾向将生活中的每一件事都看作馈赠，会积极发现生活中好的一面。当人们以积极的方式解释那些获益（好处）时，就会感受到幸福和快乐。其次，感恩的人会以一种仁爱的方式来解释他们生活中的那些事情。有感恩特质的人更可能将发生在自己身上的事件解释为他人（资源、运气等）有意给予自己的好处，产生感恩情绪，进而提高主观幸福感。

感恩与快乐的正性循环

美国东华盛顿大学的心理学研究者沃特金斯（Philip Watkins）及其同事在 2018 年进行了一项研究，证实了感恩会提高人们的快乐情绪，这项研究发表在《积极心理学杂志》上。他们进行了两个月的追踪测量，招募了 215 名大学生。他们先测量这些大学生的感恩特质、积极情绪和消极情绪，接着测量其人格特质（包含外倾性、宜人性、尽责性、神经质和开放性等维度）。两个月后，对这些大学生重新施测。结果发现，感恩特质和快乐情绪确实存在很高的正相关。高感恩特质的人更可能是一个快乐的人，同时更可能是感受到更多幸福的人。

当我们按照自己的本性去生活，就会感到更快乐。感恩的人会以一种感恩的方式生活，他们会不断认知到："我们只是偶然的存在，我们要依赖他人，依靠地球上的资源才能生存。"正因为我们确实只是偶然的存在，感恩就会有助于我们以符合本性的方式去生活，这样也会带来快乐。

快乐的人也会倾向更感恩。我们体验到快乐往往是因为一些好事发生了，这时，我们会和他人一起分享或庆祝。我们与其他人一起鼓掌、唱歌或跳舞，这种庆祝形式会增强与他人的社会联结，我们在这个过程中会分享对他人的感恩情绪。与我们一起庆祝的人也会将此刻正在经历的那些好事视为他人 / 外力赋予的资源，是上天的恩赐或他人的赠予，也因此开始感恩和更快乐，有时还会产生回馈他人的想法。

感恩带来快乐，快乐也会导致感恩，二者相互促进，建立了正性循环。

爱的互动：感恩提高人际关系的质量

赠人玫瑰，手有余香。经常体验到感恩情绪的人不但会关注自己人生中的积极事件，而且会更看重他人对自己的帮助。因为在接受了他人的帮助后，他们会更想和捐助人建立亲密的人际关系，更愿意以一种仁爱的方式照顾和关心捐助人。

捐助人和受助人往往会形成互惠互助的关系。在心理学家以往的研究中，社会关系的数量和质量对人们的幸福感的积极作用是非常稳定的。一项对波兰人的社会调查学的研究就曾发现，一个人拥有的朋友数量是生活满意度和幸福感的最强的预测指标。

在亲密关系中，感恩也有巨大的作用。心理学家戈特曼在其著作《恩爱一生：幸福婚姻的七个守则》（*The Seven Principles for Making Marriage Work*）中建议，应当在亲密关系中营造一种彼此感激的氛围。夫妻之间互相表达感恩对婚姻的益处有：它增加了对伴侣及其行为的积极接受，变得更加欣赏伴侣；它会防止蔑视感的产生。戈特曼发现，夫妻彼此蔑视对方（如从心底看不起对方）可被视为夫妻关系的最大隐患，它比愤怒更可怕；创造彼此感激的氛围有助于营造一种积极又安全的氛围。

夫妻之间表达感激的方式有很多，如可以对那些可能常常被忽视的小举动表达感激：早晨出门时顺路把垃圾带出去，早上煮杯咖啡，主动清理冰箱，等等。这会让另一半觉得自己每天为家庭付出的一切都得到了对方的重视。不管是伴侣的这些小的善意行为还是为家庭付出的大牺牲，都应该表示感激，这都会让伴侣有为夫妻关系或整个家庭作出贡献的荣耀感。

不要把伴侣做的好事视作理所当然，要常说谢谢。试着常常去赞扬你的另一半吧，你对对方的感恩和赞扬会使你们的关系更亲密。同时，也要记得常常尽力为另一半做一点事，在两个人的关系中创造一种更愿意为对方付出的气氛。

亲密关系也包括情侣，情侣之间说“谢谢”会不会太过见外？答案是不会，恋人表达感恩也会对恋爱关系有益处，尤其是其中一方极度没有安全感时，情侣中另一方的感恩对于提高恋爱关系的质量的作用格外明显。

加拿大多伦多大学的帕克（Yoobin Park）及其他研究者一起合作，2019 年在《人格和社会心理学杂志》上在线发表了一篇文章，他们在其中提到，常常对另一半说“谢谢你”能够提高恋人的关系满意度；对另一半说“谢谢”，可以降低或消除不安全型依恋类型的人对爱情的不信任感和不安全感。

这项研究共招募了上千名参与者，他们中有处在恋爱关系中的大学生，也有已经进入婚姻的夫妻。帕克等人采用了五个实验来考察浪漫的爱情关系，其结果均发现，当收到来自另一半的感谢时，即使是回避型依恋和焦虑型依恋的人，也会对这段亲密关系有很高的满意度，更愿意将其长久地维持下去。依恋是发展心理学家提出的一个概念，它是婴儿和主要抚养者之间形成的一种情感联结。在几种依恋类型——安全型、回避型、焦虑型、矛盾型之中，焦虑型和回避型的儿童长大成人后往往不太善于建立亲密的浪漫关系，对建立亲密关系过于恐惧和担忧，也难以对另一半有足够的信任。

向另一半表达谢意的积极作用可以持续很久：接收到另一半向自己表达感恩情绪的回避型依恋的人，在三个月后报告，他感到另一半更关心自己了。研究者总结道，能否感知到恋人表达的感恩，对于缓冲不安全型依恋对亲密关系的负面作用至关重要。

社会服从效应：感恩促进了从众行为

新加坡国立大学的研究者 2017 年在《情绪》杂志上发表了一项研究，他们发现感恩情绪可以引发社会服从效应，提高了个体对社会规范的遵从性。

这项研究包含两个实验。第一个实验有 260 名参与者，研究者创设了一种颜色判断任务：给参与者呈现一种颜色（如黑绿色），让参与者判断这个颜色看起来更像红色、绿色还是蓝色。大多数颜色都可以明确识别为红色、绿色或蓝色，但也会混进去一些其他颜色，以提高答案的模糊性。在完成任务的时候，会给真正的参与者呈现“其他参与者”的答案，这些“其他参与者”是研究者故意设置的，是伪装的参与者。在关键的判断任务中，所有伪装的参与者都不报告正确的靶颜色，而是报告错误的答案，如正确的答案应该是绿色，但是伪装的参与者声称看到了蓝色。研究者关注的从众性的测量指标是，真正的参与者的答案是否与伪装的参与者的答案一致，以及其一致性频率（也就是回答分心物的颜色的频率）。

所有参与者需要在实验室里回忆过去生活中的一件令他感恩的事件或中性的事件，以诱发参与者的感恩情绪或中性情绪。研究者会问这样的问题："在那种情况下发生了什么，让你心存感激?"其目的是帮助参与者回忆。接下来，参与者完成颜色判断任务。结果确实发现，感恩组参与者比中性条件下的参与者有更多的从众反应。

第二个实验除了诱发感恩情绪外，还诱发了快乐情绪，另外一种为中性条件。研究者采用了一种物品消费任务作为实验任务：给参与者每次同时呈现两个消费品（虚构的消费品），并告诉参与者这两种消费品的受欢迎程度，要参与者选出他们可能会购买哪一个消费品。服从性的测量指标是参与者是否选择了大多数人认同的商品以及选择的频率。

这个实验的参与者是 339 名平均年龄为 31 岁的成年人，仍然采用生活事件的回忆任务来诱发参与者的情绪。快乐组参与者被要求回忆过去生活中的一段快乐的经历，也会用提问来帮助参与者回忆，例如："在当时情况下，是什么让你感到快乐?"然后参与者完成情绪测查任务，确保诱发的有效性。接下来进行服从性测量，研究者告诉参与者，这是一个"购物任务"。结果再次验证了第一个实验的结论，感恩组参与者比快乐组和中性条件下的参与者的服从率更高。

这项研究发现了感恩情绪的社会服从功能，也就是说，感恩使个体更愿意遵从大家都认可的社会规范，增加从众行为发生的频率。从众也是有好处的，如可以帮助感恩的个体更容易与他人建立社会联系，有更多的社会支持资源。因为有更强的服从社会规则和规范的行为倾向的个体更易融入一个新群体中，并且提高其在现有群体中的宜人性及社会地位。

重视感恩：帮助我们应对衰老与死亡的压力

一些研究发现，即使人们没有精神障碍，只是存在其他痛苦，感恩练习也是有积极作用的。

心理学家阿尔戈发表在2012年的《情绪》杂志上的研究发现，让已经出现乳腺癌转移的54名女性患者进行感恩练习，如让这些女性患者想一想与自己常常互动的那些人，然后阅读下面一段话："人们总是会给其他人提供帮助，如送人礼物、让人搭车、帮助做家务、倾听并给出建议。当别人为我们做了一些事情后，我们会有积极的感受。我们希望你思考一下过去一个月别人为你做的事情，主要是那些从为你好的角度而做的事情。"结果发现，这些练习感恩的患者在表达感恩后获得了更多的社会支持，其生活质量得以提高，更多地发现了生命的意义。

心理学家相信，感恩会帮助人们应对衰老或死亡的压力。在老龄化社会，老年人的数量在不断增长，练习感恩也许是一个很有意义的应对人口老龄化问题的方式。

感恩表达的跨文化差异

表达感恩的方式在东方儒家文化和西方个人主义文化中有什么不同？美国北卡罗来纳大学教堂山分校的张延平（Yen-Ping Chang，音译）和阿尔戈，这两位心理学研究者2019年发表在《情绪》杂志上的一项研究证明，感恩表达存在跨文化差异：虽然东方文化和西方文化下的人都会用语言，如说“谢谢你”，以及互惠互助的方式来表达感恩，但西方文化下人们更常使用身体接触（如拥抱）的形式表达感恩，而东方文化下人们更多采用自我提升的方式来表达感恩，如提高自己的技能，更好地履行社会责任和社会角色。

这项研究招募了来自中国台湾地区以及美国的大学生。在第一个任务中，要求这两组参与者在摄像头面前，向某个他想表示感恩的人表达感谢之情。研究者告诉这些大学生，可以在摄像头面前用任何方式（“任何你想说的或你想做的”）表达感谢之情。在第二个任务中，研究者要求他们列出平时生活中对他人表达感谢时常用的策略或方式。

研究者主要关注以下几种类型的表达感恩的策略或方式：

第一，自我提升。当参与者表现出任何想要让自己更有能力的想法，或有明确的想要提升自己的意愿，就可以视为自我提升的策略。例如，想要提高自己的体育技能或学业表现；或者会说，“为了对得起他的帮助，我要努力提高自己”。

第二，身体上的接触。当参与者流露出想要碰触帮助者的身体的意图，如拥抱、握手等，就可以视作身体上的接触的策略。但一定是有意想碰触对方的身体，“想要在帮助者面前跳舞”这类没有直接身体接触的策略不被计算在内。

第三，语言上的感谢。三类行为可以被计算为“语言上的感谢”的感恩方式：明确以口头言语的形式说出“谢谢你”“多谢”，或表达同样意思的语言；通过贺卡、电子邮件或其他社交媒体表达感谢的语言；使用符号表达的致谢，但没有身体接触，如点头、微笑或挥手。

第四，互惠形式的帮助。当有如下这样的行为就可以作为“互惠形式的帮助”的感恩方式，如为帮助者提供他需要的任何形式的帮助，或者这样说，“他需要我的时候，我都会在”。

张延平和阿尔戈发现，参与者在“语言上的感谢”和“互惠形式的帮助”这两种表达感恩的方式上没有显著差异；两种文化下，都有90% 的大学生会采用“语言上的感谢”来表达感恩情绪。表达感恩的方式在文化上的差异表现为：“自我提升”的策略更多地出现在中国台湾大学生身上，美国大学生更常使用“身体上的接触”的方式。

在张延平和阿尔戈的另外一个实验中，他们让参与者报告“身体上的接触”“自我提升”和“互惠形式的帮助”这三种表达感谢的方式，能够表达出的感激程度有多强。例如，在一张便签上这样写道：“嗨，我想告诉你，你昨天给我的礼物让我很高兴，*我也想给你一份礼物*。好的，回头见。”这就是以“互惠形式的帮助”来表达感恩。如果此句中的斜体部分换成“我要变得更好”或“我要提升自己”，就成为“自我提升”的感恩方式；如果斜体部分换为“想要给你一个大大的拥抱”“想要拥抱你”，就是“身体上的接触”的感恩方式。结果再次发现，美国参与者更多地采用“身体上的接触”的形式表达感恩，中国人则认为“自我提升”是表达感恩的最恰当的方式。

年长的人比年轻的人更善于感恩

心理学家发现，表达感恩情绪会有年龄上的差异。

在 2019 年发表在《积极心理学杂志》上，由美国密歇根州立大学、加拿大劳里埃大学、美国乔治·梅森大学等机构合作完成的一篇文章中，研究者发现老年人比年轻人更可能产生感恩情绪。他们考察了 31206 人，认为从一生的角度考察，感恩情绪存在年龄差异：老年时感恩水平最高；中年时和年轻时，感恩水平最低。但感恩情绪对幸福感的积极影响不管在哪个年龄段都是一致的，即不论处在哪个年龄段，有高感恩情绪的人更可能是一个幸福的人。

美国加利福尼亚大学河畔分校的研究者柳博米尔斯基（Sonja Lyubomirsky）招募十多岁的青少年进行感恩练习，结果发现，青少年似乎不太喜欢对他人表达感激，也不喜欢写感谢信。但青少年通过感恩练习，确实意识到了自己欠缺感恩之心，以后需要常常表达感恩情绪。

助人要谨慎：反应性助人行为与主动性助人行为

我们常常被告知，主动帮忙他人是一件好事，但心理学家的研究发现，在未接到请求的情况下提供帮助，不但耗费了原本应该投注到自己工作上的时间和精力，而且不会获得对方的感激。

2019 年，美国密歇根州立大学的李（Hun Whee Lee）、布拉德伯恩（Jacob Bradburn）、张楚翔（Chu-Hsiang Chang，音译）以及美国马萨诸塞大学阿默斯特分校的林思涵（Szu-Han Lin，音译）在《应用心理学》（*Journal of Applied Psychology*）杂志上发表的一篇论文得出了一个有趣的结论：只有在同事主动寻求帮助时给予帮助，才能获得感恩！

研究者区分了两种形式的助人行为：反应性助人行为（reactive

helping，即他人求助时给予帮助）和主动性助人行为（proactive helping，即在他人没有求助时给予帮助），考察这两种助人行为能否获得求助者的感恩，以及对助人者的亲社会性和第二天的工作投入度的影响。研究者进行了两个实验：让助人者记录自己 10 天内给予同事的帮助，并关注接受帮助者的回应以及是否表达感恩；研究人员让助人者回答问题，例如，“今天我帮助他人时，对方向我表达了感谢”“我今天帮助他人后，对方表达了对我的行为的赞赏”“我今天帮助他人后，对方向我表达了积极情绪”。

研究者发现，反应性助人行为比主动性助人行为更可能收到他人的感恩；助人者收到来自求助者的感恩反馈后，第二天的社交意愿度（如“我感觉我今天和同事的互动都很积极”）和工作投入度（如“今天我沉浸在工作中”“今天我觉得我的工作很好”）都提高了。在他人没有求助，助人者主动给予帮助的情况下，往往不会收到他人的感激；在接下来的一天里，助人者的协作意愿和工作积极性都会下降。

为什么在他人没有求助时，帮助他人不会得到感谢呢？研究者推测并解释了这一令人惊讶的结果：首先，助人者此时是局外人，可能不完全理解被帮助的人遇到的问题，其判断也许存在偏差，未必能够提供实际需要的帮助。其次，被帮助的人可能倾向自己解决问题，并从经验中学习。助人者不加询问就擅自插手，可能会影响其对工作的自主感和支配感，伤害自尊心，让被帮助的人认为自己看起来很无能，比助人者的能力要差，地位要低。在职场上冒昧地提供帮助，可能会给对方带来尴尬感，也就不会向助人者表达感谢和欣赏了。

当然，我们可以采用一些方式来改善助人行为，如可以主动询问：

“我能帮得上忙吗？”并且允许当事人给出肯定或否定的回答。询问时的语调和身体语言也很重要，帮助的方式是虚伪的、傲慢的还是友好的、谦逊的，产生的效果大不一样。

另外，以上研究中的助人行为主要发生在同事之间，这和给予客户的帮助有所不同。客户更欣赏主动帮忙，所以不管什么类型的帮助，都可能获得感谢。

这只是一个初步的探索性研究，是否经得起推敲或能否被重复验证，还需要未来进一步去考证。

如何增加感恩情绪

既然感恩情绪有那么多的益处，我们就会希望了解如何增加感恩情绪。这方面已经有一些成功的方法。

细数当前拥有的幸福

总有某件事情可以让我们感恩，请每天都对生活进行实况核查，练习感恩。练习感恩会阻止我们的负面思考，转变我们的思维模式。当我们每天强迫自己反省生活中拥有的幸福之事（健康、工作、住房、家人、朋友等）时，它会阻止我们思考现在缺乏的东西，感恩所拥有的一切。

感恩情绪的两位主要心理学研究者埃蒙斯和麦卡洛很早就发现，采用这种方法可以提高人们的感恩情绪，他们将这一研究结果发表在 2003 年的《人格和社会心理学杂志》上。这项研究共进行了三个实验。

在第一个实验中，参与者会被随机分配到三种条件中的一种：细数当前的幸福；列出当前的困难或麻烦；没有任何处理（控制组）。研究者招募了一些 11—14 岁的青少年，让他们按照要求每天完成相关的实验任务，为期两周。例如，细数幸福组青少年会这样记录他们的幸福事件："我的教练帮我练习棒球。""我的奶奶身体健康，我的家人都在一起，我们彼此相爱。我的弟弟很健康，我们每天都一起玩耍。""我很感谢妈妈在我不小心打碎一个玻璃杯时没有大发脾气。"结果发现，细数幸福组的青少年在实验结束后报告了更高水平的感恩情绪、乐观水平和生活满意度，以及更低水平的消极情绪。

在第二个实验中，招募的研究对象是成人。这些成人参与者也会被随机分入三个组中：细数当前的幸福；列出当前的困难；向下的社会比较。细数当前的幸福组参与者每周要列出五件让他们感恩的事情；列出当前的困难组参与者每周要列出五件生活中的苦难事件；向下的社会比较组参与者每周被要求列出自己比他人好的五个方面，也就是说，他们要和那些不如他们的人比较，研究者认为这样做会提高参与者的自尊水平。所有参与者每周都会回答关于身体健康和心理幸福感的问题。结果发现，比起其他三个组的参与者，细数当前的幸福组参与者的热情水平、注意力、警觉性都更高，意志更果断，精力也更充沛；他们有更少的身体健康问题，对生活感觉更好，对未来的一周感觉更乐观；他们也更可能帮助他人，或给别人提供情感支持。

在第三个实验中，研究者招募了有神经肌肉疾病的参与者，将他们分配到感恩组（即细数幸福组）或没有任何处理的控制组。两组参与者每天都报告自己的情绪体验、主观幸福感和健康行为。结果发现，感恩组参与者体验到更高水平的积极情绪，更乐观，并且感受到与他人更亲密，连其配偶的积极情绪和生活满意度都有所提升。这说明与其每天怨天尤人，不如每天都心怀感恩，这会让我们更快乐。

塞利格曼在 2005 年的一项研究中也发现，每天让参与者记录发生在自己身上的三件好事有增加感恩情绪的效果。这些参与者在一周的时间里，每天都要写下发生在他们身上的三件好事，并反思发生这些好事的原因。虽然这种举措没有产生明显的即时效果，但在接下来的 3 个月和 6 个月里，这些参与者的幸福感都提高了。每天写下三件好事与细数当前的幸福的方法类似，都可以增加感恩情绪。

感恩的“内观”：一种自我反省

日本有一种冥想形式叫“内观”（Naikan），其实就是一种感恩的自我反省。研究者发现，个体每天冥想三个与感恩有关的问题，可以增强感恩情绪。在 2010 年发表在《教育心理学》（*Educational Psychology*）上的一项跨文化研究中，中国香港中文大学教育心理学系的陈大卫（David Chen，音译）让 96 名香港教师完成一个为期 8 周的感恩干预方案，这里的感恩干预就是一种内观方法。

感恩的内观类似于一种特殊冥想，这种冥想不仅关注自己，也会关注他人。具体问题为：“我收到了什么？我给予了什么？我还能做些什么？”通过让参与者回答这些问题，帮助他们反思，从而提高自知水平。同时评估教师们干预前和干预后的感恩水平、主观幸福感、生活的意义感以及职业倦怠水平。结果发现，感恩的内观训练提高了教师的积极情绪水平和生活满意度，其干预效果在低感恩特质的教师身上更明显。研究者还发现，高感恩特质的教师报告了更高的感恩情绪和更少的教师职业倦怠（情绪衰竭、去个性化），并认为生命的意义感更重要。

感恩的拜访：最强有力的感恩干预方式

图 8-1　塞利格曼教授
（引自 Seligman，Steen，Park et al.，2005）

塞利格曼教授（图 8-1）及其同事发现，让人们给想要感谢的人写一封感谢信，然后将这封感谢信送到被感谢的人的家中，当面读给他听，也是一种培养感恩情绪的有效方式。

按照这种方式去做的人的幸福感和感恩情绪都有很大提高，在之后的一个月，他们仍然报告了很高的幸福感，抑郁症状也有所减少。虽然这种感恩干预的效果可能不能维持很长的时间，但依旧是所有感恩干预方式中效果最明显、改善最大的一种。

迄今为止，感恩拜访仍然是最强有力的一种培养人们感恩情绪的干预方式，充分的情绪表露可能是这种干预方式能够产生最强效果的原因。所以，请花点时间写封感谢信吧，给你的父母、导师、朋友或恋人，这样做会让你更快乐。

以下是一位 17 岁的女孩写给妈妈的感谢信，也许会打动你。

妈妈，我非常愿意花点时间来给你写封信，表达我对你的感谢。

我的妈妈，感谢你为我每天所做的一切，以及你一直以来为我付出的全部……

我感恩，你每天开车带我去学校；我感恩，每次我需要你的时候，你都陪伴在我身边；我感恩，当全世界都反对我的时候，你还是一如既往地支持我，站在我身边；我感恩，当我不能为自己的想法辩护的时候，你就会为我发声；我感恩，你一直都关心我的生活，一直努力地融入我的生活；我感恩，你对我说过的所有鼓励我的话语和给我的无数个爱的拥抱……

所有的这些，帮助我战胜了一个又一个困难和逆境。我感恩，你在无数个寒冷的冬日和酷夏的暴风雨中，陪我玩过无数次游戏；我感恩，每一次陪我嬉戏后，你仍然精心为我准备丰盛的晚饭，为我做所有的事情；我感恩，你信仰基督，这让我在一个基督教的家庭里长大，了解什么是上帝以及去感谢上帝……

我非常感恩，你能成为我的妈妈。我爱你，我亲爱的妈妈，我真的不知道如果没有你，我该怎么办……

在另外一项研究中，研究者在进行感恩干预时，告知一组参与者，他们进行的是感恩练习；但告知另外一组参与者，他们进行的是认知练习。结果发现，当明确告知参与者，这样做的目的是增加快乐和幸福时，他们的幸福感在干预后立刻提升了。但不幸的是，这种提升效果并没有维持很久——没能持续 6 个月。这里的感恩干预主要是让参与者写一封感谢信，但没有让参与者将这封信送出去。这说明对于感恩拜访，一定要同时具备心理过程（写信）和社会过程（送信）这两项，才能达到最理想的效果。

同时，应该注意一点：感恩的干预练习要有适当的频率，一周一次可能是最合适的。看到这个数字你也许会问，为什么是一周一次?

因为太频繁地去反思感恩、记录感恩，将这件事情当作一个任务来完成，可能会令人感到厌烦、枯燥，失去了感恩干预本身的目的和意义。有很多宗教仪式就是一周一次。一周去一次教堂，会让人觉得恰到好处；如果每天都要去教堂，可能就会感到无聊。审视自己的人生亦如此，一周审视三五次，每次都要找到一些让人感恩的事情或需要去感谢的人，就会觉得乏味，甚至会觉得找不到那么多应该感恩的事情。

感恩干预对集体主义文化下的人更有效

集体主义文化强调社会的和谐，个体要服从群体，所以集体主义文化下的快乐观或幸福观应该是个人与环境的一种平衡而和谐的状态。个人主义文化更重视个人的自由和责任，生活满意度与个人因素关联更强，而非人际因素。感恩训练可以帮助个体更关注他人，因而更适合集体主义文化。

图 8-2　柳博米尔斯基
（引自其个人主页）

为了考察这一猜测是否正确，美国加利福尼亚大学河畔分校的研究者勃姆（Julia Boehm）、柳博米尔斯基（图 8-2）和密苏里大学哥伦比亚分校的谢尔顿（Kennon Sheldon），2011 年进行了一项研究，考察感恩训练效果的文化差异，其结果发表在《认知与情绪》杂志上。几位研究者采用了两种旨在提高人们的积极情绪的干预方法，第一种是学着对未来保持乐观，第二种是表达感恩（写感谢信）。他们也设置了控制条件，要求控制组参与者写出过去一周里的经历。参加实验的人为亚裔美国人和英裔美国人，干预持续了 6 周。练习乐观组参与者要“写出未来最想过的生活是什么样的”，未来的生活可以涉及自己的家庭、朋友、恋人或职业生涯、健康和娱乐活动等，把每件事都想象得向尽可能好的方向发展。表达感恩组参与者要给他们想要表达感谢的人（如家人、朋友等，可以是想表达感谢的任何人）写一封信。

想象个人未来最好的生活状态主要以个人愿望达成为目的，研究者推测这种干预对提高个人主义文化下的人的幸福感最有用；表达感恩与社会文化直接相关，研究者推测它对提高集体主义文化下人的幸福感最有效。在干预前和干预后，分别测量了参与者的生活满意度。

研究结果确实发现，两种干预方法的效果存在文化差异。虽然它们对于亚裔美国人和英裔美国人的生活满意度（幸福感）都有促进作用，但是感恩训练对亚裔美国人更有效，他们的生活满意度有中等程度的提高；练习乐观对亚裔美国人的效果微乎其微，并没有在很大程度上改变其生活满意度；英裔美国人通过练习乐观获益最多，他们的生活满意度有很大提高。这说明感恩干预在集体主义文化氛围（更关注家庭和他人的文化氛围）下比个人主义文化氛围（关注自我和个人实现的文化氛围）下更有效。

2019 年在线发表在《情绪》杂志上，由美国加利福尼亚大学欧文分校的研究者科罗娜（Karina Corona）及其同事进行的一项关于感恩的跨文化研究也发现，对东亚人来说，感恩与主观幸福感、抑郁症状之间的联系要比拉丁美洲人和欧裔美国人更强。该研究还发现了一个有趣的结果，即东亚人虽然会体验到感恩情绪，但比其他文化下的人更少表达感恩情绪。这可能是因为东方文化下人们对情绪的表达更内敛，虽然内心有强烈的情绪体验，但不会轻易表现出来。在集体主义文化背景下，感恩情绪会与责任感有更多的关联。对亲密他人有更强责任感的个体可能会有更多的感恩情绪，他们也会因此受益。这也是对东方文化下的个体进行感恩训练更容易产生效果的一个原因。

亚洲人更不倾向表现出强烈的积极情绪，因为会担心展现出的强烈的快乐会令他人不愉快，进而破坏和谐的人际关系；或乐极生悲，得意忘形，招致其他领域的失败或损失。我们信奉木秀于林，风必摧之，认为要适当保持谦卑，不能在群体中太过瞩目。为了避免冒险，常常会报告自己的幸福感并没有很大程度的提高。西方文化下的个体更喜欢体验高强度的积极情绪和高水平的幸福感，他们认为无论是出于社会压力还是出于个人的责任，都需要这样做，他们报告的生活满意度就都比较高。

心理障碍患者的感恩干预

咨询心理学家近年来渐渐肯定，对于各种心理障碍群体，如抑郁症患者、经历丧亲之痛的人、毒品成瘾者等，感恩干预也有积极作用。

有两项研究直接考察了感恩干预治疗心理障碍的作用。一项研究是英国南安普敦大学杰拉蒂（Adam Geraghty）及其同事在 2010 年进行的，研究对象是对自己的身体形象严重不满的人，请他们每天最多列出 6 件想要感谢的事情，这样持续两周，可以产生显著的效果。另一项研究关注的是有过度担忧症状或焦虑症状的人，也是杰拉蒂等人完成的，同样发现感恩干预有缓解焦虑症状的效果。同时，进行感恩干预的心理障碍患者比控制组的人更愿意完成感恩任务，对这项任务更有兴趣。

是否可以对有心理问题的人使用感恩干预呢？他们是否会从感恩干预中获益呢？答案是肯定的。

感恩干预可能对哪些人有害？

虽然感恩对于许多群体都是有益的，但近来一些心理学家进行的研究发现，感恩干预对具有某些人格类型的人来说可能是有害的。

萨金特（Susan Sergeant）和蒙格兰（Myriam Mongrain）在2011年进行的一项研究中，考察了感恩练习对具有两种易感抑郁的人格类型的个体的影响，即喜欢自我批评的人和缺乏自信的人。两位研究者将参与者随机分配到三种实验组中的任意一组：感恩组（列出5件值得感恩的事情）、音乐组（听振奋人心的音乐）和控制组（写一些童年时的回忆）。感恩练习或音乐练习进行1周，然后在1个月、3个月和6个月后进行评估。

令人意外的结果是，感恩练习和音乐练习只对喜欢自我批评的人有益处，他们在练习后自尊水平提高，身体上的不适症状减轻。缺乏自信的人不仅报告幸福感下降，身体上的不适症状也有增加的倾向，这说明感恩练习和音乐练习对他们来说反而是有害的。

寻找适合自己的感恩干预方法或策略

什么是最适合自己的感恩干预方法或策略呢？有些人说，“我不太喜欢或不太习惯去细数或反思我应该感激的事情”，因为他们觉得这样做不太自然。心理学研究者鼓励人们通过写感谢信的方式去表达感恩，一些人会按照要求去做，另外一些人则没有做此事的强烈动机，他们很难坚持下去，也难以从这项任务中获得益处。这很正常，每种培养感恩的方法可能都只适合部分人。

每个人都可以去寻找适合自己的感恩方式。可以通过打电话、发邮件、发短信来表达自己的感激；或者制作一个相册，将喜欢的景物、人或任何东西拍成照片，上传到相册里，方便自己随时欣赏这个相册，写下自己的评论；可以进行感恩内观……每种感恩方式对每个人的效果可能都不一样，感恩方式与个体的匹配程度越高，个体就越容易受益。

感恩练习对身体健康和心理幸福感有促进作用，这些促进效应不仅体现在个体身上，也体现在其社会关系上。我们甚至可以将感恩课程纳入学校课程体系中，对儿童和青少年进行感恩教育，让他们成为善于表达感恩的一代人。这样，我们社会的方方面面都会获益，家庭会建立更牢固的情感联结，邻居会释放更大的善意，学校或其他机构会将更多的精力放在发展人的潜能和优势上，社会变得更有凝聚力，人们会将感恩教育代代相传。

一种与感恩相似的情绪——被爱感动

最新被研究者关注的一种积极情绪比较特别，我们暂且称它为“被爱感动”。

2017 年，美国加利福尼亚大学洛杉矶分校的研究者菲斯克（Alan Page Fiske）、挪威奥斯陆大学的研究者塞普特（Beate Seibt）和葡萄牙里斯本大学的研究者舒伯特（Thomas Schubert）合作完成了一篇论文，发表在《情绪评论》（*Emotion Review*）杂志上。他们指出，当互助性社会关系突然间变得强烈时，人们会体验到一种在英语里用“感动”（moved）、“心被温暖了”（heart-warming）、“怀旧”（nostalgia）等词来表达的情绪，他们将这种情绪称为“kama muta”（梵文），翻译过来就是“被爱感动”。

请你想象一下，当你怀抱着新出生的婴儿，或收到他人突然送来的礼物或给予的善意，或看到催人泪下的电影，此时体验到的情绪就常常是被爱感动。

菲斯克等人认为，被爱感动这种情绪有以下五个特征：

第一，它是由共享的、互助性的社会关系突然被强化引起的。共享是指在一个二元关系中（如夫妻、母子、恋人、朋友等）双方彼此尊重；强化是指当其中一方突然作出增强彼此情感联结的行为，另一个人就会被爱感动。

第二，被爱感动之所以是一种积极情绪，是因为人们愿意让自己出现并重新体验这种情绪，以及人们想让在乎的人出现这种情绪。

第三，被爱感动这种情绪如果强度很弱，人们不会有什么特别的感觉；但是如果强度较强，人们会表现出一些迹象：

- 在胸口（心中）升起暖暖的、愉快的、沉重的、感到膨胀的或其他的积极情绪体验。
- 泪湿眼眶、流泪或抽泣。
- 浑身起鸡皮疙瘩，汗毛直立，感到冷或颤抖。
- 哽咽（如鲠在喉），难以说出话来。
- 一只手或两只手都放在胸前，手掌向内。
- 深呼吸或呼吸暂停。

- 在某些时候，可能会发出“哇”“啊”这样的语气词。
- 感到兴奋、充满活力、神清气爽、乐观，甚至整个人都被点亮了。

以上都是被爱感动时可能有的表现，但这些表现同时出现的情况比较少见。

第四，有奉献的动机，道德承诺感出现。人们在被爱感动后，愿意强化、修复或保持当前的这种关系。

第五，人们有时未必将它称为“被爱感动”，也可能称为“怀旧”“爱国主义”“心灵被温暖”“内心充满温情”等。

被爱感动可能持续的时间大概为 1—2 分钟，这种情绪最常出现的时候就是我们观看某种类型的电影时，这种电影可能是悲伤的，也可能是喜悦的。

2017 年研究者首次在理论上提出“被爱感动”这种情绪，研究者认为它是不同于其他积极情绪的一种独特情绪，但目前实证研究还比较少，这种情绪的具体诱发情境、功能及其与其他情绪的差异，还需要情绪心理学家的进一步探索。

第九章

爱

哪里有爱，哪里就有生命。

——圣雄甘地（Mohandas Karamchand Gandhi）

爱的心理学定义

美国哈佛大学的心理学家鲁宾（Zick Rubin）在 1970 年发表在《人格和社会心理学杂志》上的文章中认为，爱是一种对某个特定的人或事物的行为或态度。

爱有很多不同的类型，不同类型的爱产生于不同的前提事件。激情之爱，产生于身体上的性吸引；友情之爱，产生于亲密无间的分享；同情之爱，产生于感到被对方需要；依恋式的爱，产生于情境的威胁。研究者曾经找出 200 多种不同类型的爱，但不管什么类型的爱，总会有一个特定指向的对象，这说明爱总是指向某个具体对象。

在以弗雷德里克森为代表的情绪心理学家的眼中，爱是一种复合情绪。复合情绪具备以下几个特点：不一定会有明显的外部表情；可能不仅仅是一种独特的情绪体验，而是由几种基本情绪复合而成，如爱中既会有积极情绪，也会有消极情绪；情绪体验深刻、稳定而持久。从这个视角出发，爱是一种既具有原始性，又在社会化过程中由多种情绪复合而成的复合情绪。它包含社会、生理、认知、情绪等多方面的因素。当对某个人或对象产生爱这种情绪时，可以在四个方面表现出来：在行为方面，希望与对方接近，出现趋近对方的倾向；在情绪方面，对对方产生一系列积极情绪，如愉快、兴趣、探索、兴奋；在生理方面，见到对方时会出现心跳加快、呼吸急促、脸红等一系列生理变化；在认知方面，会对对方高度肯定和认可。

浪漫的爱情包含三个要素：依赖对方的需要、强烈的排他性和想要帮助对方的倾向。在情绪方面，浪漫的爱情中包含了“快乐”，如见到所爱的人会感到异常开心、愉悦；也包含“兴趣”，对所爱的人的各方面有探索的兴趣，如想要了解其喜好、家庭、朋友等；还包含“希望”，如期待这段浪漫关系会有一个美好的结果。除了这些积极情绪，爱中还会有消极情绪，如“恐惧”，会觉得所爱之人是全世界最好的人，非常担心失去他；“嫉妒”，看到他和其他异性很亲密时，会心生妒意；“焦虑”，在对方没有作出自己预期的行为（如没有及时回复电话）时，产生“他是否还爱我”等焦虑、担忧的情绪。

爱和基本情绪不同，其中既有积极情绪，也有消极情绪。爱时而让人攀上积极情绪的巅峰，时而又令人坠入痛苦的深渊。

爱有适应功能，如对一个孩子或家庭成员的爱促使个体保护所爱的人，并对这种关系保持忠诚。

激情之爱与伴侣之爱

一对恋人从相识、相恋到步入婚姻，往往会经历两个阶段，这两个阶段分别对应两种类型的爱情——浪漫的激情之爱（passionate love）和温馨的伴侣之爱（companionate love）。

一对恋人刚刚相识和相恋，就会进入爱情的第一个阶段——浪漫的激情之爱阶段。我们常常说“坠入爱河”，形容的就是这种爱情。在激情之爱阶段，恋人之间有强烈的吸引力，有强烈地想要与另一个人结合的愿望，同时包含着对对方的一系列积极的认知评价与欣赏之情，如“他性格温柔，他长相帅气，他非常有能力……”。此时双方会将对方极度理想化，认为对方几近完人，同时会拼命向对方展现自己最好的一面，希望获得对方的肯定和认同，甚至可能刻意隐藏自己的缺点。见到恋人时既会产生积极情绪，出现愉快的表情，有强烈的接近倾向，喜欢时刻待在一起，一日不见，如隔三秋，也会伴随脸红心跳、手足无措等紧张的生理唤起状态，产生“心动的感觉”。

浪漫的激情之爱是一种迷恋对方的炽热的爱，它常常使一对恋人的心境经历各种变化，从极度狂喜发展到极度痛苦。它一般不会持续太久。试想，你不可能对某个人一直脸红心跳，这种生理上的特殊唤起往往是因为两个人还不太熟悉。随着相处的时间越来越长，新鲜感慢慢减少，熟悉感渐渐增加，对彼此的了解逐渐加深，亲密感越来越强，激情之爱就会过渡到下一个阶段——温馨的伴侣之爱。一般来说，激情之爱的持续时间大概为 3 个月到 2 年不等。

温馨的伴侣之爱是真实的爱或可以结合为伴侣的爱，此时彼此对另一方有深切的挚爱和温柔的亲密感。它很少伴有强烈的、炙热的情绪体验，维持关系的是一种能够抚慰彼此身心的、平稳的温暖感。两个人之间形成了稳定的情感联结，与对方待在一起时感觉舒适而安心，对方似乎已经成为自己生命的一部分，不可分割。此时关系中有深厚的依恋感、亲密的接近感和互相承担义务的复合体验，当然也包含激情之爱阶段所具有的一系列要素。

伴侣之爱是由早期的浪漫之爱渐渐转变而来，往往表现为低的情绪唤醒度和低紧张度。对对方的责任感和利他主义是维持伴侣之爱的核心因素，伴侣之爱中含有更多的社会、道德、伦理的内容，双方都会主动维护这段关系，希望长久发展。

爱情的理论

提升自己：爱情的自我扩展理论

1986 年，心理学研究者阿瑟·阿伦（Arthur Aron）和伊莱恩·阿伦（Elaine Aron）在其著作中提出了爱情的自我拓展理论（self-expansion theory）。该理论认为，人类有扩展自我的基本动机，爱情这种特殊的亲密关系带给我们的不只是有人陪着一起吃饭、分担生活成本或生育，一段高质量的亲密关系还会让我们认识自我，不断成长。

爱情帮助人们进行自我拓展，在自我中开始纳入一个新的个体。在浪漫之爱开始的早期阶段，情侣会从另一方那里学习到很多新的东西，如可能会从对方身上学习其渊博的知识、清晰的头脑、积极乐观的生活态度、高超的能力等。简而言之，会学习所爱之人的美好一面，不管是人格品质和美德，还是智慧和才能，都会从对方身上学习到，整合起来并融入自我中。他们也可以获得另一半的各种资源来提升自己，提高自我效能感，让自己变得越来越好。情侣在一起时，彼此都会体验到自我的迅速提升，会产生对另一半的激情。简单来说就是——他（她）让我越来越好，越来越优秀，所以我爱他（她）。

根据自我扩展理论，关系满意度是自我拓展式爱情的自然副产品。如果两个人处在爱情中，彼此都感到自己在变好，自我在拓展，对这段关系的满意度和承诺感自然会更高。

阿瑟·阿伦对一组大学生进行了为期 10 周的研究，记录大学生坠入爱河时的反应（如果在这段时间里恰好诞生了爱情的话）。结果发现，当开始恋爱后，这些大学生的自尊感和自我效能感都有很大程度的提高。在认知水平上，自我拓展意味着每对情侣都决定将对方融入自我中，这种对彼此的融入和投入提高了关系满意度。

双方慢慢熟悉起来后，这种迅速的自我拓展会逐渐减少。但是，如果双方都持续不断地提升自己、扩展自己，自我拓展就会继续保持下去，双方仍然会将彼此视作新鲜的人，伴有拓展的体验，浪漫之爱的持续时间就会延长。2014 年美国印第安纳州立大学的希茨（Virgil Sheets）教授进行了一项研究，调查了 500 多名成年人的恋爱关系，要求他们报告其亲密关系持续的时间，在这段关系中体验到的自我拓展的程度以及激情之爱和伴侣之爱的程度。研究结果确实发现，随着时间的拉长，恋爱双方在这段关系中体验到的自我拓展越来越少；激情之爱与自我拓展的体验存在正相关，也就是说，越能体验到激情之爱，个体感受到的自我拓展就越多；双方体验到的自我拓展的程度与伴侣之爱无关。

根据这样的研究结果可以推论，恋爱是两个人相互成长的过程，若一直能够处在自我拓展的状态中，即两个人一直能够让自己越来越好，实现自我成长，收获新的自己，爱情就会一直保持新鲜和激情，激情之爱维系的时间就会持久。这项研究发表在 2014 年的《人格和社会关系杂志》（*Journal of Social and Personal Relationships*）上。

如何让一对情侣保持持续的自我拓展呢？一个方法是，双方共同参与一些新异的或具有挑战性的活动，这些活动可能会带来奖赏，从而持续推动浪漫之爱。总之，自我扩展式爱情一定是双方都能在这段关系中获益的爱情。

多种形式的爱：爱情的三角形理论

美国耶鲁大学心理学家斯滕伯格（Robert Sternberg）1986 年在《心理学评论》(*Psychological Review*）上提出了爱情三角形理论（triangular theory of love），这是一个有关爱情的非常著名的理论。该理论指出，理想的爱情由以下三个成分组成：

一是激情（passion），往往由外表的吸引力和浪漫的驱动力引发。其表现是：见到对方时会有一种怦然心动的感觉，与对方相处时有兴奋感；双方有强烈的身体上的性吸引，有强烈的结合在一起的愿望。激情会引发生理上的唤起和强烈的情绪（既有积极情绪，又有消极情绪），此时会将喜欢的人理想化。

二是亲密感（intimacy），即积极的、温和的亲密感以及对对方的亲近感、联结感，感到自己被所爱的人亲近、接纳和理解。这是对对方的独一无二的积极情绪和相互的信任，别人无法替代。简单来讲，就是"我每天都想跟你在一起；我对你的生活感兴趣；我想听到你的声音，不开心的时候，我很想第一时间告诉你"。亲密感是一种对对方的强烈的依恋，可以表现为如下几个方面：

（1）渴望让对方感到幸福。一方面是主动作出一些行为，让对方感到幸福；另一方面则可能是以自己的幸福为代价，让另一方感到幸福，当然也希望对方在必要时能为自己牺牲。

（2）喜欢与伴侣在一起，觉得跟对方在一起时很幸福。

（3）和伴侣一起做事情时，彼此都感到十分愉快，并留下美好记忆，对这些美好时光的记忆能成为未来艰难时刻的慰藉和力量，也会让关系变得更稳定。

（4）尊重对方。尽管每一方都有缺点，但不会因此减少对对方的尊重。在艰难时刻仍然能够同舟共济，彼此依靠。

（5）相互理解。彼此对对方的想法和情绪能够心领神会，懂得以恰当的方式对对方的行为作出反应。

（6）双方愿意分享和奉献自己的时间以及物品。虽然双方的物品未必都会成为共有财产，但在需要时会彼此分享。

（7）给对方感情上的支持。一方能从另一方处得到鼓舞和支持，感到精神焕发，特别是身处逆境时。即使你感到周边的一切似乎都在跟你作对，你还是坚信伴侣会始终跟你站在一起。

（8）能够与对方进行深层次的、坦诚的沟通，分享内心深处的情感。当你为自己所做的某件事感到困窘、为难时，你仍能推心置腹地和对方交谈。

（9）珍视对方。彼此能够感受到对方在自己生活中的重要性。当你认识到伴侣比所有物质财富都更重要时，就体会到对伴侣的珍视和珍爱。

三是承诺（commitment），即开始一段亲密关系和维持这段关系的决定，愿意保持忠诚，渴望这份感情始终稳定和安全，并且调整自己的人生目标以适应双方共同的目标。承诺由两方面构成——短期承诺和长期承诺：短期承诺就是作出爱不爱一个人的决定；长期承诺则是作出长久维系爱情关系的承诺，包括对爱情的忠诚和责任心，类似结婚誓词里的“我愿意”，是一种患难与共、至死不渝的承诺。

激情是热烈的，亲密是温暖的，而承诺是冷静的。根据这三个成分的不同组合，可以产生多种形式的爱情。

喜欢式爱情：这种爱情只有亲密感，在一起感觉很舒服，但是彼此觉得缺少激情，也不一定愿意厮守终生。没有激情和承诺，有点类似于友谊。虽然有些友谊还是可以发展成爱情的，但很明显，友谊并不是爱情，所以这种爱情并不完美。

迷恋式爱情：只有激情，没有亲密感和承诺，只是认为对方有强烈的性吸引力，除此之外，对对方了解不多，也没有考虑过未来与对方在一起。

空洞式爱情：只有对对方的承诺，缺乏亲密和激情，如纯粹的为了结婚而开始的爱情。此类爱情看上去丰满，却缺少必要的内容，金玉其外，败絮其中。

浪漫式爱情：有与对方的亲密关系和对对方的激情，但缺少承诺。这种爱情崇尚过程，不在乎结果。

友谊式爱情：有亲密关系和承诺，缺乏激情。

愚蠢式爱情：只有激情和承诺，没有亲密关系。没有亲密的激情顶多是生理上的冲动，而没有亲密的承诺不过是空头支票。

斯滕伯格认为以上这些都不属于完美的爱情，理想的、完美的爱情应该同时具备三要素：对对方的激情、亲密感和忠贞如一的承诺。在这样的爱情中，双方每时每刻都被幸福包围，但要长久维持这样的爱情需要双方付出极大的努力。

波兰心理学研究者韦伊希茨基（Bogdan Wojciszke）在 2002 年发表的一篇论文中指出，激情、亲密、承诺这三个成分持续的时间各不相同。激情的变化过程是戏剧性的，会迅速上升，在顶峰维持较短的时间，然后迅速下降，虽然下降的速度可能不会像它上升的速度那样快。亲密感是随时间温和变化的，在开始的时候慢慢上升（如一对情侣刚开始时互相了解，慢慢注意到并开始学习满足对方的需求），然后在相对较长的时间里保持一个较高的水平（此时，双方渐渐形成了都感到舒服的相处方式），最后，在比较长的时间里缓慢下降（此时，双方的相处模式已经自动化了，表现为情绪强度下降）。承诺的时间变化是"S"形的，承诺的上升最开始是渐进的，然后会有加速上升的阶段，最后，如果是成功的爱情，就会保持一个长期稳定的状态。

激情、亲密和承诺随时间变化和发展的曲线可参见图 9-1。这个曲线表现了这三种成分的动态变化，在这里，我们假定三种成分都是在同一个时间开始的。

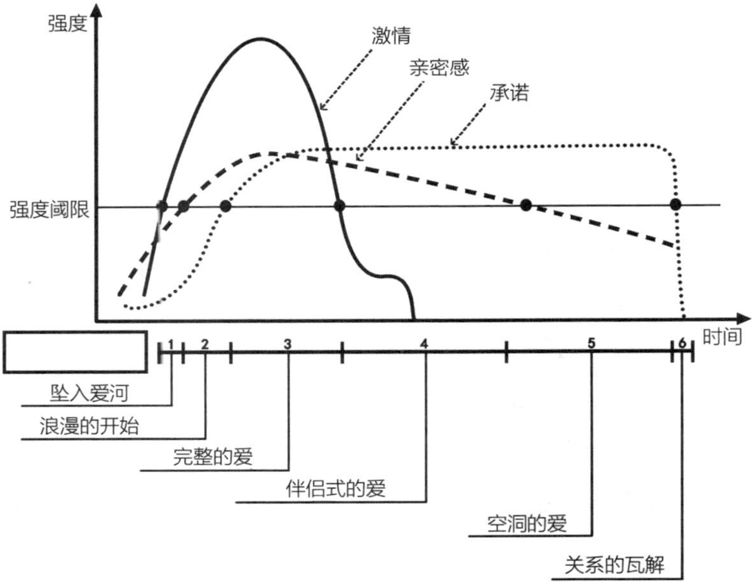

图 9-1　激情、亲密感和承诺的时间发展曲线
（引自 Wojciszke，2002）

爱的六个阶段

韦伊希茨基在2002年的《波兰心理学公报》(*Polish Psychological Bulletin*)上发表了一篇论文，提出整个爱的过程包括六个阶段。

第一个阶段是坠入爱河（只有激情），类似于前面提到的激情之爱的阶段。这个阶段的特征是强烈地想要和对方结合的愿望，所以激情（如果没有被对方拒绝的话）会令互相倾慕的双方频繁见面，在这种频繁、亲密、排他性的接触过程中，双方渐渐了解彼此，分享亲密的信息和活动，互相照顾对方的感受。简而言之，亲密感出现了，超出了阈限，然后进入下一个阶段。

第二个阶段是浪漫的开始（激情和亲密感），在这个阶段，爱由激情和亲密感两个成分构成。这个阶段有时看起来和坠入爱河阶段很相似，都伴随着新异感和兴奋感，维持时间都比较短，往往在年轻人身上才会出现（譬如罗密欧和朱丽叶的爱情故事）。但是浪漫的开始和坠入爱河阶段还是有差异的：首先，坠入爱河阶段不需要互惠，在此阶段，爱可能只是一个人的事，你甚至不会将你的爱告知所爱的人，独自承受当前体验到的风起云涌的情绪。其次，坠入爱河阶段会伴随着强烈的不确定性——你对所爱之人的激情是会被接受还是会被拒绝？你并不确定，你既期待又恐惧。坠入爱河阶段被认为并没有浪漫的开始阶段那么快乐和令人满意。

第三个阶段是完整的爱（激情、亲密感和承诺），当你同时陶醉在激动人心的激情和令人安宁的亲密感中时，会期待保持这种双方都感到很愉快的状态，想将这种关系稳定下来，最好长久存在。这时候，承诺就超出阈限而出现，开始进入下一个阶段，即完整的爱这一阶段。

来自 30 多个国家的 9000 多名参与者报告，婚姻的前提条件是爱和相互的吸引，接下来需要有对对方的依赖、宽容和情绪的成熟度。这些要素都来自亲密感，其中情绪成熟度是指：有主见；情感上有安全感；能扛得住适当的压力；表达愤怒的方式是无害的、有责任心的，不会常推卸责任；关心他人的需要，不会处处以自我为中心；能跟对方有效沟通；自律。

与浪漫的开始阶段一样，完整的爱的阶段会令人感到满意而幸福。慢慢地，在这个阶段，激情持续一段时间后开始下降到阈限以下，只剩下亲密感和承诺，此时就会进入下一个阶段——伴侣式的爱。

第四个阶段是伴侣式的爱（有亲密感和承诺，但没有激情），在这个阶段，虽然双方不再感到兴奋和激动，但仍然都感到满意。亲密感给双方带来了相互的支持和理解、信任和依恋等奖赏，因而这一阶段会成为关系中最长久、最稳定的一个阶段，甚至可能一直保持下去。但对许多伴侣来说，要一直维系亲密感也是一个很艰巨的任务。如果亲密感不能一直保持下去，跌到阈限以下，承诺就成为爱情关系中的唯一一个成分，接下来会进入空洞的爱的阶段。

第五个阶段是空洞的爱（只有承诺），在该阶段，兴奋和激动不再存在，取而代之的是习惯，此时双方对亲密关系的满意度都会大大降低。关系进入不稳定阶段，因为双方继续维持这种关系的意愿也开始降低，甚至有离开对方的想法。爱情之外的一些因素开始空前重要，双方会思考如果继续保持这段关系，自己要付出多大的代价，还会考虑在这段关系中付出和得到的比例，甚至开始权衡选择其他的备选关系和保持这段关系的利弊，如果撤出这段关系需要付出的代价或可能遇到的障碍，等等。以上所有因素都会影响个体是否愿意保持这段关系，如果个体决定退出，就进入下一个阶段——关系的瓦解阶段。

第六个阶段是关系的瓦解（收回承诺），在这个阶段，双方都对当前的关系极不满意，都会有强烈的负面情绪。决定要放手时，也会有一些类似回光返照的现象，让这段关系暂时回温，但爱已经不复存在，所以即使关系回温，也不会持久。

虽然关系的瓦解阶段位于爱的第六个阶段，但要指出的是，这一阶段可能在前五个阶段中的任意一个阶段出现。例如，一方拒绝另一方的表白，关系的瓦解阶段就会出现在坠入爱河的阶段；一方不愿意向对方作出承诺或陷入另一段感情关系中，关系的瓦解就可能出现在浪漫的开始的阶段；当双方认为好莱坞式爱情才是真正的爱情，即激情是爱情中不可或缺的一部分，一旦激情淡去，爱也不复存在，关系的瓦解就出现在完整的爱的阶段；伴侣双方认为亲密感才是一段健康的亲密关系中不可或缺的一部分时，关系的瓦解就会出现在伴侣式的爱的阶段。

当然，不是每一对情侣都会走过这六个阶段，很多关系会一直停留在伴侣式的爱这一阶段；许多年轻人的爱恋可能从来都不会越过浪漫的开始的阶段，之后就结束了。虽然爱情的前两个阶段是短暂的、转瞬易逝的（相较爱情的其他阶段来说），但这两个阶段在现代社会里是被大众所期望的、被歌颂的以及流行的，是被极度理想化的爱情。在现代的童话、小说、诗歌、电影或流行音乐中，“爱情”这个词主要指爱情的前两个阶段。但这些都只是爱刚刚启程，一段爱情能否长久维系，还要看爱的后半段是否顺利。

有心理学家指出，在人的一生的不同阶段，不同形式的爱分别占主导地位。在青少年时期以坠入爱河为主导，在成人早期以浪漫之爱为主导，在中年期以伴侣之爱（友谊式爱情）或实用性爱情为主导，到了晚年期则以给予之爱为主导。

你会选择与前任相似的人作伴侣？

恋爱是一个甜中带涩的过程，很多人在一生中可能会经历多次恋爱。决定两个人能否走到一起的原因有很多，在这么多影响因素中，人格是其中一个关键因素。人们究竟会选择具有什么样人格类型的人作为自己的终身伴侣呢？是与前任不同的人，还是与前任相似的人？

心理学家有两种推测：第一，前任恋人之所以成为前任，肯定是由于双方在性格、价值观等方面不合适，当人们开始下一段恋情时，就有可能调整自己的择偶偏好。也就是说，人们更倾向选择与前任人格类型不同的人建立情侣关系。第二，与第一点矛盾的是，一些证据表明，从前前任到前任，再到现任，一个人选择的恋人通常都具有某种人格特质，即人们对伴侣的人格特质的特定偏好在很大程度上是稳定的。

带着这两种推测，加拿大多伦多大学心理系的帕克和麦克唐纳（Geoff MacDonald）在 2019 年的《美国科学院院刊》上发表了一篇文章，对一批情侣进行了历时 9 年的追踪研究。这两位研究者调查了德国的 332 名成人（男性 159 人，女性 173 人）的前任恋人与现任恋人的人格特质，分析了他们在人格特质各个维度上的相似性，发现前任恋人与现任恋人在某些人格特质上确实有很高的相似性。这样的研究结果表明，人们确实会与具有某些特定人格特质的伴侣相伴终生。也就是说，如果你的前任是一个活泼开朗的人，你的现任就更可能也是一个热情大方的人，而不是一个安静、内敛的人。

人们倾向寻找与前任相似的现任可能会带来一些益处：这种相似性可以让人很容易与新恋人建立积极的互动模式，更容易沟通，并且能够了解现任的一些喜好，更善于应对可能出现的问题；这种相似性也能让人产生很强的熟悉感，使一方更愿意向另一方自我暴露和倾诉情感。

帕克和麦克唐纳还发现，对于开朗、外向的人或更乐意体验不同恋爱经历（可能会谈多次恋爱）的人，前任与现任人格特质上的相似性会降低。这两类人在恋爱时不太会寻找具有固定人格特质的人或与前任相似的人。

帕克和麦克唐纳考察了在寻找伴侣时，我们感兴趣的人与自己的相似度。结果发现，拥有外向性、开放性（想象力丰富，对外界充满好奇心）和宜人性（容易被他人信任、直率、利他性、谦虚、移情）这三类人格特质的人更倾向寻找与自己相似的人；相反，人格特质为神经质类型（情绪更不稳定，容易陷入消极情绪中，容易封闭自己）的人更倾向寻找与自己的人格类型相反的人。

这项研究结果第一次为恋人之间可能存在某种程度的相似性提供了科学论据。人们总是在冥冥之中寻找特定的人，与其建立恋爱关系，这种择偶上的一致性偏好可以预测一个人未来会与哪类人白头偕老。珍爱网、百合网、世纪佳缘等相亲网站就可以利用大数据，了解征婚人的前任的人格特征，再运用匹配算法，帮助征婚人在人群中迅速找到可能中意的人，提高网络征婚的匹配成功率。

爱的五种语言

“他怎么不像一开始那样对我好了？”

“感情久了真的会变淡吗？”

“他是不是不爱我了？”

很多夫妻在出现误解、隔阂、争吵时，就会在心中产生这样的疑问。其实，夫妻之间的矛盾往往不是出自大是大非的原则问题，而是源于不了解对方期望的爱的表达方式。

恰当地向伴侣表达爱意实际上也是一种能力。有时我们会误解我们的伴侣，或忽视了他们的爱意，这可能是因为伴侣的爱表达得不明显，或表达方式不被我们喜欢。当两个人在表达爱的方式和接受爱的偏好方面存在差异时，一方会觉得自己已经很努力表达爱意了，另一方却总觉得不够，产生不满与冲突，激化矛盾，甚至导致分手。

查普曼（Gary Chapman）在其著作《爱的五种语言》（*The Five Love Languages*）中指出，在亲密关系中主要有五种表达爱的方式，分别是肯定的语言、共处的时光、特别的礼物、照顾的行动和身体的接触。

肯定的语言是通过各种类型的肯定语言来肯定、激励对方。鼓励的时候需要我们有同理心，也就是站在对方的角度思考问题，体会最重要的事情是什么。我们还需要说一些宽容、仁慈的话。例如，对方做错事时，我们有两种选择，一是站在公义的角度，像法官与罪犯一样对话，这样就会导致感情的破裂或争吵。但如果我们选择另外一种语言，宽容地对话与解决问题，就会得到爱的回报。

共处的时光是指常常营造与对方共处的温馨时光。两人在共处时要全神贯注地关注对方，享受与对方在一起的时光；对话时，要与对方有眼神的接触与交流，用心倾听。这很容易理解，热恋中的恋人在约会时会将全部注意力放在对方身上，如果一方东张西望或频繁看手机，就会给另一方非常不好的感觉。

特别的礼物是最容易学到的爱的语言。如果对方爱的语言是接受礼物，我们就需要时常送些礼物给对方。送礼物是对爱情的一种投资，得到的回报就是使对方对你的爱意一直保持下去，两个人的关系也会更和谐。给对方的礼物可以是买来的，也可以是自制的；只要是为对方精心准备的，都是一种爱的表示。

照顾的行动是指去做伴侣希望你做的事情，即通过做事来表达自己的爱。如对方希望你整理一下家，你就主动去做家务；对方希望你来接他，你就去接他。不过，如果这种爱的语言只是一方无条件地付出和照顾，得不到回报，就可能导致恨意。所以，照顾的行动应该是双方都努力作出的。还要特别说明一点，在有些夫妻关系中，一方对另一方的照顾行动可能不是出于爱，而是出于对对方的惧怕、愧疚或怨恨。

身体的接触是感情沟通的一种微妙方式，也是爱的表达的有力工具。牵手、接吻、拥抱、抚摸等都是身体的接触。对有些人来说，身体的接触是他们最主要的爱的语言。缺少了它，他们就会感觉不到爱。

不同的人会侧重于其中的一种或同时侧重多种爱的表达方式，找到适合自己与伴侣的表达爱的方式在亲密关系中至关重要。很多时候发生矛盾不是因为表达得不够或做得不好，而是因为没有了解和学到彼此的爱的表达方式，没有有效的爱的沟通。

如何发现自己的爱的语言呢？可以问自己三个问题：（1）你的伴侣做的哪些事、说的哪些话让你感觉最好？或者你的伴侣没有做哪些事，没有说哪些话，会伤害你最深？（2）回顾你的婚姻，你最常希望或要求你的伴侣做的事情是什么？（3）请反思一下，你通常用什么方式向伴侣表示爱意。同样，你的伴侣也可以问自己这三个问题。

了解自己和伴侣的爱的语言，才能拥有真正高质量的亲密关系；用适合的方式表达爱意，浪漫之爱才可能有正向循环。

爱的激素——催产素

提到催产素，很多人会误以为它只是一种能加快生产过程的激素，因而认为只有女性才会分泌催产素，事实并非如此。研究表明，哺乳动物的很多行为都会受到催产素的影响。它可以让新妈妈充满母性，成为孩子的保护神；它能影响动物是遵循“一夫一妻制”，还是选择“朝三暮四”；它还能促进夫妻关系的维系与对彼此的忠贞……

1906 年，英国生理学家戴尔（Henry H. Dale）发现，有一种激素可以促进子宫收缩，他将这种激素命名为“催产素”（oxytocin）。催产素由下丘脑视上核（supraoptic nucleus）和室旁核（paraventricular nucleus）的神经元合成，它并不是女性特有的，男女都会分泌催产素。催产素释放后，一部分会通过血液循环到达外周组织，如生殖器官；另一部分则穿过血脑屏障，作用于中枢神经系统，起到神经递质的作用。

催产素对个体行为的调控作用表现在很多方面，早期研究主要集中在催产素对母性行为的影响上。有研究显示，母亲怀孕时的催产素水平与她和孩子之间的依恋关系的质量具有正相关。也就是说，母亲的催产素水平越高，她对自己的子女就表现出更多的依恋和亲密行为，如拥抱、爱抚等。美国纽约大学医学院的研究者马琳（Bianca Marlin）、米特（Mariela Mitre）及其同事 2015 年在《自然》（*Nature*）杂志上发表了一篇研究，认为催产素可以让没有养育过幼鼠的雌鼠化身“爱心妈妈”。一般来说，如果幼鼠和母鼠分开，母鼠听到幼鼠发出的求救信号，会很快找到幼鼠，并将幼鼠叼回窝里；没有怀孕过的雌鼠会对信号置之不理，但给这类雌鼠的左侧听觉皮层注射催产素后，它们要比仅仅注射了生理盐水的同类雌鼠更能迅速回应幼鼠的求救，很快学会了抓起幼鼠的颈背，将它们带到自己的窝中，就好像它们是幼鼠真正的母亲一样。这一结果表明，催产素可以快速改变雌鼠的大脑活动，唤起雌鼠对幼鼠的养育和照顾行为。

催产素还被称为“忠诚激素”，会提高夫妻关系的质量。心理学研究者发现，夫妻面对一个可能引发争吵的话题时，吸入催产素的夫妻表现出的争吵行为更少，出现更多的积极交流行为，以维持和谐的夫妻关系。德国波恩大学的舍勒（Dirk Scheele）、赫尔曼（Rene Hurlemann）及其同事进行了一项研究，2012 年发表在《神经科学杂志》（*Journal of Neuroscience*）杂志上。他们发现已婚男性在被注射催产素后，会对有吸引力的女性保持更远的距离。在这个研究中，舍勒等人将催产素和安慰剂以鼻腔喷雾的形式给 57 位健康的异性恋男性使用，他们中一半人是单身状态，另一半人是已婚的或有长期的固定恋人。45 分钟后，一位非常有魅力的女性走入实验室，走近这些男性，此时，研究者要求这些男性说出，这位有魅力的女性与他保持多远的距离是“理想距离”，保持多远的距离是“令人不舒服的距离”。舍勒等人发现，在鼻腔吸入催产素后，有伴侣的男性会在第一次与有魅力的女性见面时保持更远的距离（他们认为理想距离是 71—76 厘米），但他们对这位女性的普遍看法和态度没有明显改变；单身的男性则喜欢与这位有魅力的女性保持更近的距离（他们认为理想距离是 51—61 厘米）。这说明催产素有助于增强伴侣的忠诚度，它会阻止伴侣将注意力立即转向其他女性，这对于维系一夫一妻的忠诚关系有重要作用。

舍勒等人在 2013 年进行了另一项研究，发表在《美国科学院院刊》上。他们同样发现，男性吸入催产素后能提高对伴侣的忠诚度。他们招募了 40 名男性异性恋者，这些人均有固定的伴侣。将这些参与者随机分为两组（每组 20 人），一组观看其恋人的照片以及不认识的美丽女性的照片，这些女性的照片被认为与其恋人的照片一样具有吸引力；另一组观看其恋人的照片和他们熟悉的女性的照片。采用功能磁共振成像技术对这些参与者的大脑活动模式进行了扫描，结果发现，两组男性都认为自己恋人的照片比陌生女性和熟悉女性的照片更具吸引力；鼻部吸入催产素的男性会认为自己的妻子比以前更漂亮且有魅力了，更渴望同妻子交流和沟通。但这样的研究结果只出现在观看陌生女性照片的那组男性参与者中，观看熟悉女性照片的男性参与者中没有出现这样的结果。也就是说，催产素提高了对自己伴侣的吸引力的评价，但这只限于与陌生女性相比。不过，这也足以说明，男性摄入催产素能够增加对伴侣的忠诚度，有助于增进亲密关系。

更有意思的是，催产素对亲密关系的积极作用并不仅限于人类，研究者在啮齿类动物身上也证明了催产素对维系感情的作用。草原田鼠（Microtus ochrogaster）和山区田鼠（Microtus montanus）在基因上很相近，但草原田鼠遵循一夫一妻制，而山区田鼠“朝三暮四”。研究发现，造成这种差异的主要原因是草原田鼠在交配时会分泌催产素，而催产素会刺激多巴胺的分泌。接下来，大脑奖赏中枢的催产素受体和多巴胺受体同时被激活，让草原田鼠产生对伴侣的偏好，所以草原田鼠保持了一夫一妻制。但山区田鼠没有分泌催产素这一机制，还是群婚生活。

2015 年，日本麻布大学的研究者发现，宠物犬对主人的凝视会提高主人的催产素分泌水平。宠物犬凝视主人的时间越长，主人催产素的分泌水平就越高。而主人的催产素增加会让主人和宠物犬之间的关系更亲密，这也会反过来增加宠物犬的催产素分泌。也就是说，宠物犬和主人之间会建立一个由催产素联结的正反馈机制。在接下来的实验中，研究者发现，如果给宠物犬的鼻子上喷催产素，它凝视主人的时间也会变长。催产素在主人和宠物犬之间起到的作用，与其在母亲和幼子之间起的作用非常类似，所以，领养狗也许是人类选择亲人的一个机会。许多孤寡老人也会将养宠物犬作为建立亲密关系的一种方式。

由中国电子科技大学的徐磊等人合作完成的一项研究还发

现，给男性和女性吸入催产素后，会让他们的择偶偏好产生更大的差异，这项最新研究2020年发表在《心理神经内分泌学》（*Psychoneuroendocrinology*）杂志上。

徐磊等人招募了160名异性恋参与者，不管是男性还是女性，这些参与者都报告，无论是发展长期的伴侣关系还是短期的伴侣关系，他们都更偏好感情专一的人。但相比女性，不管是单身男性还是已经有恋爱关系的男性，都对与一个以前有过不忠行为的异性发展一段短期的伴侣关系更有兴趣。接下来，研究者给这些参与者吸入催产素，结果发现，吸入催产素的男性认为那些以前有过不忠行为的女性面孔的吸引力更高，但吸入催产素的女性认为以前有过不忠行为的男性面孔的吸引力更低，对这些男性面孔的记忆效果也更差。催产素还提高了单身男性想要与一个以前有过不忠行为的女性发展一段短期伴侣关系的愿望；对于女性，吸入催产素提高了她们想要与一个对感情专一的男性发展一段长期关系的兴趣。

催产素有给人带来愉悦感与满足感、促进社会联结和亲密关系的功能，它让个体表现出更多的亲社会行为。美国杜克大学的神经科学家普拉特（Michael Platt）及其同事发现，给恒河猴鼻部吸入催产素，可以让猴子更关注彼此，甚至能让猴子作出有利于其他猴子的行为，如让邻座的另一只猴子得到果汁，即使这样做会让自己没有果汁喝。这项研究发表在2012年的《美国科学院院刊》上。普拉特等人让两只恒河猴彼此挨着坐，它们需要从屏幕上的选项中选择其中一个选项。他们设计了三个选项，分别为“让自己喝到果汁”“让邻座猴子喝到果汁”以及“没有果汁出现”。在实验中，每次都只提供两个选项供恒河猴选择:“让自己喝到果汁”与“没有果汁出现”、“让自己喝到果汁”与“让邻座猴子喝到果汁”和“让邻座猴子喝到果汁”与“没有果汁出现”。结果发现，当面对“让邻座猴子喝到果汁”与“没有果汁出现”这两个选项时，吸入催产素的猴子更可能选择“让邻座猴子喝到果汁”这个选项。

这项研究证实了吸入催产素可以增加猴子的亲社会行为，这可能是因为此时它们更关注同物种的其他个体。根据这一研究结论，普拉特等人推测，催产素有望治愈社交障碍。但鉴于该研究结果是在动物身上得出的，在人类身上是否也适用还有待未来的进一步研究。

爱情与性吸引之不同

浪漫之爱与伴侣之爱的不同神经机制

美国纽约州立大学石溪分校的研究者阿西瓦多（Bianca Acevedo）及其同事在 2012 年考察了长期的、强烈的浪漫之爱的神经机制，其研究发表在《社会认知和情感神经科学》(*Social Cognitive and Affective Neuroscience*）杂志上。

研究者让 10 位女性和 7 位男性参与者在功能磁共振成像仪器里观看他们伴侣的照片，这些参与者的婚龄均为 21 年以上。研究者还设置了三种对照条件，第一种条件为观看他们非常熟悉的、亲密的人（如兄弟姐妹、亲戚或朋友、同事）的照片；第二种条件为观看非常熟悉，但对参与者来说并不亲密的人的照片（例如名人）；第三种条件为观看不熟悉的人的照片。要求这些参与者看到这些照片后，报告其情绪强度。

研究结果发现，观看伴侣的照片引发的长期亲密的爱情体验，引起的脑激活区包括腹侧背盖区和背侧纹状体（dorsal striatum），这些脑区主要和多巴胺奖赏系统相关，以及苍白球（globus pallidus）、黑质（substantia nigra）、丘脑、脑岛、前扣带（anterior cingulate）和扣带后部（posterior cingulate），这些脑区被认为主要与母子依恋有关。研究者还发现，腹侧背盖区的激活程度与参与者的浪漫之爱的分数具有显著正相关；苍白球的脑激活反应与伴侣之爱的分数具有显著正相关；下丘脑和海马后部的反应与性爱有关。这样的研究结果似乎说明：浪漫的激情之爱、温馨的伴侣之爱和性吸引由不同的脑区负责，所以三者是不同的。

伴侣之间长期稳定的爱情也会引发与奖赏相关的脑区激活（腹侧背盖区和尾状核），这些脑区与熟悉度或友谊无关。因此，不论是长期稳定的爱还是浪漫的爱，都与奖赏和动机有关。爱情是一种想要靠近某个人的动机，抑或是见到某个人就感到快乐的情绪。

此外，伴侣之间长期稳定的爱和与母子依恋相关的脑激活区有关。黑质、苍白球等脑区含有丰富的催产素受体，而催产素在动物身上已被证实对幼崽养育和照顾行为有积极作用。苍白球被认为是一个享乐性脑区，如果苍白球受损，会导致动物厌恶以前喜爱的食物；苍白球的后部只与伴侣之爱相关。

爱情和性吸引并不相同

来自神经科学的多项研究已经证实，性吸引和真正的爱情是两种不同的状态——无论是大脑活动还是眼神的状态，都是不同的。

来自美国芝加哥大学斯蒂芬妮·卡乔波（Stephanie Cacioppo）研究团队的研究结果表明，性吸引和真正的爱情会激活大脑的不同区域。当我们感受到强烈的性吸引，后脑岛（posterior insula）这一主要控制感觉（如痛感）的区域会变得活跃起来；但我们产生爱情时，前脑岛（anterior insula）会被激活。在该研究中，研究者观察了一位脑损伤的男性患者，这位男性患者有罕见的前脑岛病变，另外有 7 个健康的男性参与者作为对照组。研究者给他们观看一系列女性穿长裙或短裙的照片，并请他们报告这些照片引发的性吸引或爱情的程度。结果发现，前脑岛损伤的男性患者和正常男性对一张女性照片引发的性吸引程度的评估没有显著差异，但这位前脑岛病变的男性患者在报告一张女性照片引发的爱情程度上却比健康男性困难得多。这说明前脑岛损伤可能会损害我们产生爱情的能力，也就是前脑岛与爱情相关，但前脑岛损伤不会影响我们产生性冲动的能力。

除了大脑的激活区域不同，真正的爱情和性吸引在眼神上也会有所不同。瑞士日内瓦大学的研究者博尔蒙（Mylene Bolmont）与美国芝加哥大学的研究者约翰·卡乔波（John Cacioppo）合作，2014 年在《心理科学》杂志上发表了一项研究报告。他们招募了一批均为异性恋的大学生，实验流程是让这些大学生观看 120 张穿戴整齐并具有吸引力的异性的照片，报告照片中的异性所引发的性吸引的程度，或引发恋爱的感觉的程度，同时监测眼睛的注视方向和运动规律。

结果表明，在判断是“性吸引”还是“恋爱的感觉”的决定上，两种决策的反应速度并没有显著差异，但在眼动模式上出现了显著差异：当对某张照片作出“这是性吸引”的决定时，这些大学生会先注视对方的眼睛，然后专注于注视对方的身体；而当作出“这是恋爱的感觉”的决定时，他们会更多地注视对方的眼睛和脸部，不再注视对方的身体。这样的研究结果不存在男女性别差异。研究者推测，是否会长久地凝视对方的眼睛，是判断真正的爱人最可靠的标志之一。

性吸引和爱情在表达方式上也存在差异。美国加利福尼亚大学洛杉矶分校的研究者贡萨加（Gian Gonzaga）等人和康奈尔大学的研究者阿蒂米斯（Margaret Altemus）合作，2006 年在《情绪》杂志上发表了一项研究，调查了爱情和性吸引的表达方式有什么不同。这项研究观察了恋人 3 分钟内的互动行为，发现浪漫之爱和性吸引在非语言表达方式上有所不同。与浪漫之爱相关的非言语表达方式有：头向一侧倾斜；相互微笑；相互凝视；表达亲密的手势；舒展的姿势；伸开手臂想要拥抱对方；身体向前倾斜。而性吸引的表达方式往往与嘴部的一些动作相关，如舔嘴唇、擦嘴唇和伸舌头。他们还发现，当女性讲述自己的某一段积极亲密关系经历时，与浪漫之爱相关的非言语动作能够预测催产素的释放水平，但与性吸引相关的舔嘴唇的动作和催产素的释放无关。研究者据此认为，从非言语表达方式来看，恋人之间的浪漫之爱和性吸引是不同的。

爱拥有广泛内涵：其他类型的爱

爱的内涵很广泛，绝不仅仅限于男女之间的爱。

除了人与人之间的爱，还有许多其他类型的爱，如对物品和地点的喜爱、对活动的热爱、对思想的挚爱等。确实，我们在日常生活中常常会表达我们热爱自己的工作，我们热爱某一种食物，等等。

人们对物质产品也会产生爱，如有人会热爱数码产品，或者热爱某个品牌的手包等。研究者考察人们为什么会对某个品牌有特殊的偏爱，发现人们确实会对某个品牌产生强烈的信任感和对它的唯一的爱，认为它是美丽的，有对它的特殊回忆，它会出现在梦里……这种对某个物品的情绪体验类似于对人的爱。对物质产品的热爱似乎与个体的孤独感相关，是一种缺乏社会归属感的表现。

人们还会对某一思想或意识形态产生爱，如爱国主义、爱上帝等。这种爱会让个体无私地奉献，类似于人与人之间的爱。

人们还有对某种活动的爱，如热爱跳舞，热爱足球。活动之爱是对该活动有一种激情，愿意为这项活动投入大量的时间和精力，将这项活动看作有价值的、值得热爱的。激情有两种，一种是和谐式激情，另一种是偏执式激情。和谐式激情会让一个人自由地参与某种活动，偏执式激情会使个体感受到压力，因为某种外部压力或内部压力而不得不从事某种活动。虽然两类激情都会使人体验到爱，但强迫式的爱会导致负面影响。偏执式激情本身也称为“成瘾”，此时个体并不会因为爱而对一项活动、一个人或一个客体产生兴趣，而是依赖它才得以生存。

美国心理学家卢卡斯和契克森米哈伊（Mihaly Csikszentmihalyi）在 2019 年调查了 200 多名成年人，给他们呈现 61 个常见的物品、活动、体验和思想，询问他们爱其中的哪些以及爱的程度。他们通过统计方法找到了五种不同类型的爱，它们分别是：精神意识活动之爱、身体锻炼活动之爱、物质产品之爱、享乐性体验之爱、社交经历之爱。

图 9-2　契克森米哈伊
（引自其个人主页）

他们还考察了这些不同类型的爱与人们的幸福感之间的关系。结果发现，对体育锻炼活动的热爱会帮助个体有更高的身体满意度、幸福感和生命的意义感；热爱社会交往的经历会让个体更幸福，对生命有更强的意义感；热爱享乐性经历、精神意识活动或物质产品与幸福感没有直接的关系，但对物质产品的热爱会与人生意义的追求相关。基于以上研究结果，他们认为，这些不同类型的爱也会让我们感到快乐和幸福。

第十章

希望

希望是支撑着世界的柱子；希望是一个醒着的人的美梦。

——普契尼（Giacomo Puccini）

希望是什么样的情绪?

希望（hope）被认为是一种积极情绪，一种想要改变当前状况的积极、主动的动机状态。研究者对希望的概念界定并不一致。有的研究者强调，希望是一种能够预期到快乐的积极情绪；有的研究者强调，希望是一种认知，是相信自己能够实现愿望的信念。

美国堪萨斯大学的心理学教授施奈德（C. Richard Snyder）在2002 年发表在《心理学探究》(*Psychological Inquiry*）杂志上的文章中指出，希望包含三个最主要的成分：目标（goals)、路径思维（pathways thoughts）和动力思维（agency thoughts)。施奈德认为，拥有高特质希望的人在处理事件时，会同时具备这三个要素，即使目标实现的可能性不大，也会对实现目标抱有很高的希望。

有了目标之后，接下来会有一系列行为，即路径思维和动力思维。路径思维指如何达到目标的具体方法和计划，这是希望的认知成分。拥有高特质希望的人形成的如何达到目标的方案，要比拥有低特质希望的人的方案更具体可行，甚至还有备选方案。动力思维是执行实现目标的计划和相关方案的动力，即个体认识到自己已经具备达到期望的目标的能力，属于希望的动机成分。动力思维类似于意志力，其重要作用尤其体现在人们在追求目标的过程中遇到障碍和困难时，以及感受到压力时，拥有高特质希望（希望水平高）的人通常有坚忍的毅力去战胜挫折，并将这种挫折看作成长的契机，而拥有低特质希望（希望水平低）的人面对困难时可能唯唯诺诺，优柔寡断，止步不前，甚至会退缩。路径思维和动力思维是希望的两个重要成分，缺一不可。在追求目标的过程中两者既紧密联系又相互配合，不仅反复出现而且相辅相成。

根据施奈德的观点，希望可能是一种稳定的人格特质，但情绪心理家们（如弗雷德里克森）将希望看作一种积极的情绪。希望之所以也是积极情绪，是因为它与其他情绪一样，一旦产生希望，就会自发地、不受控制地出现愉快的感受，乃至生理唤起；每个人也都体验过希望这种感受，不会存在个体差异。情绪心理学家拉扎勒斯在 2006 年的《人格杂志》中指出，希望是个体渴望未来会更好，相信心愿终会达成的一种情绪。希望可能意味着个体对当前的状况感到不满，并且有具体的、想要实现的积极目标。希望激发人们去采取行为和行动；产生希望情绪时，人们会感到乐观，并对所有一切有积极的态度，对未来有乐观的预期和估计，还会有一种“我可以胜任当前情境的需要”的能力感。弗雷德里克森认为，希望是一种积极情绪，它可以拓展人们的思维—行动倾向，塑造和提升个体各方面的资源。

希望的心理功能

有希望的人更健康

早在 1985 年进行的一项研究中，研究者就发现，对于癌症已经转移的患者，如果他们的希望分数更高，生存时间就会更长。在 1997 年的另一项研究中，研究者发现，一个人的乐观分数越高，其疾病发病率和疾病的严重性就越低。1996 年，美国加州大学伯克利分校的研究者在《心身医学》（*Psychosomatic Medicine*）杂志上发表了一篇文章，他们考察了 2248 名男性（42—60 岁）的无望感、出现心肌梗死的概率和癌症发生率这三个变量之间的关系。结果发现，无望感高的人比无望感低的人有更高的出现某种特异性疾病的危险，发生心肌梗死的概率也会更高。

美国哈佛公共卫生学院、哈佛医学院和哈佛医学联合会的研究者合作在 2005 年的《健康心理学》杂志上报告了希望对疾病和健康的影响。研究者招募了 1041 名志愿者，进行了为期 2 年的追踪研究。他们测量了这些志愿者的两种积极情绪——希望和好奇心，以及两种消极情绪——特质焦虑和特质愤怒。测量希望的问卷有 4 道题目，询问志愿者平时感受到的希望感、自信心、压力和挑战，以及对未来的期待；对参与者的健康行为的测量包括参与者吸烟、饮酒的程度以及锻炼身体的状况；衡量健康程度的三种指标为高血压、糖尿病和呼吸道感染的发病情况。结果发现，高水平的希望感与这三种疾病的低发病概率相关。也就是说，一个人的希望感越高，就越不可能患上高血压、糖尿病或呼吸道感染。高水平的好奇心与高血压和糖尿病的低发病率相关。研究者最后得出结论：希望这种积极情绪对健康有积极作用。一个人对未来越乐观，有越积极的期待，越相信明天会更美好，患上身体疾病的概率就越低。

另外一项研究考察了诊断出直肠癌 24 个月后患者的希望感与病情的关系。研究者招募了澳大利亚昆士兰的刚刚被诊断出直肠癌的患者，对他们进行了追踪研究。在被诊断出癌症后的第 6 个月测量了他们的经济基础、疾病状况、生活风格、对癌症的威胁性评价、生活质量和希望水平这一系列变量，24 个月后再次进行了这些测量，共计

1265 名参与者完成了问卷。结果发现，希望感越高，这些癌症患者对癌症的威胁性评价越低，有越多的体育运动以及情绪上的幸福感，对生活各个方面都表示满意。研究者建议，应该让癌症患者重燃希望，这对他们大有益处。

越感到有希望，就越有幸福感

2018 年，《宗教与健康杂志》（*Journal of Religion and Health*）上发表了一项研究，认为精神状态和希望对于一个人的身体健康和心理健康非常重要，它让人有能力应对重病可能带来的压力。研究者招募了 500 名来自伊朗的心血管疾病患者，测量了他们的幸福感、希望感和疾病发展状况。研究为期 4 个月，之后发现，希望感越高，幸福感就越高。

希望与幸福感的关系在不同年龄段都有体现，在老年人身上表现得尤为明显。因为随着年龄的增长，身体运动能力开始下降，独立性逐渐丧失，这些都会减弱希望感，甚至可能令老年人产生绝望感。但如果老年人能转移注意力，不关注这些身体机能上的退化，看到自己的优势，就会减轻对自己的失望，使自己获益。澳大利亚麦考瑞大学心理系的弗格森（Susan Ferguson）、泰勒（Alan Taylor）和麦克马洪（Catherine McMahon）合作，2017 年在《幸福研究杂志》（*Journal of Happiness Studies*）上发表了一项研究，考察了老年人对未来的希望、对当下的回避和幸福感这三者之间的关系。

弗格森等人招募了 259 名老年人（65—94 岁）。测量希望感的工具是《成人特质希望问卷》（Adult Trait Hope Scale），其中有 4 道题目测量的是动力思维，例如“我能够实现我自己设定的目标”，还有 4 道题目测量的是路径思维，例如“任何问题都有很多种解决办法”，每道题目均采用4点评分。8道题目的总分为希望感的总分，分数越高，说明受测者的特质希望水平越高。该研究使用的8道测量特质希望的题目如下：

（1）我能想到很多方法摆脱困境。

（2）我能够精力充沛地追逐我的目标。

（3）任何问题都有很多种解决办法。

（4）我能想到很多方法来得到我生命中对我重要的那些东西。

（5）即使别人气馁的时候，我也知道，我能够找到一种方法解决这个问题。

（6）我过去的经验让我为未来作好充分的准备。

（7）我的人生已经相当成功了。

（8）我能够实现我自己设定的目标。

弗格森等人还测量了老年人的回避程度。回避主要指个体试图压制自己的一些不好的想法、情绪或者身体上的感受，降低它们出现的可能性等。它类似于刻意地压制自己的感受或者不好的念头，虽然能暂时获得放松，但长期效果并不好。生活中我们也会有这种感觉——越不想让某个念头出现，这个念头就越挥之不去。测量当下的回避的题目共有10道，例如“我为我不能控制自己的感受和担忧而烦恼”。

在弗格森等人的研究中，对幸福感的测量从两个方面入手：一方面采用包含20个情绪词的《积极情绪和消极情绪量表》，测量了这些老年人的积极情绪；另一方面测量了其生命意义感，例如“我很清楚什么能让我的生活非常有意义”。弗格森等人还测量了老年人的社会支持程度，例如询问他们：“当你需要帮助的时候，谁是你能指望并可以信赖的人?”

弗格森等人提出了几个有意思的结论：首先，老年人的希望水平越高，其积极情绪越强，越能感受到生命的意义，相应地，也越感到幸福。希望对老年人的幸福感的影响并不因其社会经济地位、受教育程度、年龄和身体健康状况的不同而有所不同。其次，虽然希望会影响积极情绪，但积极情绪并不会影响希望。再次，没有发现希望和消极情绪之间的关系。最后，老年人对当下的状态越回避，消极情绪就越高，生命的意义感就越低。所以，对老年人来说，不回避当下，对未来抱有希望，才会有更高的幸福感，才能找到生命的意义，才是积极的老龄化。

希望对于发起和维持长期的目标尤其具有重要意义，从这一点来说，希望对青少年的幸福感也有促进作用。这是因为希望水平高的人会有更清晰的目标和更高的自我效能感，为了实现目标会使用各种恰当的方法，并能够克服各种困难，利用积极的生活事件给自己带来的益处，应对生活中出现的各种负面事件。

澳大利亚天主教大学和澳大利亚卧龙岗大学的研究者 2015 年发表在《积极心理学杂志》上的研究就考察了青少年的希望感与幸福感之间的关系。研究者认为，青少年的希望水平越高，越可能为长期目标付出努力，最终实现目标，获得意义感，这些都会给青少年带来积极情绪，并减少消极情绪。研究者进行了为期 6 年的追踪研究，招募了一批青少年参与者，从七年级（平均年龄为 12.41 岁）一直追踪到十二年级（平均年龄为 17.37 岁）。第一次测量时，共有 975 人。以后每年测量 1 次，最终有 237 人坚持下来，完成了 6 次测量。

每年测量的问卷有《儿童希望感问卷》(Children’s Hope Scale) 和《积极情绪和消极情绪量表》。前者有 6 道题目，既评估了动力希望（例如，“我认为，我能做得相当好”），又评估了路径希望（例如，“我能想到很多方法得到生命中对我而言非常重要的东西”）；后者包含 10 个积极情绪词和 10 个消极情绪词，测量了积极情绪和消极情绪。可以发现，希望感越高的青少年，其积极情绪越高。其中与弗格森等人的老年人研究保持一致的结论是，青少年的积极情绪水平的高低不能影响其希望感；反过来，希望感越高，青少年的消极情绪水平就越低，同时青少年的消极情绪水平越高，希望感就越低。随着青少年年龄的增长和年级的升高，希望对积极情绪的预测作用更加明显，这说明当青少年的人生发生一些重大改变，比如开始进入初中或高中，希望对青少年的积极影响开始越来越重要。研究者认为，希望是可以塑造和改变的，所以要培养青少年的希望感。

来自美国的密歇根大学、斯坦福大学、德宝罗大学、霍巴特和威廉史密斯学院、伊利诺理工学院、理海大学和加拿大的麦吉尔大学、中国的北京城市学院的多位研究者合作，2019 年在《积极心理学杂志》发表研究，考察了中国大学生的希望感和幸福感之间的关系。

研究者招募了 212 名中国大学生，测量了他们的积极情绪性。积极情绪性是一种倾向更频繁地体验到积极情绪，并对积极情绪更敏感的人格特质。研究者认为，个体的积极情绪性越高，希望水平就可能越高，也就是更可能有希望的动力（有意志力、动力去实现目标），同时产生更多的希望路径（有多样的、灵活的方案去实现目标）。研究者测量了大学生的积极情绪性、希望感（包括希望动力和希望路径两个维度），以及大学生的生活满意度，结果发现，积极情绪性通过希望特质对生活满意度产生积极作用。也就是说，一个人越可能体验到积极情绪，其实现目标的动力就越强，对目标能够实现的信念就越坚定，更可能产生变通的想法和解决方案，也会有越高的生活满意度，即幸福感越高。

希望对认知加工的影响：提高流体智力

美国南加州大学的卡瓦诺（Lisa Cavanaugh）和杜克大学的卡特里特（Keisha Cutright）、弗朗西斯（Mary Frances）、贝特曼（James Bettman）合作完成了一项研究，考察了希望和自豪对个体的认知加工的影响，该研究结果发表在 2011 年的《情绪》杂志上。

这些研究者同时关注了希望和自豪这两种积极情绪。希望和自豪都是与目标和成就有关的积极情绪，但它们又有所不同：希望意味着个体看重的一个目标有实现的可能，自豪则代表个体看重的目标已经达成了；希望与“奋斗”“可能”“努力”或“未来”有关，自豪与“成就”“满足”或“过去”有关。人们常常会相继体验到这两种情绪——在一个重要目标实现之前体验到希望情绪，实现之后体验到自豪情绪。希望会让个体寻求各种途径，朝期望的目标前进。与希望有关的认知和联想包括想象或预演未来的积极场景，这增加了个体探索新环境的兴趣，提高了个体的认知灵活性。高希望的个体也会比低希望的个体有更好的问题解决能力，因而有更多根据目标改变的灵活行为。

自豪是个体因有价值的成就而引以为豪，自豪增强了自我认同感。出现自豪情绪时，个体会被他人赞赏，感受到自我的提升。自豪的情绪能让个体悦纳自己，它涉及自我评价的过程和想法，因此，自豪是一种自我意识情绪。自豪可能和希望不同，自豪不太可能引发旨在改变当前状况的行为。

卡瓦诺等人还认为，每个人在一天的 24 小时内都会遵循生物节律，有状态比较好的时段，也有状态不那么好的时段。这种生物节律会影响我们的认知资源的可用性和认知加工的效率。比如，有些人认为早晨比晚上的学习和工作状态更好，有些人则恰恰相反。在一天中个人状态不佳的时段，个体的控制能力会下降，会更多地依赖自动化加工，此时的认知加工更容易受情绪的影响。因而，在这项研究中，他们关注希望和自豪这两种积极情绪对人们在一天中状态不佳的时段里，执行与流体智力相关的认知任务的效率的影响。流体智力指推理和解决新问题的能力，利用流体智力去解决的问题往往不依赖以往获得的知识和经验，主要依靠抽象推理和探索。这些研究者推测，在一天中状态不佳的时段里，希望情绪会提高流体智力的工作成绩。为此，他们进行了三个实验。

在第一个实验中，卡瓦诺等人招募了 103 名成年人，年龄范围为 20—74 岁，参与者或者在实验室里，或者通过网络完成实验任务。在正式实验开始前一周，参与者要完成关于自身的生物节律的问卷，区分出早晨状态不佳和晚上状态不佳这两类人群。接下来，进入正式实验，所有参与者会被随机分配到三种情绪状态组——希望组、自豪组和中性情绪组（采用想象诱发的方式来诱发这三种情绪）。在希望组和自豪组，参与者会被要求回忆 3—5 件最让他们感到有希望（或自豪）的事情，然后尽可能详细地描述出来。在中性情绪组，参与者要记录每天完成的日常生活事件。之后，所有参与者完成两个认知任务：第一个认知任务是流体智力任务——矩阵推理，这个任务中会出现 20 张图片，每张图片都缺了一块，需要参与者从 5 个备选项中选出最能将这张图片补充完整的那个选项；第二个认知任务是晶体智力任务，一共有 20 道语言问题，这些题目选自美国研究生入学考试试题库。卡瓦诺等人发现，希望和自豪这两种积极情绪在每天的状态不佳的时段里对流体智力有不同的影响：希望提高了人们完成流体智力任务的成绩，自豪和中性情绪则无此作用。

在第二个实验中，卡瓦诺等人招募了 117 名大学生，年龄范围为 18—29 岁，情绪诱发的程序同第一个实验相同，只是将流体智力任务更换为偏好选择任务，询问参与者对各种类型的物品有多大的购买意愿。购买意愿成为测量参与者对一件物品偏好程度的标准，列出的物品备选项都是参与者平时在日常生活中较少购买的，如珠宝。因为购买经验较少，就不大会涉及晶体智力。卡瓦诺等人假设，希望会增加参与者使用这些平常不太接触的物品的可能性，从而增加购买意愿。结果也确实证明，与自豪和中性情绪相比，希望情绪增加了人们在状态不佳的时候，想要购买平常不太会用到的物品的意愿。卡瓦诺等人解释道，这是因为希望提高了探索性，此时人们会在心中想象如何使用这些不常购买的物品，相应增加了购买意愿。

在第三个实验中，他们招募了 88 名大学生参与者，年龄范围为 18—26 岁。希望和自豪的诱发方法同前面两个实验相同，接下来会直接询问参与者，他们是否很容易想出使用这种物品的情境，并询问他们有多大兴趣购买每件物品，以及他们愿意在每件物品上花费多少钱。其结果进一步证明，希望会提高这些平常不常购买的物品在个体心中的使用价值，使其将这些物品看得更重要。

卡瓦诺等人进行的多项研究表明，相比自豪情绪，希望对认知加工的作用有明显的不同，它提高了人们在流体智力任务上的成绩，使人们更看重物品的价值，更愿意探索如何使用新物品。

希望令人工作更投入

荷兰乌得勒支大学、埃因霍温理工大学的研究者合作于 2012 年在《人际关系》（*Human Relations*）杂志上发表了一项研究，考察了员工的积极情绪、希望与工作投入度的关系。研究者指出，工作投入度以精力充沛、敬业和专注为特征，是一种积极的、令人感觉满足并有意义的、与工作相关的心理状态。精力充沛指工作时能量充沛，以及愿意为工作付出很多努力的动机；敬业指积极参与工作的意愿，并在工作中体验到自豪感和热情；专注指全身心地投入到工作中。专注的员工工作时会感觉时间过得飞快。

员工的工作投入度是波动变化的，某些天的工作投入度可能比其他天更高。希望指向对目标的执着追求，是对目标能够实现的预期。研究者推测，希望这种积极情绪与工作投入度紧密相关，能够驱使员工投入到工作中。研究者考察了工作日员工每天的积极情绪、希望水平和工作投入度的变化状态，以及三者之间的关系。他们招募了 113 名荷兰大学的员工（其中有些人是科研工作者，有些人是行政管理人员），在这 113 人中，有 59 人同意每天记录日记——在工作日，即从周一到周五，每天在一本小册子上完成一个小问卷，每天要填写 2 次。第一次是早晨起床后，第二次是下班后。研究者通过电话或信息提醒他们完成日记。

记录日记之前，先让这些参与者完成一些基线问卷。基线问卷包括三项内容：第一，与工作有关的积极情绪问卷，例如“最近几周，我的工作让我感觉安心 / 充满干劲 / 愉快 / 满腔热忱 / 放松 / 感到被鼓舞 / 令我满意……”。每个积极情绪词代表 1 道题目，采用 5 点评分。第二，与工作有关的希望问卷，例如“对于我的工作，我认为自己相当成功”。问卷采用 6 点程度评分。第三，《工作投入度问卷》(Utrecht Work Engagement Scale)，测量精力充沛、敬业和专注度，主要采用其中的三个分量表，每个分量表包含 3 道题目。例如测量精力充沛的题目——“我在工作时感到精力充沛”，测量敬业的题目——“我为我的工作而自豪”，测量专注度的题目——“我工作时会完全沉迷其中”。

每天的日记记录均改编自基线问卷。例如，每天记录积极情绪的题目为，“今天我感觉安心 / 充满干劲 / 愉快 / 满腔热忱 / 放松 / 感到被鼓舞 / 令我满意……”；每天记录希望的题目为，“我期待今天在工作上会取得成功”“我希望今天能完成设定的目标”；每天测量精力充沛度的题目为，“我今天工作时感觉干劲十足”“我今天很想要上班”；每天测量敬业的题目为，“我为我今天工作中所做的事而感到骄傲”“今天我的工作让我感到振奋和鼓舞”；每天测量专注度的题目为，“我今天全神贯注地工作”“在我今天紧张地工作时，我感到很开心”。

研究结果发现，积极情绪通过希望增加了对工作的投入度（精力充沛、敬业和专注）。具体来说，员工在工作日里体验到的积极情绪越多，第二天其工作的希望感就越强，进而在这一天里越感到干劲十足，愿意奉献，工作时也会更全神贯注。

这一研究结果对企业管理者有借鉴意义。管理者要让员工干劲十足，全身心地投入到工作中，首先就要让员工在工作中能体会到积极情绪，有希望感。这样才能真正激励员工，使他们对工作更投入，也更加热爱工作。

如何塑造和培养希望？

利用智能手机的 App 培养希望感

目前已经有很多积极干预研究，如练习感恩，识别并发扬自己的性格优势，关注积极的生活事件，等等。这些干预方式都能够促进人们的主观幸福感（让人们有更多的积极情绪和更少的消极情绪），也能促进人们的自我实现的幸福感（找到活着的意义），但对于希望的干预研究还比较少见。

美国印第安纳卫斯理大学的多尔蒂（Douglas Daugherty）和鲁尼恩（Jason Runyan）等研究者 2018 年发表文章，探索了培养和干预人们的希望感的可行性。为了提高生态效度，多尔蒂等人创新性地尝试借助智能手机的应用程序（application，简称 App），让参与者在非常自然的环境下（日常生活中）完成希望干预任务，他们将这种干预方法称为生态性瞬时干预方法（ecological momentary intervention，简称 EMI）。他们想要考察这种基于智能手机的 App 的干预方法能否提高人们的希望感，乃至幸福感。

多尔蒂等人招募了 112 名大学生，将他们随机分配到实验组和控制组。实验组有 66 人，控制组有 46 人，所有参与者都是白人。在干预结束后，实验组有 41 人坚持下来并完成后测，控制组只有 16 人坚持下来并完成后测。

在干预之前，首先让所有大学生都完成《施奈德希望量表》（Snyder Hope Scale）。其次，实验前测和后测都须完成《主观幸福指数问卷》（Steen Happiness Index）和《自我实现的幸福感问卷》（Flourishing Scale）。前者有 20 道题目，采用 5 点计分，分数越高表明幸福感越高；后者有 8 道题目，采用 7 点计分。再次，测量这些大学生是否参与了整个 App 构建的干预过程，主要的指标是他们每天点击 App 界面的次数，以及是否一直让这个 App 处在运行状态。最后，多尔蒂等人还关注了 App 的使用体验的问题，在大学生使用 App 期间以及之后，考察其用户体验。

多尔蒂等人通过 App 平台随机发送“希望通知”，所有大学生的手机会同时收到一条提示信息——有一项希望干预任务等待他们完成。每项“希望通知”出现时，这些大学生会收到三种类型的提示：希望图片描述，如屏幕上呈现一张山的风景图片，上面有一句表达希望的名言；要求写下一些饱含希望的语言，如充满希望的励志语言和宣言等；回答从《施奈德希望量表》中摘录出的三个问题中的任意一个，如“此刻我能想到很多办法摆脱困境”。在整个干预过程中，App 还会推送一些充满希望的故事，这些故事从大学生中征集而来，只要打开 App，就会看到故事，可以选择任意一个去阅读。下面是一个故事的例子：

2011 年，我必须做一个骨骼重建的外科手术。手术之后，我要重新学习如何走路。这个手术给我带来情感上的巨大痛苦，但这个过程教会了我很多东西，如坚持和耐力。手术之后，我还是有很多身体不适，我也一直在面对这些不适，并尝试解决它们。最近，因为我在恢复身体机能，我看到了希望，并开始爱上自己的身体——它也是上帝创造的。

整个实验的程序为：这些大学生签署知情同意书后，开始下载App。实验组和控制组大学生的操作流程是不同的，但他们都会通过App完成测量希望感、主观幸福感、自我实现的幸福感的问卷。希望干预组（实验组）的大学生要通过App完成28天的希望干预计划，在这28天里，从周一到周六，研究者每天都会不定时地给他们发送一条“希望通知”，请他们完成相应任务。同时，他们可以在任意时段，选择一个充满希望的故事去阅读。控制组大学生全程不接收任何“希望通知”，也不会阅读充满希望的故事。在实验的第29天到第31天，研究者会通过App给两个组的大学生发送提示，督促他们完成与前测一样的问卷。

多尔蒂等人发现，实验组大学生的希望感比干预之前有了大幅提升，明显高于控制组大学生的希望感，这说明这种希望干预方式是有效的。他们认为，这个App的用户体验非常友好，对用户也很有帮助。遗憾的是，多尔蒂等人发现，希望干预未能明显提高大学生的主观幸福感和自我实现的幸福感。不过，他们仍然认为，这种利用智能手机的App进行实时希望干预的方法能有效培养和提升希望感，未来可以继续采用这种方法。

通过感恩孕育希望

感恩是对收到礼物和馈赠的感谢；幸福是享受当下所有的美好；

希望是对美好未来的憧憬。

美国霍普大学的研究者 2019 年在《积极心理学杂志》上发表了一项研究，考察了感恩、希望和幸福之间的关系。研究者希望了解，当人们意识到已经有好结果出现在自己的生活中（产生了感恩情绪），是否会孕育对未来出现更好的结果的希望，进而增加幸福感？研究者认为，感恩、希望和幸福都既可以是状态的（一个人在当下感到感恩，感到有希望，感到幸福），也可以是特质性的（一个人总是喜欢感恩，对未来一直抱有很高的希望，总是感到幸福），但它们之间存在不同：感恩指向过去（感谢帮助者过去的馈赠），幸福指向现在（享受现在），希望指向未来（渴望未来有好结果）。

感恩、希望和幸福三者之间已经被证明存在密切的关系。心理学家塞利格曼发现，在 24 种能够预测幸福感的积极力量中，感恩和希望排名前三位。2010 年一项研究发现，社会参与度高的青少年在感恩、希望和快乐上的得分也更高，同时会有更高的学业幸福感。2013 年的一项研究发现，大学生的幸福感与希望、快乐和感恩都有关。这些都提示我们，对过去目标的实现产生的感恩情绪，会滋生未来目标也可能实现的希望，进而增强幸福感。

为了考察这个问题，研究者进行了两个实验，第一个实验考察特质感恩能否超越宽容、耐心和自我控制等，成为唯一能够预测个体的特质希望和幸福感的因素。第二个实验考察在实验室里诱发参与者的感恩情绪，能否提升参与者的幸福感与希望感，这项研究发表在 2019 年的《积极心理学杂志》上。

在第一个实验中，研究者招募了 181 名大学生，年龄范围为

17—27 岁。研究者对所有大学生施测了多个问卷：《特质认知希望问卷》(Trait Cognitive Hope)，该问卷测量动力希望和路径希望，每个维度下有 4 道题目；《特质整合希望问卷》(Trait Integrative Hope)，该问卷测量希望的动机因素、情绪因素等，包含 4 个维度，共 28 道题目；《自我实现的幸福感问卷》，研究人员询问大学生在过去的一个月有多开心；《感恩问卷》(Gratitude Questionnaire)，共计 6 道题目；同时测量了这些大学生的宽容、耐心、自我控制等。结果发现，特质感恩能够预测特质希望，且超过了宽容、耐心和自我控制等因素，成为对希望的预测作用最大的一个变量。也就是说，一个越容易感恩的人，也越可能是一个有高希望感的人。特质感恩也能预测一个人的幸福感，即一个人越倾向感激已获得的好处和恩惠，就越可能是一个幸福的人。

在接下来的第二个实验中，研究者招募了 153 名大学生，他们被随机分配到两个组中，实验组通过回忆个人生活中的感恩经历诱发感恩情绪，控制组诱发中性情绪。实验组大学生被要求回忆一个发生在过去且已经实现了的愿望，将它写下来；控制组大学生被要求回忆前一天做的事情，也要写下来。两组大学生进入实验室后，首先完成《状态希望问卷》(State Hope Scale)，然后测量了其状态幸福感(State happiness)，如询问他们："现在你有多快乐？"在诱发出感恩或者中性情绪后，再次完成测量。研究者发现，出现感恩情绪的大学生的希望水平和幸福感水平都比诱发之前有了明显提高，也显著高于控制组的希望水平和幸福感水平。

这项研究的两个实验结果为我们展现了一个新的视角，即一个人的感恩特质可能增加了其希望感，进而提高幸福感。仅仅让一个人回顾过去已经实现的愿望，如思考什么令他感恩以及他应该感谢谁，就能增加他的希望和幸福感。

请多感恩周围的人和事情吧！我们需要时常静下来想一想，在走过的人生旅途中，我们已经得到了什么，有哪些人给我们提供了帮助，或者对我们施以援手，我们才得以越来越好。感恩会孕育对未来的希望，孕育对他人的爱，也会使人越来越幸福、快乐。

希望也有阴暗的一面？

看到这里，你可能会惊讶，难道希望这种美好的积极情绪还会给我们带来不利影响？这方面的研究现在少之又少，也许它还是一个未知的领域，但希望的负面影响已经有迹可循。来自以色列赫兹利亚跨学科研究中心、荷兰格罗宁根大学和莱顿大学的研究者 2019 年在《人格和社会心理学公报》上发表论文，首次指出希望也有阴暗的一面。

这些研究者提出这样的理论推测：希望可能削弱了个体想要改变自己在群体中的弱势地位的动机。他们认为，在不对等的权利关系中，劣势的一方可能产生两种类型的希望：第一种是希望与优势方建立更融洽、和睦的关系；第二种是劣势一方希望提高自己的地位，获得平等地位。在这两种情况下，虽然希望的本质是一样的，但其具体内容是不同的。研究者将想要与有优势地位或优势群体的人建立更好的关系的希望称为“关注和谐的希望”（harmony-focused hope），他们推测这种希望会削弱弱势群体成员想要拥有平等地位的动机。

研究者为此进行了两个研究，涉及两个优势群体和弱势群体的情境。在第一个研究中，研究者招募了身在以色列的巴勒斯坦公民，共计 152 人，通过网络发放问卷。问卷包含：（1）测量希望的问卷，只有 2 道题目：“你希望这个国家的阿拉伯人 / 巴勒斯坦人与犹太人的关系未来会更好吗?”“你想要提升这个国家中阿拉伯人 / 巴勒斯坦人的社会地位吗?”（2）测量集体行动意图的问卷，有 4 道题目，评估这些巴勒斯坦公民参加各种形式的抗议（如和平游行）和反对警察与政府的暴力行为、反抗种族迫害的行动的意愿，以及他们对以色列政府的愤怒情绪。（3）效能感问卷，评估他们认为这些不同的集体行动在多大程度上能够帮助巴勒斯坦人，如这样的问题，“我们（阿拉伯人或巴勒斯坦人）能够通过媒体和网络，促使国际社会关注以色列针对巴勒斯坦人的歧视和种族主义”“我相信我们能够改变当前的境遇”。（4）测量群体认同感的题目，一共有 6 道题，分为 3 个维度：重要性维度，如“巴勒斯坦人是我身份的重要组成部分”；优越性维度，如“其他民族的人能够从我们身上学到很多”；承诺维度，如“我对巴勒斯坦人有很强的承诺感”。通过这些问卷测量，研究者发现，关注和谐的希望与参与集体行动的动机存在负相关。也就是说，越希望与优势群体保持和谐关系，就越不可能参与集体行动。但研究者也发现，如果一个人的群体认同感比较高，保持和谐关系的希望就与参与集体行动的动机无关。这就是说，高身份认同感的人似乎对这种效应免疫。

在第二个研究中，研究者采用书写任务诱发了参与者的未来情绪，请他们描述他们能想到的美好未来，同时要关注阿拉伯人或巴勒斯坦人与犹太人之间关系的和谐或地位的平等。首先，让参与者阅读一段关于弱势地位的群体成员所面对的困境的文字材料，然后要求他们想象他们希望的两个群体能够和睦相处的未来（关注和谐的希望），或者想象两个群体能够地位平等的未来（关注平等的希望）。在关注和谐的希望组中，给参与者的指导语是："现在请你尽力想象阿拉伯人（巴勒斯坦人）和犹太人（以色列人）的关系很和睦的未来。具体来说，请你思考并想象，未来阿拉伯人（巴勒斯坦人）和犹太人（以色列人）能和睦相处，共同生活在一起，这两个群体彼此依存，关系非常亲密。它们互相尊重，对对方很友好。"在关注平等的希望组，给参与者的指导语是："请你现在尽力想象阿拉伯人（巴勒斯坦人）和以色列人之间的美好未来，巴勒斯坦人通过努力和奋斗，在自由、平等方面取得了巨大进步，从压迫、偏见中解放出来，过上了有尊严的生活。"其他的问卷测量同第一个研究相同。

第二个研究的结果同第一个研究的结果类似：对于群体身份认同感比较低的巴勒斯坦人，关注和谐的希望组的巴勒斯坦人参与集体行动的意愿明显更低。这进一步证实了研究者的推测，当弱势群体成员心中燃起与优势群体成员保持融洽、和睦的关系的希望时，其改变自己的弱势地位的动机将减弱。

在这篇论文中，研究者最后对政府机构人员或管理人员提出了一些建议：在优势群体和弱势群体的关系发展的不同阶段，采用的策略应该是不同的。当两个群体处于和解阶段，给弱势群体成员传递改善与优势群体之间的关系的希望是有积极效果的，这样做会增加这两个群体之间的群际信任感，有助于塑造和平的氛围。如果弱势群体和优势群体的关系处于冲突升级和持续阶段，此时让弱势群体保持与优势群体之间的和谐关系的愿望可能是无效的。因为从长远来看，弱势群体最终会发现自己当初的美好希望破灭了，优势群体也不可能再保持与弱势群体的和平关系。此时，优势群体更应该关注弱势群体的诉求，改变他们的地位，给他们平等感，这也可以消除弱势群体对自己地位不平等的担忧，不会最终选择通过诉诸武力来处理和解决与优势群体之间的冲突。

第十一章

如何获得幸福：积极情绪和消极情绪的平衡

创伤与成长、积极与消极是人生的常态。人们在成长中受伤，也在伤痛中成长。虽然不是所有人都有主宰自己命运的能力，但每个人都有选择用何种姿态面对命运的自由。

在前面内容中，我们介绍了自豪、敬畏、感恩、希望和爱这些积极的情绪。在面对压力时，这些积极情绪能够让我们顺利应对压力，走过荆棘。而压力事件带来的悲伤、恐惧等消极情绪，也会存储在记忆中，成为永难忘记的经验和教训，帮助我们在未来更有效地避免压力事件再次发生。正如“世界让我遍体鳞伤，伤口处却长出了翅膀”，我们应该理性地追求积极情绪，保持适度的消极情绪，才能拥有最佳的状态。

从积极的视角看待所有事情

如果在日常生活中，你能够更频繁地找到人生的积极一面，你就会获得更多的快乐和幸福。我们每天在所从事的活动中都可以发现积极的意义，一杯水是半空还是半满？工作是完成了一部分还是还有一部分未完成？你生活中所面对的大多数情况都不是极度糟糕的，总能找到积极的一面。请发现事情好的一面，或者强调当前所处情境的积极意义，当你能将不愉快甚至悲惨的情况以一种积极的方式重新定义，就会获得积极情绪。

研究亲人去世后的情绪变化的心理学家发现，那些在悲伤中还能体验到交织着的积极情绪的人，从丧亲的压力中恢复的速度更快。一些丧偶的人可以通过回顾和反思所爱之人的良好品质来培育积极情绪，还有一些人通过珍惜身边健在的人的关爱来获得积极情绪，发现负面事件的积极意义；也有人通过逐渐恢复经历压力事件之前的日常活动日程或帮助他人来重新获得积极情绪。

美国科罗拉多州立大学的研究者隆（Gloria Luong）、德国美茵茨大学的研究者武泽斯（Cornelia Wrzus）、德国柏林大学的研究者里迪格（Michaela Riediger）2016 年在《情绪》杂志上发表了一项研究，证实从积极角度看待负面情绪或负面事件可以减弱消极情绪，提高积极情绪，降低心理问题发生的概率。

隆等人测量了 365 位德国人（14—88 岁）每天的消极情绪体验，评估他们的身体和心理健康状况。重要的是，他们还测量了这群志愿者能否重新看待消极情绪，即从消极情绪中看到愉快的一面，找到对自己有帮助的信息和积极的人生意义等。隆等人通过智能手机监控这群志愿者 3 周内的心境变化，志愿者每天通过手机报告自己当时的情绪感受，隆等人分别计算其积极情绪与消极情绪的平均分。就像预测的那样，个体体验到消极情绪的频率与自身的健康程度（包括身体健康与心理健康）之间的关系，因个体对消极情绪态度的不同而不同：能够从积极角度看待消极情绪的个体，体验到消极情绪的频率更低，身体健康和心理健康状况相对更好；对消极情绪持消极态度的个体无论是在当下还是在长期跟踪中，都会体验到更多的负面情绪，心理健康与身体健康状况也更差。

这一研究结果说明，如果我们能够认识到负面情绪的积极意义，从积极的角度看待消极事件，就有助于降低负面情绪的消极影响，如减少由负面情绪衍生的躯体症状和心理上的痛苦。看到了负面情绪的价值和意义后，负面情绪对我们的伤害就不会那么大：体验到焦虑可以帮助我们提前作好准备；体验到极度的悲伤会让我们与其他人更亲密……

人生之事众多，幸事自不必说，伤痛之事也可以寻找到积极意义，关键是我们是否愿意这样做。

找到人生的意义感

什么是人生的意义感？

快乐是美好的，但如果每天都享美食、穿霓裳，其他事情都可以不做，这样的生活一直过下去，还会有人觉得幸福吗？我想很少有人能从这种生活状态中获得幸福。人类与动物的一个重要区别就是，动物的所有行为的意义仅限于追求满足感和逃避痛苦，但人类会真切地感受到事物的意义。我们可能都思考过这样的问题：我们为什么而活？生命的意义是什么？

2014 年，美国密苏里–哥伦比亚校区的心理学家海因策尔曼（Samantha Heintzelman）和金（Laura King）在《美国心理学家》上发表了一篇名为《生活是很有意义的》(*Life Is Pretty Meaningful*）的文章，指出人生的意义有三个方面：第一，有意义的生活是有目标的生活；第二，这个目标对你而言是重要的，并且有意义。第三，有意义的生活让人享受其中，有意义的生活也是有规律的、可预测的，会产生固定且可信赖的人际联结。海因策尔曼等人采用的方法是问卷调查和实验室研究，他们询问志愿者这样的问题：“你在多大程度上认为自己的生活是有意义的？”“什么让你的人生有意义？”他们发现，人们普遍认为自己的生活是有意义的；工作、学习、家庭常常是意义感的来源。可以说，有意义的生活是人生必要的一个元素。

芬兰赫尔辛基大学的马泰拉（Frank Martela）和科罗拉多州立大学的斯泰格（Michael Steger）2016 年在《积极心理学杂志》上发表文章，认为人生的意义感有三个方面：一致性（coherence）、目标（purpose）和重要性（significance）。

人生意义感的第一个方面是一致性，它是对生活或生命的一种认知理解，即你会理解你要的是什么样的生活。简单地说，就是你很清楚你想要的是什么，你活得清楚明白。

人生意义感的第二个方面是人生有清晰的目标，类似于我们能回答“我活着是为了什么”这样的问题，它让我们的生活有方向感。我们会设置不同的人生目标，如学业或工作要取得好成绩，要买一栋大房子，但当这一切实现后，我们仍然可能感到空虚，因为我们真正需要的是那些让我们从内心感到有意义的目标。要过真正有意义的生活，目标必须是自发的，它是为了实现自我存在的意义，而不是为了满足人们所说的成功的标准或迎合他人的期望。当我们有这种目标感时，那种感觉就像听到了“真我的呼唤”。不同的人会从不同的事情里找到意义，“真我的呼唤”随时都有可能出现；你最喜爱做的那件事，才是你真正的天赋所在。有的人选择了音乐，有的人选择了烹饪，有的人选择了写作，有的人选择了去非洲做志愿者，他们选择了他们的最爱，那是他们生命的意义和价值之所。生活不一定是获得名利，我们要过的是自己想要过的生活，可以是创业、做公益、照顾子女、行医或制作手工等。总之，我们要以自己最喜爱、最愉快、最幸福的方式度过自己的一生。在选择人生目标时，还必须确保它符合我们自身的价值观及爱好。

在奥地利著名精神病学家和心理学家弗兰克尔（Victor Frankl）的著作《活出生命的意义》(*Man's Search for Meaning*）中，弗兰克尔通过观察集中营中关押的囚犯的行为，强有力地论证了拥有清晰的人生目标可以成为人们在最恶劣的环境中生存下去的动力。事实上，人们并不需要仔细斟酌，也会大致对自己的人生方向有一定的判断。当作出的行为符合自己的人生方向时，我们往往能体验到充实、满足和意义感；而当人生失去方向，或者觉得自身的所作所为背离想要达到的状态时，就可能产生一种无望和无意义感。

人生意义感的第三个方面是重要性或价值感，即认为自己是个有价值的人，自己存在于这个世界上在一定程度上是很重要的事。我们日常生活中所说的过有意义的生活就包含了这种价值判断，但提到有意义的生活，人们往往会觉得它必须与某种超越自我的崇高目标相联系，如活着要为社会作贡献，为人类创造价值，实际上，人们所感受到的自身价值感或者说自身的重要性，常常并非来源于此。例如，对很多人来说，与家人之间的亲密关系就是个人价值感的一个重要来源，“对于我的家人，我非常重要”；对另一些人来说，他们的子女就是他们存在的价值感。不管怎样，人们总会想方设法证明自己的存在是有价值的。

平平淡淡才是真

海因策尔曼和金 2018 年在《人格和社会心理学公报》杂志上发表了一篇文章，考察了日常生活中有规律的行为与人生意义感之间的关系。他们发现，人们日常生活中每天做的常规性事件就会带来意义感。常规性事件是指我们每天或者每周固定会做的一些行为，如晨起洗漱、每天的咖啡时间和跑步时间，或者夫妻每周的约会。只要一个行为能够解决一个问题，这个行为就可能固定下来，成为我们日常生活中的规律性事件。

海因策尔曼和金推测生活中的平凡小事会让我们获得意义感的原因有三点：首先，我们日常生活中的规律性行为可能是我们实现长期、重要的目标的主要途径，如每天固定时间上班、学习、阅读等，这些行为本身就会让我们获得目标感。其次，规律性行为对我们来说可能是重要的，是在某些社会或文化情境中形成的，有助于我们遵守社会规则或增强人际关系。最后，意义感有一个重要特征，即一致性，而规律性行为确实有固定规律并合乎逻辑。

海因策尔曼和金通过两个实验证明了平凡小事的意义。在第一个实验中，他们招募了 317 位志愿者，测量这些志愿者对日常生活中的常规性行为的偏好，即对固定的常规思维和行为的偏好，如“我每天做的事情几乎都是一样的”“我发现自己做事情时会投入很多注意力”。然后评估其生命意义感，如“总体上我的生活是有意义的”。他们发现，对常规性行为的偏好与生命意义感，尤其是意义感中的一致性，存在显著正相关；做事情时全神贯注（正念）也与生命的意义感存在显著正相关；对常规性行为的偏好和正念均独立地积极预测生命中的意义感。也就是说，一个人越关注当下，就越可能喜欢规律性生活，越可能体会到生命的意义。

在第二个实验中，海因策尔曼和金招募了 85 名大学生志愿者。这项研究在期末进行，因为此时志愿者已经建立了规律性日常生活。在研究开始后的 7 天内，从每天早上 9 点到晚上 9 点，会向所有志愿者发送 6 次调查链接，其中 5 条调查链接以随机的时间间隔出现，最少间隔 1 小时，第 6 条调查链接在每天晚上 9 点发送。每次调查都要求志愿者简短地描述当下正在做的事情，并询问这些事情是否属于其常规性行为的一部分："我现在做的事情是我常规行为的一部分""我现在做的事情通常是我每天的这个时候或每周的这一天都要做的""我现在做事情的方式也是我以前做事情的方式，未来我还会继续这样做"。3 道题目均采用 7 点程度评分，用这些题目的分数代表志愿者的常规性行为水平。接下来，志愿者完成生活意义感的测量，最后评估自己当前的情绪。

结果仍然发现，志愿者的常规性行为与生命意义感存在显著的正相关；即使控制了志愿者的当前情绪状态，常规性行为与生命意义感的相关仍然显著存在。最后，海因策尔曼和金对志愿者在工作日和周末的常规性行为分别进行了考察，他们发现，在工作日，志愿者的常规性行为出现的频率更高，而周末志愿者的情绪更愉快；生命意义感在周末和工作日没有显著差异。可以这样说，一个人的常规性行为越多，其生命意义感就越高。

从这个角度来说，想为自己的生活找到生命的意义感其实并不难，不需要做对社会或人类来说有重要贡献的、惊天动地的大事，只要关注当下，认真完成生活中那些平凡的小事，就会带来生命的意义感。

寻找人生的意义有助于预先应对压力

北京大学心理学院甘怡群教授团队 2017 年在《幸福研究杂志》上发表了一篇文章，考察生命的意义感能否提高人们预先应对（proactive coping）压力的能力。

预先应对是指对未来可能发生的压力事件作出有目的的、主动的应对。想要预先应对首先要察觉未来可能面对的压力源，在此刻开始储备资源，提前规划应对策略，想象自己一旦处于压力源中，该如何有效地处理问题。

甘怡群教授团队招募了 132 名成人志愿者，请他们每天以日记的形式记录自己获得生命意义感的事件或时刻，以及每天的积极情绪状态，这样连续记录 21 天。研究者每天晚上都会提醒志愿者完成日记记录。在实验开始之前和日记记录完成后，均测量了这些志愿者的生命意义感（如“我清楚地知道我生活的意义”“我的生活有清晰的目标感”）、积极情绪（使用《积极情绪和消极情绪量表》）和预先应对水平（如“当我遇到问题，我能够主动解决它”“我能够清晰地想象我的梦想并努力去实现它”）。

甘怡群教授团队发现，生命的意义感确实能够预测人们每天的积极情绪，也就是说，一个人每天的生命意义感越强烈，他体验到的积极情绪就越高。在这 21 天的日记记录过程中，生命意义感增加得越多，预先应对的程度就越高。这项研究说明人们的生命意义感在应对未来的压力中起着重要作用。

从现在开始，我们都可以试着每天记录今天的意义感来自哪里，这样不但能更快乐，也有助于应对未来可能发生的各种创伤事件。

多享受大自然的美好

众多心理学研究表明，多接触大自然能够提高积极情绪。

2018 年，在《生态心理学》(*Ecopsychology*) 杂志上发表了由美国克莱蒙特大学的巴柳（Matthew Ballew）和奥莫托（Allen Omoto）撰写的一篇文章，他们考察了完全沉浸到大自然中对幸福、快乐和敬畏等几种积极情绪的影响。巴柳等人招募了 100 名志愿者，将他们随机分配到两个实验条件中：一组志愿者要坐在自然环境（当地的植物园）中 15 分钟，另一组志愿者要坐在一个人造的建筑物环境（如一个室外的体育馆）中 15 分钟。两组志愿者都要尽量将注意力沉浸在当前的环境中，然后评估自己当下的情绪感受。

巴柳等人发现，与待在建筑物环境中相比，置身于大自然中会明显增强志愿者的敬畏情绪。全神贯注地沉浸在当下的环境中是一个非常好的中间变量，也就是说，越全神贯注地感受当前的自然环境，敬畏情绪和其他积极情绪就越强烈。他们推论，一个人对大自然越着迷，越全神贯注，在积极情绪方面就越受益。

美国科罗拉多州大学博尔德分校的凯勒（Matt Keller）教授进行了一项研究，他们问志愿者一个简单的问题："你今天在户外花了多少时间?"然后凯勒教授每天从国家气候数据中心下载当地天气的精确信息，他发现，在好天气里，在户外待了 20 分钟以上的人，其积极情绪明显增加。对于那些没有户外活动时间的人，天气与其积极情绪水平基本无关。凯勒教授还发现，天气好时在户外至少待上 20 分钟的人，具有更广阔和更开放的思维方式，能够产生更多的想法，甚至工作记忆广度（working memory span）都更大。

凯勒教授解释说，快节奏的城市生活让我们的注意负荷超载，处于一种认知疲劳的状态。这种疲劳会让我们难以集中注意力，变得更易怒，负性情绪增多。与人造环境相比，自然环境包含了很多本身就非常吸引人的因素，如美丽的风景、新鲜的空气等，此时只需要中等程度的注意资源就够了，我们的认知资源也会得到补给并修复。人们的工作记忆广度会增加，想法更多，思维更开放，同时心情也变好。

美国西俄勒冈大学心理科学系的研究者麦克马汉（Ethan McMahan）和怀俄明大学心理系的研究者艾斯特斯（David Estes）合作，2015 年在《积极心理学杂志》上发表了一项研究，对 32 个考察自然环境和积极情绪的关系的研究进行了元分析。这 32 个研究共招募了 2356 名志愿者，元分析的结果发现，32 个研究的结果一致表明，当人们身处自然环境中，会有中等程度的积极情绪的提高以及小幅度的消极情绪的下降。自然环境对积极情绪的促进作用和对消极情绪的降低作用是非常稳定的，不论使用什么样的测量情绪的方法，以什么样的方式身处大自然中，在哪个城市进行研究，以及不管参与者是多大年龄的人，都确实有效。

心理学家从几个角度对身处大自然中能够让人们更愉快的现象进行了解释。第一种解释来自亲生命假说（biophilia hypothesis），该理论认为，人类是从大自然中进化而来的，只有到了近代，人类的生活才逐渐远离了大自然，所以人类有亲近有生命的物体的内在需求。当满足了这种内在需要后，个体感到与大自然融合在一起，就会带来积极情绪。第二种解释来自压力减少假说（stress-reduction theory），根据这种观点，当我们暴露在自然环境中，看到水、植物等，拥有开阔的视野，都会让我们无意识地产生一些自主性反应，如心跳放缓，呼吸平稳，肌肉放松，减轻身体和心理上的压力，从而降低消极情绪，提高积极情绪。

如果有可能，应该多出去走走，亲近大自然，尤其是在阳光明媚的天气或生机勃勃的季节。当人们沉浸在大自然中，不由自主地被一花一草一木吸引，大自然的浩瀚与广阔会让注意力不断扩展，思考更开放，因而觉得心情安宁、愉快，压力减少，对人生和他人的态度更积极，对整个世界充满善意。

打开心灵，进行正念训练

在日常生活中，我们常常想同时兼顾两件事情，如一边吃饭一边和别人聊天；一边打电话一边浏览着手里的文件；或者明明在喝着燕麦，眼睛却盯着燕麦盒上的营养成分说明，思考燕麦是否适合自己的体质……这往往会让我们陷入思维混沌、注意力不受控制地胡乱漂移的状态。此时我们只是模糊不清地知道，不能对当前进行的事情有深度关注与思考。如我们一边吃饭一边聊天时，如若询问上一口饭的味道，我们可能半天也答不上来，这与正念进食的状态是完全不一样的。正念进食需要专注于吃饭这一件事，细细关注每一口饭的味道，包括米是不是有点硬，蔬菜是什么味道，等等。

“当你从正念的角度观察周围的事物……你就会一直以一种新的方式去欣赏周围的事物，因为此时你的观念改变了。”这句话出自正念研究的先驱之一，美国的卡巴特-津恩（Jon Kabat-Zinn）博士，他对正念下了这样的定义：正念就是有意识地觉察，专注于当下这一刻，不附加任何主观的评判并接纳它。正念冥想训练（mindfulness meditation interventions）是训练个体能够以一种接纳（acceptance）的角度监控当下的体验的技能。他认为，“正念的关键在于以一种全然开放的心态接纳自己的体验”。

正念有两个要素，第一个要素是专注于当下。大脑信马由缰时，我们常常发现脑海中会涌现出许多乱七八糟，但大多毫无意义的思绪、想法和念头，这些都是由过去某件事或未来的某个可能性所引发的连锁反应，会让我们思绪混乱，陷入恐惧、痛苦中，对于现在的我们没有丝毫积极的影响。正念就要求我们尽可能专注于当下，当发现我们习惯性地去想过去和未来，就把注意力慢慢拉回当下，拉回对当下状态的觉知上。这样的练习会有效提高专注度，使我们更快摆脱消极情绪。

第二个要素是保持开放的态度并接纳当下，即对当下的体验采取一种好奇、开放、接纳的态度。生活中处处充满了对自己和别人的评价，正念需要练习我们的不加任何评判的态度，保持开放性。这样的练习会使人专注自己的内心，不被情绪浸染，拥有更平静、愉悦的内心感受。

正念练习能够减轻抑郁

许多研究都表明，正念冥想训练能够提高积极情绪。2016 年，加拿大约克大学心理系的研究者在《积极心理学杂志》上发表了一项研究，验证了这一点。他们招募了 741 名志愿者，年龄范围为 18—72 岁，平均年龄为 32 岁，测量了其抑郁水平、对生活的满意度和幸福感，然后将这些志愿者随机分配到三个实验组，每个组均按照各自的训练要求进行训练，每隔一天训练一次，这样持续三周。在第十二次训练和最后一次训练后，要求志愿者再次完成训练之前完成的关于抑郁、生活满意度的问卷。

这三个训练组分别完成的任务是什么呢？正念训练组的志愿者会被引导进行 10 分钟的正念冥想。研究人员让志愿者舒服地坐下，慢慢深呼吸，开始冥想，将注意力放到自己的呼吸上。正念冥想结束后，会有一个计时器提示志愿者冥想已结束，请将注意力放到自己的身体上。志愿者每隔一天练习一次这样的正念冥想。

积极性条件组的志愿者被要求练习快乐、感恩、宁静、兴趣、希望、自豪、乐趣、被鼓舞、敬畏和爱这十种积极情绪。每隔一天练习一种积极情绪，会给志愿者呈现一些如何在日常生活中练习每种积极情绪的样例，在学习下一种积极情绪之前，他们要记录自己之前练习的积极情绪已体验到何种程度。

控制组的志愿者被要求与其他两个组的志愿者保持同样的频率进行日记记录。日记要尽可能详细地记录每天做的事情和情绪体验，也就是他们这一天做了什么，感受到了什么样的情绪。在做这些事情的时候，有什么样的人陪伴着他们。写完日记后，要求志愿者思考这些经历如何有助于他们更好地理解自己所处的情境。因此，这种控制也可以称为“自我反思”。这样的训练练习可能帮助志愿者向积极的方向变化。

研究者发现，这三个组的志愿者的抑郁水平在训练后均比训练前明显下降；在后面两个月的追踪研究中，仍然发现其抑郁水平在下降；同时，练习积极情绪组的志愿者的生命意义感、快乐、对生活的投入程度和满意度均有不同程度的增加。

接纳是正念训练中不可或缺的要素

2018 年，美国匹兹堡大学、卡内基·梅隆大学、弗吉尼亚联邦大学和宾夕法尼亚州立大学的研究者合作，在《人格和社会心理学杂志：态度和社会认知》(*Journal of Personality and Social Psychology: Attitudes and Social Cognition*）上发表了一篇文章，提出正念冥想中的接纳是非常重要的一个要素，如果从正念训练中去掉接纳训练，正念对积极情绪的促进作用可能就不复存在。

这些研究者从社区中选择了正在经历压力的成年人，将正念训练拆分成两个部分：既有觉察也有接纳的训练（觉察—接纳）；只有觉察，没有接纳的训练（觉察）。他们进行了两个实验，第一个实验进行了八周的训练，有三组参与者：觉察—接纳组、觉察组和控制组。第二个实验进行了两周的电话形式的训练，也有三组参与者：觉察—接纳组、觉察组和控制组。在这两个实验中既要测量当下的积极情绪，也要测量每天晚上的积极情绪。

他们发现，确实与之前的预期一致，觉察—接纳组的积极情绪最高。这说明在正念训练中，对当下体验的接纳是提高积极情绪的一个重要心理机制。

正念训练可能重塑大脑

过去人们认为，一旦成年，人类大脑的生理构造就会基本成型，其功能会随年龄增长慢慢衰减。随着对人脑认识的加深，科学家发现了大脑的可塑性——在人的一生中，随着人生经历的改变，大脑结构可以不断发生改变。

最近多项研究一致发现，进行正念训练能够减轻压力，有助于保持身体健康和心理健康。一些来自脑神经科学的研究指出，正念冥想可能有助于提高大脑的可塑性，促进自我疗愈，从而重塑大脑功能及结构。这些的研究结果为正念对心理健康的促进作用提供了神经机制领域的证据。2015 年，在《自然评论—神经科学》(*Nature Reviews-Neuroscience*）杂志上，美国德州理工大学、俄勒冈大学、德国慕尼黑大学等高校的研究者合作发表了一篇综述性文章，指出正念训练可以从三个方面对人们产生益处。

第一，正念训练能提高注意控制能力。注意可以分为三个成分——警觉（时刻准备应对即将来临的刺激）、朝向（从接收到的多个刺激中选择其中的某个刺激）和冲突监控（解决冲突，也称为执行功能）。警觉主要由大脑的去甲肾上腺素系统负责，主要负责脑区为蓝斑（locus coeruleus）；朝向主要由额叶和顶叶的脑功能区负责，包括前额眼动区、顶叶的上部和下部；冲突监控的主要负责脑区是前扣带皮层、前脑岛和基底神经节。

研究发现，连续 5 天（每天只需要 20 分钟）的正念训练提高了参与者的冲突监控能力；冲突监控水平越高的人，在正念训练中表现得越好。正念有三个阶段——早期阶段（努力做）、中间阶段（努力减少心智游移）、晚期阶段（毫不费力就能完成），早期阶段提高了注意的冲突监控和朝向水平，晚期阶段会提高注意的警觉水平。

脑神经科学研究考察了正念训练是否影响注意相关脑区的神经可塑性。正念训练对注意力控制的促进作用主要通过前扣带皮层完成，它能够增强前扣带皮层的激活，这有助于解决冲突。经过正念训练的人，处在静息态时腹侧前扣带皮层和缘部前扣带皮层的激活增强，同时前扣带皮层的厚度也增加了。但也有研究者发现，正念训练对前扣带皮层的可塑性只限于正念训练的新手：对新手来说，前扣带皮层的激活确实会增强，但到了专家水平时，前扣带皮层的激活反而减弱了。这可能说明正念专家已经不需要再靠意志力去控制情绪，他们对情绪也有了更大的接纳性。

还有一个与注意有关的脑区是背外侧前额皮层（dorsolateral prefrontal cortex），在正念训练中，这个部位的激活增强了。此外，顶叶皮层与注意相关的脑区的激活也增强了。但目前还不确定这些脑区的激活增强能否直接导致与注意相关的成绩提高，这还需要未来进一步的研究。正念训练对注意力的调节作用以及它会改变负责注意的相关脑区的激活，这样的研究结果有望未来为存在注意力缺陷的精神障碍患者提供治疗建议。

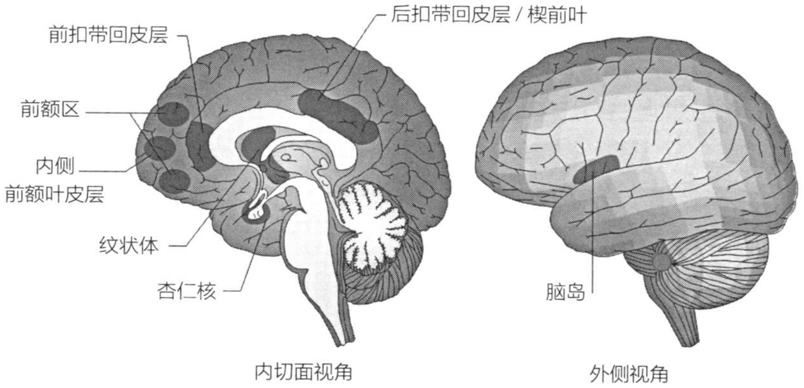

图 11-1　正念冥想影响到的脑区
（引自 Tang, Hözel, & Posner, 2015）

第二，正念训练促进情绪调节。情绪调节指个体能够运用一些策略来改变情绪体验，或者决定情绪何时出现，某种情绪持续多久时间，情绪被如何表达，等等。情绪调节包含很多方面，如注意分配，即觉察到当下的情绪状态；认知的改变，即重新解释情绪产生的原因；反应改变，即将表情抑制住或不作出某个冲动性行为反应（攻击），等等。

正念训练对情绪调节的促进作用在很多研究中得到证实。例如，正念训练降低了消极情绪刺激带来的干扰效应——当志愿者观看完一个诱发消极情绪的影片后，正念训练有助于使消极情绪引发的生理唤起和情绪体验都回到基线水平。

来自脑科学的研究表明，正念训练增强了前额皮层这一负责情绪控制的脑区的激活，降低了负责恐惧等负面情绪的脑区——杏仁核的激活。美国威斯康星麦迪逊分校的克拉尔（Tammi Kral）、戴维森及其同事在 2018 年对健康的成年人进行了考察，其研究发表在《神经成像》（*Neuroimage*）杂志上。他们招募了一批健康成年人，这些人中有一些是长期进行正念训练的人（30 人），其正念训练的平均时间为 9081 小时，另外一些人是只有短期正念训练经历的人（35 人），只上过 8 周的正念减压课程。结果发现，经过长期正念训练的人面对消极情绪图片时，其杏仁核的活动程度更低。正念训练能够提高腹内侧前额叶皮层与杏仁核活动之间的功能联结，因为腹内侧前额叶皮层是负责情绪调节的脑功能区，这两个脑功能区的联结增强说明正念训练对情绪调节能力有有益的影响。

正念训练中对当下的觉察和接纳被认为能够增强认知控制的能力，

因为对当下的觉察和接纳提高了对情绪线索的敏感性；越是专家水平的正念练习者，冥想对情绪调节的作用就越明显。

第三，正念训练能够让人悦纳自我，有更高的自尊，对自己的评价更正面。与自我觉察有关的脑区主要在脑的中线部位，如内侧前额皮层、扣带皮层后部、楔前叶及顶叶下部。如果在个体休息时，这几个脑区也有很强的活动，说明个体可能会被乱入的想法干扰。研究者发现，正念训练者这几个脑区的活动水平更低，说明其觉察水平更高，不会有乱入的念头。正念训练者常常会报告，在练习注意当下身体的感受时，也会增加对身体状态的觉察，对身体内部感受的微妙变化有很清晰的觉察。还有研究发现，正念训练后脑岛的活动会增加，有经验的正念冥想者的脑岛的皮层会增厚，脑岛的变化反映了对当下的觉察能力的提高。

以上关于正念训练的研究结果虽然看起来非常让人惊叹，但也有心理学研究者指出："我们还不清楚正念冥想时所引发的这些大脑活动的变化，对个体的行为与健康究竟有何益处。我们尚不清楚这到底意味着什么。"正念冥想的科学依据以及它通过何种心理机制对我们产生益处，正念训练能否提高我们的幸福感，这些问题还需要未来进一步研究。

对正念的反思

担任美国卡内基·梅隆大学人类健康及行为实验室主任的心理学家克雷斯韦尔（David Creswell）介绍，正念冥想时人要静坐，只关注自己的呼吸，这样才能够保持正念状态。但很多人报告他们很难进入正念状态，他们的思绪跳跃很大，会想东想西，做白日梦，一会儿反刍过去，一会儿又忧虑未来，时常自我检视又自我批判。真正能做到正念的要求并坚持下去的人并不是很多，所以正念的这些益处往往来自少数人的报告。对于大多数人，正念练习还停留在新闻媒体中，或者在研究论文的相关信息中，看过后令人心生神往，但感觉遥不可及。

2018 年，来自澳大利亚的墨尔本大学，荷兰的格罗宁根大学，美国的加州大学戴维斯分校、密歇根大学、斯坦福大学、纽约大学、布朗大学沃伦阿尔伯特医学院等十几个大学院校的 15 位心理学研究者，在《心理科学展望》(*Perspectives on Psychological Science*) 杂志上共同发表了一篇文章，题目为《小心炒作：对正念和冥想研究的批判性反思》(*Mind the Hype: A Critical Evaluation and Prescriptive Agenda for Research on Mindfulness and Meditation*)。在这篇文章中，这些研究者指出，在过去的 20 年里，正念冥想已经不再是科学研究中的一个边缘性话题，它成为精神治疗的一个替代性疗法、企业福利的方案、教育实践中被广泛推广的手段、一把塑造高心理弹性的钥匙……但应该对当下风行的正念运动进行反思，文中有这样一段："公众及政府管理者对冥想有一种普遍的误解：他们认为正念作为一种治疗干预手段具有普适性及良好疗效，且这一结论已获得强有力的临床依据支撑。但事实并非如此，正念疗法对于精神疾病及心理障碍的治疗可能只有轻微或极微小的效果，甚至毫无效果。"

这 15 位学者从不同的领域出发，评价了当前的正念研究的进展，详细总结了关于正念我们已经了解的知识和未知的信息。他们认为，正念的概念难以定义，正念训练需要有一定的应用范围；正念冥想的研究应该更加规范化和明确化，如怎样恰当、客观地评价正念的效果，正念训练可能产生的负面作用，等等。他们申明，要尽量减少质量不高的研究，阻止关于正念的错误信息的传播。文章结语部分指出，要得出正念冥想对精神疾病及身心障碍具有疗效这一结论，仍需大量的科学研究及临床依据。

我们需要适度关注消极情绪

必要的消极情绪能推动我们前进。当失去对我们来说很宝贵的东西时，我们可能体验到悲伤情绪并哭出来。悲伤让我们意识到失去的东西非常重要，我们会吸取教训，尽量避免类似事件再次发生。

在我们的日常生活中，一定会有一些诱发消极情绪的事件，因而消极情绪是必然会出现的，其出现也是符合进化规律的，它能帮助我们保持心理健康，提高工作和学习的绩效，更好地成长。例如，在家庭生活或者工作中，有时在声明自己的立场时，我们会感到愤怒和焦虑等，但这可以让我们在工作中更高效地管理工作团队，或者弄清婚姻中潜在的危险因素。

我们可以重新理解消极情绪事件的意义。如果我们将看牙医当作一次痛苦的体验，就会感受到强烈的消极情绪；但如果将其看作一次对不舒服的挑战，就会感受到中等程度的消极情绪；如果将其视为一种必要的保护自身健康的手段，就会体验到积极情绪。同样一件事件，从何种角度去理解它，就会产生何种类型和强度的情绪。

同时，我们要意识到，过度的、无端的消极情绪并不能带来任何益处，甚至会产生破坏性伤害。比如，对亲人的一次思虑不周的言语攻击不但不会解决问题，反而会破坏亲密关系；过分自责可能引发指向自己的一连串负面评价，这些负面评价甚至会一直持续下去。

感受到消极情绪时，我们可以问问自己，这种糟糕的情况是偶尔出现，还是经常出现？如果只是偶尔出现，大可不必紧张；如果这种情绪经常出现，就可以思考一下，一直出现的这种消极情绪有积极的意义吗？如果没有任何益处，应该停止或者降低这种消极情绪。

多关注积极的信息源

我们可能会有这样的经历：我们会被媒体和电视中的负面信息掠夺了注意力，被牢牢抓住，陷入消极情绪的漩涡中。譬如，在新冠肺炎疫情暴发期间，就有很多人被媒体中的各种负面消息捕获，深感焦虑、恐慌，坐立不安，六神无主，甚至连每天的规律性行为都难以完成。只需要一条负面消息引发的消极情绪，就会将刚刚看到的大量积极信息引发的希望、敬佩、感恩和快乐等积极情绪全部浇灭。

关注环境中的消极信息源确实可以帮助我们最大限度地避免伤害。从进化的角度来说，我们不能错过任何一个威胁性刺激，忽视一个威胁性信息产生的损失可能是致命的，放大威胁至少可以让我们有备无患。就算最后是虚惊一场，也好过后悔莫及。我们也确实需要不断了解周围环境和世界上正在发生的事情，世界上每天发生的事情很多，这其中一定有些事情是消极的，如火灾、地震、疫情、战争等。当媒体将这些呈现出来的时候，就可能吸引我们的注意力，将危险放大。

调查表明，人们越经常浏览网页或者观看电视，对世界的判断就越暴力。因为这会导致个体过分关注负面新闻，高估了暴力行为或悲剧出现的概率，进而使人更悲观或者变得更暴力。人们更可能认为这个世界处处充满了危机，他人更可能伤害自己，自己对他人也更容易怀疑和不信任。

可以从现在开始，调整信息摄入源，更多地关注积极的信息。适度降低对负面信息源的关注度，我们会更自信、沉稳，心态也会更积极。

增加积极的反刍，适度减少消极的反刍

在我们的生活中，每天都会有积极的事件或消极的事情发生，这些都会影响我们的幸福感。烦恼的、单调的事情会让我们感到挫败、愤怒和焦虑；而令人振奋的或每天发生的很小的愉快事件，会给我们的健康、情绪和主观幸福感带来短期或长期的益处。这些烦恼和快乐涉及生活中的方方面面，包括工作、学习、家庭生活、社会活动等。面对这些起起落落，我们会采用各种各样的方式调节自己的情绪。积极的反刍（positive rumination）和消极的反刍（negative rumination）就好像明媚的阳光和阴暗的乌云，一个让你每天都感到精力充沛，另一个使你的生活被烦恼填满。

积极的反刍可以分为两个部分——自我关注的积极反刍与对积极情绪的反刍。前者是对积极的自我特质的关注，关注个人的成长和进步；后者是个体能够关注自己的积极情绪和积极经历。消极的反刍也可以分为两个部分——自我关注的消极反刍与对消极情绪的反刍。前

者是对消极的自我特质的关注；后者是个体一直沉浸在负面情绪体验中，不愿意走出来。

2008年，美国耶鲁大学心理系著名的心理学教授诺伦-霍克西玛（Susan Nolen-Hoeksema）、威斯克（Blair E. Wisco）和美国加州大学河滨分校的心理学教授柳博米尔斯基合作，在《心理科学展望》杂志上发表了题为《重新思考反刍》(*Rethinking Rumination*）的论文。他们指出，消极的反刍与抑郁症状的出现有关。消极的反刍会增加负面的念头和想法，损害问题解决的成绩，干扰日常生活中的正常行为，削弱人与人之间的社会支持。消极的反刍能够预测抑郁的出现，如果有消极的反刍，再加上消极的认知风格，就将延长抑郁的持续时间。消极的反刍还可能引发其他的心理问题，如焦虑、暴饮暴食、酗酒和自我伤害。

消极的反刍会使个体将注意力一直放在消极事件上，对策是适当降低对自我的负面认知和归因，不要将注意一直放在生活中的负面经历和事件上。不要一味地舔伤口，因为这并不是疗伤。有些人不肯面对自己的伤口，是因为他还觉得痛。这没关系，无伤大雅，但不要一直沉浸在过去的痛苦中，一次又一次地将自己快要愈合的伤口撕开。过去的事情已经过去，没必要被往事牵绊。总有一天，消极情绪会淡忘，我们的内心也将变得充实、丰美。

积极的反刍的研究结果恰好与消极的反刍的研究结果相反。积极的反刍也可以称为积极的怀旧，它能够给个体带来积极的情绪、乐观的心境，乃至生理健康上的益处。积极的反刍会增加人们的快乐，降低抑郁水平。

美国西弗吉尼亚大学、艾玛拉学院、犹他大学的研究者格拉夫（Allyson Graf）、拉姆齐（Meagan Ramsey）等人，2016 年在《幸福研究杂志》上发表了一篇文章，考察了每天生活中出现的消极事件（小烦恼）和积极事件（小确幸）对幸福感的影响，以及积极的反刍和消极的反刍起了什么样的作用。格拉夫等人招募了 469 名成年人志愿者，让他们回溯过去 24 小时发生的积极事件和消极事件，以及对这些事件的积极的反刍和消极的反刍。

一天中发生的积极事件和消极事件主要涉及三个领域：人际领域（如与爱人的互动）、扮演的社会角色所完成的事情（如工作或家务事）以及健康（如自身的体重变化）。什么样的事情算烦恼的事情呢？格拉夫等人这样解释：小烦恼是指“每天我们遇到的要求或变动，这些事情会让我们感到焦虑、挫败或烦恼”；小确幸是指“我们生活中每天遇到的积极事件”。他们在人群中找出了四种类型的人：从来不反刍的人、积极的反刍和消极的反刍都有的人、积极的反刍的人、消极的反刍的人。他们没有发现，反刍类型上存在年龄和性别上的差异。但对于总是喜欢消极的反刍的人，生活中发生的消极事件对他们的幸福感影响更大；而对于总是喜欢积极的反刍的人，即使生活中存在一些烦恼，也不会损害他们的幸福感。

中国香港教育学院心理研究系的研究者 2014 年在《人格和个体差异》杂志上发表了一篇研究，招募了 284 名中国大学生，考察了积极的反刍与心理弹性、抑郁症状之间的关系。他们测量了大学生的心理弹性、对积极情绪的反刍、对自己的人际关系的满意度、焦虑和抑郁症状，以及这些变量之间的关系。结果发现，心理弹性越高的人，越倾向积极的反刍，他们的人际关系满意度也越高，进而焦虑症状越少。

虽然积极的反刍是有适应意义的，但如果偏好积极的反刍的同时也偏好消极的反刍，对我们也是有损害的。美国耶鲁大学的研究者格鲁伯（June Gruber）和加州大学伯克利分校、南佛罗里达州立大学的其他研究者合作，2011 年在《变态心理学杂志》上发表了一篇论文，发现双相情感障碍患者在发作时既会表现出对积极情绪的反刍，也会表现出对消极情绪的反刍。

双相情感障碍（bipolar disorder）在临床上表现为抑郁和躁狂的间歇性发作，患者不善于调节情绪。研究者推测，对积极情绪的反刍使个体关注情绪上的快乐，会一味放大感官上的快乐，而不关注该事件的积极意义，前人研究已经证实抑郁症患者有对消极情绪的反刍的特质倾向。研究者认为，双相情感障碍的人可能既倾向放大积极情绪，也倾向放大消极情绪；对积极情绪和消极情绪的同时反刍可能与双相情感障碍有关。

研究者招募了 39 名双相情感障碍患者和 34 名健康的成年人，测量了他们对积极情绪和消极情绪的特质性反刍倾向，也在实验室里诱发了其状态性反刍。结果发现，双相情感障碍患者确实在积极情绪反刍特质和消极情绪反刍特质上都比健康人的分数更高。在双相情感障碍组，对积极情绪和消极情绪的反刍倾向越高，他们的心血管反应（即心率）也越高，越可能有终生抑郁发作的倾向；对积极情绪的特质反刍则更可能有终生欣快发作的可能。

反刍存在个体差异吗？高特质积极情绪性的人更可能会有积极

的反刍，这是发表在 2019 年《幸福研究杂志》上的一篇研究报告的结论。特质积极情绪性（trait positive emotionality）是美国俄勒冈大学心理学家罗斯巴特（Mary Rothbart）2007 年在《心理科学前沿》（*Current Directions in Psychological Science*）上发表的一篇论文中提出的概念，它是指一个人倾向更频繁地产生强烈的、接近性的行为倾向，更容易体验到快乐情绪，对未来有更积极和乐观的预期。

在 2019 年的研究中，研究者招募 145 名大学生，所有大学生要在 8 周的时间里测量其特质积极情绪性、特质感恩、特质消极情绪性、对具体事件的感恩、对具体事件的积极反刍、对具体事件的积极情绪等一系列变量。结果发现，如果一个人的特质积极情绪性越高，就越可能产生积极反刍；遇到积极事件时，产生的感恩情绪也越强。

这些研究结果说明，我们越经常进行积极的反刍，在生活中就越容易感恩，越可能感受到快乐和幸福。

相对来说，成年人不太可能对消极事件反刍，老年人更可能对积极事件反刍，年轻人则更可能进行消极的反刍。在性别方面，女性比男性更可能进行反刍（无论是积极的反刍还是消极的反刍），当然，这种现象常出现在年轻女性身上；女性更可能对社会性事件或人际冲突（如与亲密恋人之间的一次争吵）进行消极的反刍。

与他人在一起：建立亲密的人际关系

澳大利亚新南威尔士大学的研究者 2017 年在《社会精神病学与精神病流行学》（*Social Psychiatry & Psychiatric Epidemiology*）杂志上

发表了一项研究，对 2007 年澳大利亚全国心理健康调查和幸福感调查中的数据进行了分析。这项国民调查收集了 8841 名志愿者的数据，年龄跨度为 16—85 岁。研究者采用回归分析，考察人们的社会联系的频率和质量，以及 12 个月后这两项因素对抑郁水平的影响。

研究者按照年龄将这些志愿者分成三个群体——年轻的成年人（16—34 岁）、中年人（35—54 岁）和老年人（55 岁以上），要求他们回答自己与家庭成员、朋友联系的频率，以及能够依赖和信任的家庭成员和朋友的数量。结果发现，与社会联系的频率相比，一个人的社会联系的质量越高，这个人在最近一年患上抑郁症的概率就越低，二者的关系非常稳定。这说明社会联系的质量比社会联系的频率更重要，也就是说，我们未必要强求身边有很多朋友或亲人，有多少朋友或亲人能够让我们信任和依赖，能在我们需要时给予情感或者经济上的支持和援助，才是决定我们是否幸福和远离抑郁的重要因素。好朋友不需要多，有几个就够了。

老年人可能是个例外——对于老年人，社会联系的数量也是非常重要的。如果每个月没有一个朋友来探望，老年人在最近一年里出现抑郁的概率会增大两倍。

日本圣心女子大学心理学系的研究者高桥惠子（Keiko Takahashi）、高泽顺子（Junko Tamura）早在 1997 年的研究中就发现老年人比其他年龄段的人更需要社会支持。这项研究还考察了友谊和家庭成员这两种社会支持，哪种对老年人更重要，以及独居的老人是否幸福感更低。研究者招募了 148 名日本老年人，平均年龄为 65 岁，他们或生活在社区中，或生活在养老院中。研究者对他们进行了访谈和问卷测量，评测的内容包括积极情绪、自尊、生活满意度、主观健康感受、抑郁水平等。结果发现，以家庭为主的社会支持与以朋友为主的社会支持对老年人幸福感的影响没有明显不同。重要的是，如果没有任何情感上的依赖或社会支持，老年人的幸福感会很低。老年人尤其需要来自他人的关怀，让他们感受到情感上被他人依恋。如果有亲密的社会支持，无论是来自朋友还是来自家人，都能够提高老年人的幸福感。

我们会选择与什么样的人做朋友，也受幸福感的影响。美国加州大学河滨分校的研究者钱塞勒（Joseph Chancellor）、玛格里斯（Seth Margolis）和柳博米尔斯基，2017 年在《情绪》杂志上发表了一项有趣的研究。这项研究发现，在职场中，人们更愿意选择那些与自己的幸福水平相似的人做朋友。

钱塞勒等人在两个国家的两个工作环境中进行了两个研究。第一个研究选择了西班牙马德里伊比利亚可口可乐公司的 94 名员工，年龄为 22—61 岁，研究历时 18 周。他们让这些员工列出 10 个“工作时最想与其交往的人”，写下这些人的名字，无论这些人是否参与了本次研究。钱塞勒等人用“彼此都提到对方的名字”作为彼此对对方有好感，想要建立朋友关系，形成亲密的社会联系的一个指标，还评估了参与员工的生活满意度、抑郁水平、需要满意度、工作满意度等。结果发现，那些互相提到对方名字的人，也就是说，对彼此有好感，愿意成为朋友的人，其生活满意度、工作满意度的水平也非常相似，即他们的幸福水平差不多。

在第二个研究中，钱塞勒等人想要考察为什么幸福感相似的人更可能选择彼此建立社会联系。是因为他们的幸福感相似，所以彼此产生了更多的吸引？还是因为他们成为朋友，有了更多的联系，幸福感也被“传染”得更相似了？这次招募了 32 名位于日本东京的某个公司的员工，所有员工除了完成第一个研究中的问卷外，还测量了其积极情绪和消极情绪，并且完成了《组织公民行为问卷》。第二个研究的结果复制了第一个研究的结果，在生活满意度、需要满意度等幸福的指标上更相似的人，更愿意花更长的时间待在一起。同时发现，确实是首先出现了相似的幸福水平，才导致了两个人之间有更多的社会交往，成为朋友。

成为一个睿智的人

这里说的睿智不是指智力，而是指一种与在社会生活中解决问题有关的能力，主要与解决社会冲突有关。加拿大的滑铁卢大学、美国的得克萨斯大学达拉斯分校和密歇根大学、中国的北京大学的多位研究者合作，2013 年在《实验心理学：概述》上发表了一篇文章，认为更睿智（社会智力更高）的人有更高的幸福感。

这些研究者指出，睿智推理是与逻辑推理相反的一种能力，它往往与社会经验有关，常出现在社会情境中。具体来说，高睿智的人会有如下表现：能理解他人的观点；眼界更宽广，不限于眼前；对社会关系中改变的可能性很敏感；能看到在一个冲突事件中产生多种结果的可能性；关心如何解决冲突；能够与对立的观点妥协。《红楼梦》中人情练达、处事周到的薛宝钗大概就是一个睿智的人。

为了了解睿智的人是不是更幸福，研究者招募了 241 名志愿者，测量了他们的睿智推理水平（主要采用群体间和人际两难问题，这些问题涉及种族差异、政治观点或自然资源等）和幸福感。给志愿者呈现这些两难问题后，研究者会问他们："你认为接下来会发生什么？""还有其他的吗？""你为什么会认为可以采用这种方式解决问题？"研究者也设计了发生在朋友、配偶、邻居间的人际两难问题。

研究者最后发现，更睿智的人可能有更高的生活满意度，更少的消极情绪，更佳的社会关系，更少的抑郁性反刍，在言语中更频繁地使用积极情绪词而不是消极情绪词，甚至会更长寿。睿智对幸福感的预测作用在控制了社会经济地位、语言能力和一些人格特质变量后仍然显著存在。

可以推论，流体智力、认知加工速度和工作记忆这一类认知能力与幸福感没有太大关系。也就是说，一个的智商与一个人的幸福感没有直接的关系。只有一个人是一个能够解决社会两难问题的睿智的人，即社会智力更高的人，才可能是一个幸福的人。这也可以解释在以往的研究中发现的老年人要比年轻人更快乐、更幸福的研究结果，因为老年人的生活阅历比年轻人多，老年人会更睿智，也就会更幸福。

管理好时间，做擅长的事

我们可以通过控制好自己的时间来获得快乐。快乐的人能够掌控自己的生活，常常是因为他们更善于管理自己的时间。把时间控制好后，会发现可以把一个大的目标分解成每天的小目标。虽然我们常常高估自己一天内能够完成的事情的数量，这可能让我们感觉很挫败，但我们一般会低估自己在一年内能完成多少事情。每一天都取得一点点进步，一年下来，我们会发现自己可以完成很多事情。

从事能够发挥技能的工作和休闲活动，也能够让人更快乐。快乐的人经常处于一种“心流”状态，投身于既让他们感到有挑战，又不会感到挫败的工作。即使是修理草坪、打扫卫生这样的工作，只要能产生“心流”状态，就会比坐在游艇上更快乐。工作中虽然可能体会到辛苦、劳累或各种各样的负面情绪，但也会带来各式各样的积极情绪，如与他人共事时的幸福感，感到自己有助于他人、有益于社会的荣耀感和自我价值感，完成某项工作时的充实感和喜悦感，面对一个新挑战时的雀跃感，有所收获时的自豪和满足感……有了能够体会到快乐和幸福的工作，我们就会找到生命的意义感和价值感。

中年危机：请认真地坚持下去

很多研究发现，无论一个人多成功，到了四五十岁必然会深陷危机。进一步的研究表明，中年危机是一个普遍存在的心理应激模式。它是指与其他年龄人群相比，中年人更难感到满足的一种心理状态。

令人吃惊的是，虽然中年危机看起来与家庭、工作和生活上的诱因有关，但中年危机的心理模式其实与外部环境没有太大关系。中年人的情绪低落只与年龄有关。换句话说，无论你是谁，在中年时的成就有多高，到了这个年纪，多少都会有点危机感。

在 2012 年发表的一项研究报告中，动物学家观察了五百多只猩猩和类人猿。结果发现，相当于人类 45—50 岁的猩猩和类人猿看起来最不开心。连猴子都有中年危机，何况我们?

好消息是，研究也表明，人们的幸福感在一生中是变化的，青年时幸福感最强，到了中年之后幸福感开始下降，但到了六七十岁，幸福感会再次增加。也就是说，到了 60 岁左右，危机感就会逐渐变弱，因而变得幸福起来。

如果你陷入中年危机，最简单的解决方法就是认真坚持下去，至少坚持到 60 岁，就会迎来新的幸福。

寻找适合自己的幸福方法

增加幸福、获得积极情绪的方法有很多，前面章节中提到的培养感恩、自豪、敬畏、希望、爱等积极情绪的任何一种，都可以使人更快乐和幸福。

还有很多我们已经非常熟悉的方法，如运动。已经有大量研究表明，有氧锻炼不但能促进健康和带来活力，而且能消除轻微的抑郁和焦虑。运动抵御心理疾病、提高健康水平、促进快乐和幸福的科学证据已经有很多，这里不再赘述。做喜欢的任何活动，如绘画、瑜伽、烹饪、阅读、听音乐等，只要是健康的、有益于身心的，都能带来积极情绪，都可以尝试一下。还可以多想象未来可能发生的好事，这也可以带来积极情绪。

考察积极情绪和幸福的心理学家们目前正在努力尝试开发一个专注于“让人们幸福生活的各种方式”的应用程序，它容纳了当前被科学研究所证实、能够在日常生活中使用的提高幸福感的各种各样的方法，如练习表达感恩，或练习积极的反刍（可以制作一个相册，将自己喜欢的景物、喜欢的人或喜欢的任何东西拍成照片，放到相册里，经常观看），或练习希望和乐观（想象十年之后最好的自己会是什么样的），或实施结交一个新朋友的计划（从问候和关心开始，慢慢加深联系），等等。人们可以选择适合自己的方式并坚持下去，还可以通过这个应用程序，记录每天的积极情绪和消极情绪、身体和心理状态、主观幸福感等，以帮助评估幸福干预方式的实施效果。心理学家希望将这个应用程序装载在手机中，使用起来会更便捷和灵活。虽然这样的应用程序还没有正式开发出来并投放到市场上，但相信在不久的将来，它一定可以付诸实践。

我只想提醒大家，请勇于尝试，在众多获得快乐和幸福的方法中，寻找一种最适合自己的方法。有些人觉得正念冥想非常有效，但有些人怎么都进入不了正念的状态；有些人发现表达感恩能够增加自己的快乐，但另外一些人觉得表达感恩让自己很不舒服，不太自然……我们应该找到那些符合自己的价值观、性格、文化的幸福方法，我们每个人也的确都可以找到与自己匹配的幸福方法。

参考文献

Acevedo, B. P., Aron, A., Fisher, H. E., & Brown, L. L. (2012). Neural correlates of long-term intense romantic love. *Social Cognitive and Affective Neuroscience, 7* (2), 145—159.

Adrienne, W., & Paula, N. (2018). Developing a social functional account of laughter. *Social and Personality Psychology Compass, 12* (4), 1—14.

Alfasi, Y. (2019). The grass is always greener on my friends' profiles: The effect of Facebook social comparison on state self-esteem and depression. *Personality and Individual Differences, 147*, 111—117.

Algoe, S. B. (2012). Find, remind, and bind: The functions of gratitude in everyday relationships. *Social and Personality Psychology Compass, 6* (6), 455—469.

Algoe, S. B., & Stanton, A. L. (2012). Gratitude when it is needed most: Social functions of gratitude in women with metastatic breast cancer. *Emotion, 12* (1), 163—168.

Anderson, C. L., Monroy, M., & Keltner, D. (2018). Awe in nature heals: Evidence from military veterans, at-risk youth, and college students. *Emotion, 18* (8), 1195—1202.

Appel, H., Crusius, J., & Gerlach, A. L. (2015). Social comparison, envy, and depression on Facebook: A study looking at the effects of high comparison standards on depressed individuals. *Journal of Social and Clinical Psychology, 34* (4), 277—289.

Arditte Hall, K. A., De Raedt, R., Timpano, K. R., & Joormann, J. (2018). Positive memory enhancement training for individuals with major depressive disorder. *Cognitive Behaviour Therapy, 47* (2), 155—168.

Armstrong, T., & Olatunji, B. O. (2012). Eye tracking of attention in the affective disorders: A meta-analytic review and synthesis. *Clinical psychology review, 32* (8), 704—723.

Aron, A., & Aron, E. N. (1986). *Love and the expansion of the self: Understanding attraction and satisfaction.* New York, NY: Hemisphere Publishing Co/Harper & Row Publishers.

Aron, A., & Aron. E. N. (2006). Romantic relationships from the perspectives of the self-expansion model and attachment theory: Partially overlapping circles. In M. Mikulincer & F. S. Goodman (Eds.), *The dynamics of romantic love: Attachment, caregiving, and sex* (pp. 359—382). New York: Guilford.

Aviezer, H., Trope, Y., & Todorov, A. (2012). Body cues, not facial expressions, discriminate between intense positive and negative emotions. *Science, 338* (30), 1225—1229.

Baert, S., De Raedt, R., Schacht, R., & Koster, E. H. W. (2010). Attentional bias training in depression: Therapeutic effects depend on depression severity. *Journal of Behavior Therapy and Experimental Psychiatry, 41* (3), 265—274.

Bai, Y., Maruskin, L. A., Chen, S., Gordon, A. M., Stellar, J. E., McNeil, G. D., Peng, K. P., & Keltner, D. (2017). Awe, the diminished self, and collective engagement: Universals and cultural variations in the small self. *Journal of Personality and Social Psychology, 113* (2), 185—209.

Ballew, M. T., & Omoto, A. M. (2018). Absorption: How nature experiences promote awe and other positive emotions. *Ecopsychology, 10* (1), 26—35.

Bartels, A., & Zeki, S. (2004). The neural correlates of maternal and romantic love. *NeuroImage, 21* (3), 1155—1166.

Bartlett, M. Y., & Arpin, S. N. (2019). Gratitude and loneliness: Enhancing health and well-being in older adults. *Research on Aging, 41* (8), 772—793.

Beck, A. T. (1976). *Cognitive therapy and the emotional disorders.* New York: New American Library.

Bega, D., Palmentera, P., Wagner, A., Hovde, M., Barish, B., Kwasny, M. J., & Simuni, T. (2017). Laughter is the best medicine: The Second City® improvisation as an intervention for Parkinson's disease. *Parkinsonism and*

Related Disorders, 34, 62—65.

Bleidom, W., Hopwood, C. J., Ackerman, R. A., Witt, E. A., Kandler, C., Rieman, R., & Samuel, D. B. et al.(2000). The healthy personality from a basic trait perspective. *Journal of Personality and Social Psychology, 118* (6), 1207—1225.

Blood, A. J., & Zatorre, R. J. (2001). Intensely pleasurable responses to music correlate with activity in brain regions implicated in reward and emotion. *PNAS, 98* (20), 11818—11823.

Boehm, J. K., Lyubomirsky, S., & Sheldon, K. M. (2011). A longitudinal experimental study comparing the effectiveness of happiness-enhancing strategies in Anglo Americans and Asian Americans. *Cognition and Emotion, 25* (7), 1263—1272.

Bolmont, M., Cacioppo, J. T., & Cacioppo, S. (2014). Love is in the gaze: An eye-tracking study of love and sexual desire. *Psychological science, 25* (9), 1748—1756.

Bradley, M. M., & Lang, P. J. (2000). Affective reactions to acoustic stimuli. *Psychophysiology, 37* (2), 204—215.

Brosi, P., Spörrle, M., Welpe, I. M., & Shaw, J. D. (2016). Two facets of pride and helping. *Journal of Managerial Psychology, 31* (5), 976—988.

Brown, N. J. L., Sokal, A. D., & Friedman, H. L. (2013). The complex dynamics of wishful thinking: The critical positivity ratio. *American Psychologist, 68* (9), 801—813.

Brown, C. L., Doren, N. V., Ford, B. Q., Mauss, I. B., Sze, J. W., & Levenson, R. W. (2020). Coherence between subjective experience and physiology in emotion: Individual differences and implications for well-being. *Emotion*, *20* (5), 818—829.

Buss, D. M. (2000). The evolution of happiness. *American Psychologist, 55* (3), 15—23.

Cacioppo, S., Couto, B., Bolmont, M., Sedeno, L., Frum, C., Lewis, J. W., ... & Cacioppo, J. T. (2013). Selective decision-making deficit in love following damage to the anterior insula. *Current trends in Neurology, 7*, 15—19.

Campos, B., Shiota, M. N., Keltner, D., Gonzaga, G. C., & Goetz, J. L. (2013).

What is shared, what is different? Core relational themes and expressive displays of eight positive emotions. *Cognition & Emotion, 27* (1), 37—52.

Carson, D. S., Guastella, A. J., Taylor, E. R., & McGregor, I. S. (2013). A brief history of oxytocin and its role in modulating psychostimulant effects. *Journal of Psychopharmacology, 27* (3), 231—247.

Carstensen, L. L., & DeLiema, M. (2018). The positivity effect: A negativity bias in youth fades with age. *Current Opinion in Behavioral Sciences, 19*, 7—12.

Carter, C. S., Williams, J. R., Witt, D. M., Insel, T. R. (1992). Oxytocin and social bonding. *Annals of the New York Academy of Sciences, 12* (652), 204—211.

Carver, C. S., Sinclair. S., & Johnson, S. L. (2010). Authentic and hubristic pride: Differential relations to aspects of goal regulation, affect, and self-control. *Journal of Research in Personality, 44* (6), 698—703.

Cavanaugh, L. A., Cutright, K. M., Luce, M. F., & Bettman, J. R. (2011). Hope, pride, and processing during optimal and nonoptimal times of day. *Emotion, 11* (1), 38—46.

Chan, D. W. (2010). Gratitude, gratitude intervention and subjective well-being among Chinese school teachers in Hong Kong. *Educational Psychology, 30* (2), 139—153.

Chancellor, J., Layous, K., Margolis, S., & Lyubomirsky, S. (2017). Clustering by well-being in workplace social networks: Homophily and social contagion. *Emotion, 17* (8), 1166—1180.

Chang, E. C., Chang, O. D., Li, M. Q., Xi, Z., Liu, Y. W., Zhang, X. T., Wang, X., Li, Z. M., & Zhang, M. Z.(2019). Positive emotions, hope, and life satisfaction in Chinese adults: A test of the broaden-and-build model in accounting for subjective well-being in Chinese college students. *The Journal of Positive Psychology, 14* (6), 829—835.

Chang, S. W. C., Barter, J. W., Ebitz, R. B., Watson, K. K., & Platt, M. L. (2012). Inhaled oxytocin amplifies both vicarious reinforcement and self-reinforcement in rhesus macaques (Macaca mulatta).*Proceedings of the National Academy of Sciences, 3* (109), 959—964.

Chang, Y. P., & Algoe, S. B. (2019). On thanksgiving: Cultural variation in gratitude demonstrations and perceptions between the United States and Taiwan. *Emotion*, publicationed online.

Chirico, A., & Gaggioli, A. (2018). Awe: "More than a feeling" . *The Humanistic Psychologist, 46* (3), 274—280.

Chirico, A., Glaveanu, V. P., Cipresso, P., Riva, G., & Gaggioli, A. (2018). Awe enhances creative thinking: An experimental study. *Creativity Research Journal, 30* (2), 123—131.

Chopik, W. J., Newton, N. J., Ryan, L. H., Kashdan, T. B., & Jarden, A. J. (2019). Gratitude across the life span: Age differences and links to subjective well-being. *The Journal of Positive Psychology, 14* (3), 292—302.

Ciarrochi, J., Parker, P., Kashdan, T. B., Heaven, P. C. L., & Barkus, E. (2015). Hope and emotional well-being: A six-year study to distinguish antecedents, correlates, and consequences. *The Journal of Positive Psychology, 10* (6), 1—13.

Coan, J. A., & Allen, J. J. (2007). *Handbook of emotion elicitation and assessment.* Washington, D.C.: Oxford University Press.

Coffey, J. K. (2019). Cascades of infant happiness: Infant positive affect predicts childhood IQ and adult educational attainment. *Emotion*, published online.

Corona, K., Senft, N., Campos, B., Chen, C., Shiota, M., & Chentsova-Dutton, Y. E. (2020). Ethnic variation in gratitude and well-being. *Emotion*, *20* (3), 518—524.

Damian, R. I., & Robins, R. W. (2013). Aristotle's virtue or dante's deadliest sin? The influence of authentic and hubristic pride on creative achievement. *Learning and Individual Differences, 26*, 156—160.

Danvers, A. F., & Shiota, M. N. (2017). Going off script: Effects of awe on memory for script-typical and -irrelevant narrative detail. *Emotion, 17* (6), 938—952.

Daugherty, D. A., Runyan, J. D., Steenbergh, T. A., Fratzke, B. J., Fry, B. N., & Westra, E. (2018). Smartphone delivery of a hope intervention: Another way to flourish. *PLoS ONE, 13* (6).

Davidson, R. J., Ekman, P., Saron, C. D., Senulis, J. A., & Friesen, W. V. (1990).

Approach-withdrawal and cerebral asymmetry: Emotional expression and brain physiology I. *Journal of Personality and Social Psychology, 58* (2), 330—334.

DeBruine, L. M., Jones, B. C., Unger, L., Little, A. C., & Feinberg, D. R. (2007). Dissociating averageness and attractiveness: Attractive faces are not always average. *Journal of Experimental Psychology: Human Perception and Performance, 33* (6), 1420—1430.

Deng, Y. H., Xiang, R. Y., Zhu, Y. J., Li, Y., Yu, S., Liu, X. P. (2019). Counting blessings and sharing gratitude in a Chinese prisoner sample: Effects of gratitude-based interventions on subjective well-being and aggression. *The Journal of Positive Psychology, 14* (3), 303—311.

Diehla, M., Haya, E. L., Berg, K. M. (2011). The ratio between positive and negative affect and flourishing mental health across adulthood. *Aging & Mental Health, 15* (7), 882—893.

Diener, E., Colvin, C. R., Pavot, W. G., & Allman, A.(1991). The psychic costs of intense positive affect. *Journal of Personality and Social Psychology, 61* (3), 492—503.

Diener, E., Lucas, R. E., & Oishi, S. (2002). Subjective well-being. The science of happiness and life satisfaction. In C. R. Snyder, & S. J. Lopez (Eds.), *Handbook of positive psychology* (pp. 63—73). Oxford: Oxford University Press.

Ditzen, B., Schaer, M., Gabriel, B., Bodenmann, G., Ehlert, U., & Heinrichs, M. (2009). Intranasal oxytocin increases positive communication and reduces cortisol levels during couple conflict. *Biological psychiatry, 65* (9), 728—731.

Dreisbach, G. (2006). How positive affect modulates cognitive control: The costs and benefits of reduced maintenance capability. *Brain and Cognition, 60* (1), 11—19.

Dreisbach, G., & Goschke, T. (2004). How positive affect modulates cognitive control: Reduced perseveration at the cost of increased distractibility. *Journal of Experimental Psychology: Learning Memory and Cognition, 30* (2), 343—353.

Du, H., Chen, A., Chi, P., & King, R. (2019). Person-culture fit boosts national pride: A cross-cultural study among 78 countries. *Journal of Research in Personality, 81*, 108—117.

Ekman, P., & Friesen, W. V. (1978). *Facial action coding system: A technique for the measurement of facial movement*. Palo Alto, CA: Consulting Psychologists Press.

Elling, A., Hilvoorde, I. V., & Van Den Dool, R. (2014). Creating or awakening national pride through sporting success: A longitudinal study on macro effects in the Netherlands. *International Review for the Sociology of Sport, 49* (2), 129—151.

Emmons, R. A., & McCullough, M. (2003). Counting blessings versus burdens: An experimental investigation of gratitude and subjective well-being in daily life. *Journal of Personality and Social Psychology, 84* (2), 377—389.

Emmons, R. A., & McCullough, M. (2004). *The psychology of gratitude.* New York, US: Oxford University Press.

Everson, S. A., Goldberg, D. E., Kaplan, G. A., Cohen, R. D., Pukkala, E., Tuomilehto, J., & Salonen, J. T. (1996). Hopelessness and risk of mortality and incidence of myocardial infarction and cancer. *Psychosomatic Medicine, 58* (2), 113—121.

Ferguson, S. J., Taylor, A. J., & McMahon, C. (2017). Hope for the future and avoidance of the present: Associations with well-being in older adults. *Journal of Happiness Studies, 18*, 1485—1506.

Fishbach, A., & Eyal, T. (2010). The motivation-emotion matching hypothesis. *Advances in Consumer Research, 37*, 122.

Fiske, A. P., Seibt, B., & Schubert, T. (2017). The sudden devotion emotion: Kama muta and the cultural practices whose function is to evoke It. *Emotion Review, 11* (1), 1—13.

Fredrickson, B. L. (1998). What good are positive emotions? *Review of General Psychology, 2*, 300—319.

Fredrickson, B. L., & Branigan, C. (2005). Positive emotions broaden the scope of attention and thought action repertoires. *Cognition & Emotion, 19* (3), 313—332.

Fredrickson, B. L., & Losada, M. F. (2005). Positive affect and the complex dynamics of human flourishing. *American Psychologist, 60* (7), 678—686.

Gabel, L. N., Daoust, A. R., Durbin, C. E., & Hayden, E. P. (2019). Development and validation of a battery of emotionally evocative film clips for use with young children. *Psychological Assessment, 31* (8), 1040—1051.

Gable, P. A., & Harmon-Jones, E. (2010c). The motivational dimensional model of affect: Implications for breadth of attention, memory, and cognitive categorisation. *Cognition and Emotion, 24* (2), 322—337.

Geraghty, A. W. A., Wood, A. M., & Hyland, M. E. (2010). Attrition from self-directed interventions: Investigating the relationship between psychological predictors, technique and dropout from a body image intervention. *Social Science and Medicine, 71* (1), 30—37.

Gong, X., & Fung, H. H. (2020). Remembering positive or relevant information? Cultural relevance may moderate the age-related positivity effect in memory. *Psychology and Aging*, *35* (2), 267—282.

Gonzaga, G. C., Turner, R. A., Keltner, D., Campos, B., & Altemus, M. (2006). Romantic love and sexual desire in close relationships. *Emotion, 6* (2), 153—179.

Gordon, A. M., Stellar, J. E., Anderson, C. L., McNeil, G. D., Loew, D., & Keltner, D. (2017). The dark side of the sublime: Distinguishing a threat-based variant of awe. *Journal of Personality and Social Psychology, 113* (2), 310—328.

Goschke, T., & Bolte, A. (2014). Emotional modulation of control dilemmas: The role of positive affect, reward, and dopamine in cognitive stability and flexibility. *Neuropsychologia, 62*, 403—423.

Graf, A. S., Ramsey, M. A., & Patrick, J. H. (2016). Dark storm clouds and rays of sunshine: Profiles of negative and positive rumination about daily hassles and uplifts. *Journal of Happiness Study, 17* (6), 2257—2276.

Graziosi, M., & Yaden, D. (2019). Interpersonal awe: Exploring the social domain of awe elicitors, *The Journal of Positive Psychology*, published online.

Grealish, L., Hyde, M. K., Legg, M., Lazenby, M., Aitken, J. F., Dunn, J., &

Chambers, S. K. (2019). Psychosocial predictors of hope two years after diagnosis of colorectal cancer: Implications for nurse-led hope programmes. *European Journal of Cancer Care, 28* (3), 1—9.

Griskevicius, V., Shiota, M. N., & Neufeld, S. L. (2010). Influence of different positive emotions on persuasion processing: A functional evolutionary approach. *Emotion, 10* (2), 190—206.

Grol, M., & Raedt, R. D. (2018). The effect of positive mood on flexible processing of affective information. *Emotion, 18* (9), 819—833.

Gross, J. J., & Levenson, R. W. (1995). Emotion elicitation using films. *Cognition and Emotion, 9* (1), 87—108.

Grossmann, I., Na, J., Varnum, M. E. W., Kitayama, S., & Nisbett, R. E. (2013). A route to well-being: Intelligence vs. wise reasoning. *Journal of Experimental Psychology, 142* (3), 944—953.

Guan, F., Zhao, S., Chen, S., Lu, S., Chen, J., & Xiang, Y. (2019). The neural correlate difference between positive and negative awe. *Frontiers in Human Neuroscience, 13*, 206.

Guo, S. Y., Jiang, L. B., Huang, R., Ye, W. L., & Zhou, X. Y. (2018). Inspiring awe in consumers: Relevance, triggers, and consequences. *Asian Journal of Social Psychology*, *21* (3), 129—142.

Ha, S. E., & Jiang, S. J. (2015). National identity, national pride, and happiness: The case of South Korea. *Social Indicators Research, 121* (2), 471—482.

Harding, K. A., Murphy, K. M., & Mezulis, A. (2019). Ruminating on the positive: Paths from trait positive emotionality to event-specific gratitude. *Journal of Happiness Studies, 20* (1), 101—117.

Hasan-Aslih, S., Pliskin, R., van Zomeren, M., Halperin, E., & Saguy, T. (2019). A darker side of hope: Harmony-focused hope decreases collective action intentions among the disadvantaged. *Personality and Social Psychology Bulletin, 45* (2), 209—223.

Heintzelman, S. J., & King, L. A. (2014). Life is pretty meaningful. *American Psychologist, 69* (6), 561—574.

Hou, W. K., & Ng, S. M. (2014). Emotion-focused positive rumination and relationship satisfaction as the underlying mechanisms between resilience and psychiatric symptoms. *Personality and Individual Differences, 71*, 159—164.

Hu, J., Yang, Y., Jing, F. J., & Nguyen, B. (2018). Awe, spirituality and conspicuous consumer behavior. *International Journal of Consumer Studies, 42* (6), 829—839.

Jack, R. E., Blais, C., Scheepers, C., Schyns, P. G., & Caldara, R. (2009). Cultural confusions show that facial expressions are not universal. *Current Biology, 1* (9), 1543—1548.

James, E. & Tracy, J. L. (2012). Pride and prejudice: How feelings about the self influence judgements of others. *Journal of Personality and Social Psychology Bulletin, 38* (4), 466—476.

Jones, B. C., DeBruine, L. M., Little, A. C., Conway, C. A., & Feinberg, D. R. (2006). Integrating gaze direction and expression in preferences for attractive faces. *Psychological Science, 17* (7), 588—591.

Joormann, J., & Gotlib, I. H. (2007). Selective attention to emotional faces following recovery from depression. *Journal of Abnormal Psychology, 116* (1), 80—85.

Joybari, M. M., & Sharifi, N. (2015). Role of hope and national pride in predicting happiness. *Psychological Research, 18* (1), 75—88.

Katzir, M., Eyal, T., Meiran, N., & Kessler, Y. (2010). Imagined positive emotions and inhibitory control: The differentiated effect of pride versus happiness. *Journal of Experimental Psychology: Learning, Memory, and Cognition, 36* (5), 1314—1320.

Kawakami, A., Furukawa, K., Katahira, K., & Okanoya, K. (2013). Sad music induces pleasant emotion. *Frontiers in Psychology, 4*,1—15.

Keltner, D., & Haidt, J. (2003). Approaching awe, a moral, spiritual, and aesthetic emotion. *Cognition & Emotion, 17* (2), 297—314.

Kennedy, Q., Mather, M., & Carstensen, L. L. (2004). The role of motivation in the age-related positivity effect in autobiographical memory. *Psychological Science, 15* (3), 208—214.

Klages, S. V., & Wirth, J. H. (2014). Excluded by laughter: Laughing until it hurts someone else. *The Journal of Social Psychology, 154* (1), 8—13.

Kral, T. R., Schuyler, B. S., Mumford, J. A., Rosenkranz, M. A., Lutz, A., & Davidson, R. J. (2018). Impact of short- and long-term mindfulness meditation training on amygdala reactivity to emotional stimuli. *Neuroimage, 181*, 301—313.

Kurtz, L. E., & Algoe, S. B. (2015). Putting laughter in context: Shared laughter as behavioral indicator of relationship well-being. *Personal Relationships, 22* (4), 573—590

Laird, S. P., Snyder, C. R., Rapoff, M. A., & Green, S. (2004). Measuring private prayer: Development, validation, and clinical application of the Multidimensional Prayer Inventor. *International Journal for the Psychology of Religion, 14* (4), 251—272.

Lang, P. J., Bradley, M. M., & Cuthbert, B. N. (1997). International Affective Picture System (IAPS): Technical manual and affective ratings. NIMH Center for the Study of Emotion and Attention, 39—58.

Lang, P. J., Bradley, M. M., & Cuthbert, B. N. (2008). *International affective picture system (IAPS): Affective ratings of pictures and instruction manual. Technical Report A-8*. Gainesville: University of Florid.

Lazarus, R. S. (1991). *Emotion and adaptation.* New York: Oxford University Press.

Lazarus, R. S. (2006). Emotions and interpersonal relationships: Toward a person-centered conceptualization of emotions and coping. *Journal of Personality, 74* (1), 9—46.

Lee, H. W., Bradburn, J., Johnson, R. E., Lin, S. H., & Chang, C. H. (2019).The benefits of receiving gratitude for helpers: A daily investigation of proactive and reactive helping at work. *Journal of Applied Psychology, 104* (2), 197—213.

Leng, H. K., Kuo, T. Y., Baysa-Pee, G., & Tay, J. (2014). Make me proud! Singapore 2010 Youth Olympic Games and its effect on national pride of young Singaporeans. *International Review for the Sociology of Sport, 49* (6), 745—760.

Levine, A., Zagoory-Sharon, O., Feldman, R., & Weller, A. (2008). Oxytocin during pregnancy and early postpartum: Individual patterns and maternal-fetal attachment. *Peptides, 28* (6), 1162—1169.

Lewandowski Jr., G. W. (2009). Promoting positive emotions following relationship dissolution through writing. *The Journal of Positive Psychology, 4* (1), 21—31.

Lewis, M. (2000). Self-conscious emotions: Embarrassment, pride, shame, and guilt. In M. Lewis & J. M. Haviland-Jones (Eds.), *Handbook of emotions (2nd ed.)*. (pp. 623–636). New York: Guilford.

Li, H., Wei, D., Browning, M., Du, X., Zhang, Q., & Qiu, J. (2016). Attentional bias modification (ABM) training induces spontaneous brain activity changes in young women with subthreshold depression: A randomized controlled trial. *Psychological Medicine, 46* (5), 909—920.

Li, J., Li, A., Sun, Y., Li, H., Liu, L., Zhan, Y., Fan, W., & Zhong, Y. (2019). The effect of preceding self-control on prosocial behaviors: The moderating role of awe. *Frontiers in Psychology, 10*, 682.

Lindsay, E. K., Chin, B., Greco, G. M., Yong, S., Brown, K. W., Wright, A. G. V., & Smyth, J. M. (2018). How mindfulness training promotes positive emotions: Dismantling acceptance skills training in two randomized controlled trials. *Journal of Personality and Social Psychology: Attitudes and Social Cognition, 115* (6), 944—973.

Liu, Y., & Wang, Z. H. (2014). Positive affect and cognitive control: Approach-motivation intensity influences the balance between cognitive flexibility and stability. *Psychological Science, 25* (5), 1116—1123.

Liu, Y., Wang, Z. H., Quan, S. X., & Liu, M. J. (2017). The effect of positive affect on conflict resolution: Modulated by approach-motivational intensity. *Cognition and Emotion, 31* (1), 69—82.

Lucas, H., Csikszentmihalyi, M., & Nakamura, J. (2019). Beyond-personal love — experiencing love beyond the person. *The Journal of Positive Psychology, 14* (6), 789—798.

Luong, G., Wrzus, C., Wagner, G., & Riediger, M. (2016). When bad moods may not be so bad: Valuing negative affect is associated with weakened affect-health links. *Emotion, 16* (3), 387—401.

Lyubomirsky, S., Dickerhoof, R., Boehm, J. K., & Sheldon, K. M. (2011).

Becoming happier takes both a will and a proper way: An experimental longitudinal intervention to boost well-being. *Emotion, 11* (2), 391—402.

Lyubomirsky, S., King, L., & Diener, E. (2005). The benefits of frequent positive affect: Does happiness lead to success? *Psychological Bulletin, 131*(6), 803–855.

Mason, M. F., Tatkow, E. P., & Macrae, C. N. (2005). The look of love: Gaze shifts and person perception. *Psychol Science, 16* (3), 236—239.

Marlin, B. J., Mitre, M., D'amour, J. A., Chao, M. V., & Froemke, R. C. (2015). Oxytocin enables maternal behaviour by balancing cortical inhibition. *Nature, 23* (520), 499—507.

Martela, F., & Steger, M. F. (2016). The three meanings of meaning in life: Distinguishing coherence, purpose, and significance. *The Journal of Positive Psychology, 11* (5), 531—545.

Martin, R. D. (2002). Is laughter the best medicine? Humor, laughter, and physical health. *Current Directions in Psychological Science, 11* (6), 216—220.

McCullough, M. E., Emmons, R. A., & Tsang, J. A. (2002). The grateful disposition: A conceptual and empirical topography. *Journal of Personality and Social Psychology, 82* (1), 112—127.

McPhetres, J. (2019). Oh, the things you don't know: Awe promotes awareness of knowledge gaps and science interest. *Cognition and Emotion, 33* (8), 1599—1615.

Mehu, M., Little, A., & Dunbar, R. I. M. (2007). Duchenne smiles and the perception of generosity and sociability in faces. *Journal of Evolutionary Psychology, 5*, 183—196.

Miao, M., Zheng, L., & Gan, Y. Q. (2017). Meaning in life promotes proactive coping via positive affect: A daily diary study. *Journal of Happiness Study, 18* (6), 1683—1696.

Mongrain, M., Komeylian, Z., & Barnhart, R. (2016). Happiness vs. mindfulness exercises for individuals vulnerable to depression. *The Journal of Positive Psychology, 11* (4), 366—377.

Moskowitz et al. (2017). Randomized controlled trial of a positive affect intervention for people newly diagnosed with HIV. *Journal of Consulting and Clinical Psychology*, *85* (5), 409—423.

MSc, M. T. (2016). The Facebook experiment: Quitting Facebook leads to higher levels of well-being. *Cyberpsychology, Behavior, and Social Networking, 19* (11), 661—666.

Nagasawa, M., Mitsui, S., En, S., Ohtani, N., Ohta, M., Sakuma, Y., Onaka, T., Mogi, K., & Kikusui, T. (2015). Oxytocin-gaze positive loop and the coevolution of human-dog bonds. *Science, 348* (623), 333—336.

Ng, J. W. X., Tong, E. M. W., Sim, D. L. Y., Teo, S. W. Y., Loy, X., & Giesbrecht, T. (2017). Gratitude facilitates private conformity: A test of the social alignment hypothesis. *Emotion, 17* (2), 379—387.

Nickerson, C. A. (2018). There is no empirical evidence for critical positivity ratios: Comment on Fredrickson (2013). *Journal of Humanistic Psychology, 58* (3), 284—312.

Nolen-Hoeksema, S., Wisco, B. E., Lyubomirsky, S. (2008). Rethinking rumination. *Perspectives on Psychological Science, 3* (5), 400—424.

Nummenmaa, L., & Niemi, P. (2004). Inducing affective states with success-failure manipulations: A meta-analysis. *Emotion, 4* (2), 207—214.

O'Doherty, J., Winston, J., Critchley, H., Perrett, D., Burt, D. M., & Dolan, R. J. (2003). Beauty in a smile: The role of medial orbitofrontal cortex in facial attractiveness. *Neuropsychologia, 41* (2), 147—155.

Ōkubo, M., Ishikawa, K., Kobayashi, A., Laeng, B., & Tommasi, L. (2015). Cool guys and warm husbands: The effect of smiling on male facial attractiveness for short-and long-term relationships. *Evolutionary Psychology, 13* (3), 1—8.

Oldmeadow, J. A., Quinn, S., & Kowert, R. (2013). Attachment style, social skills, and Facebook use amongst adults. *Computers in Human Behavior, 29* (3), 1142—1149.

Orth, U., Robins, R. W., Soto, C. J. (2010). Tracking the trajectory of shame, guilt, and pride across the life span. *Journal of Personality and Social Psychology, 99* (6), 1061—1071.

Ouweneel, E., Blanc, P. M. L., Schaufeli, W. B., & van Wijhe, C. I. (2012). Good morning, good day: A diary study on positive emotions, hope, and work engagement. *Human Relations, 65* (9), 1129—1154.

Park, Y., Impett, E. A., MacDonald, G., & Lemay, E. P., Jr. (2019). Saying "Thank You" : Partners' expressions of gratitude protect relationship satisfaction and commitment from the harmful effects of attachment insecurity. *Journal of Personality and Social Psychology: Interpersonal Relations and Group Processes, 117* (4), 773—806.

Parka, Y., & MacDonalda, G. (2019). Consistency between individuals' past and current romantic partners' own reports of their personalities. *Proceedings of the National Academy of Sciences of the United States of America, 116* (26), 12793—12797.

Peckham, A. D., Johnson, S. L., & Gotlib, I. H. (2016). Attentional bias in euthymic bipolar I disorder. *Cognition and Emotion, 30* (3), 472—487.

Piff, P. K., Dietze, P., Feinberg, M., Stancato, D. M., & Keltner, D. (2015). Awe, the small self, and prosocial behavior. *Journal of Personality and Social Psychology, 108* (6), 883—899.

Pool, E., Brosch, T., Delplanque, S., & Sander, D. (2016). Attentional bias for positive emotional stimuli: A meta-analytic investigation. *Psychological Bulletin, 142* (1), 79—106.

Pressman, S. D., & Cohen, S. (2012). Positive emotion word use and longevity in famous deceased psychologists. *Health Psychology, 31* (3), 297—305.

Price, R. B., Greven, I. M., Siegle, G. J., Koster, E. H. W., & De Raedt, R. (2016). A novel attention training paradigm based on operant conditioning of eye gaze: Preliminary findings. *Emotion, 16* (1), 110—116.

Razavi, P., Zhang, J. W., Hekiert, D., Yoo, S. H., & Howell, R. T. (2016). Cross-cultural similarities and differences in the experience of awe. *Emotion, 16* (8), 1097—1101.

Reis, H. T., Wilson, M. I., Monestere, C., Bernstein, S., Clark, K., & Seidl, E. et al. (1990). What is smiling is beautiful and good. *European Journal of Social Psychology, 20* (3), 259—267.

Rice et al. (2019). Perceived social integration predicts future physical activity through positive affect and spontaneous thoughts. *Emotion,* published online.

Richman, L. S., Kubzansky, L., Maselko, J., Kawachi, W., Choo, P., & Bauer, M. (2005). Positive emotion and health: Going beyond the negative. *Health Psychology, 24* (4), 422—429.

Roberts, J. C., Headleand, C. J., & Ritsos, P. D. (2017). *Five design-sheets: Creative design and sketching for computing and visualisation*. Cham, Switzerland: Springer International Publishing AG.

Rom, E., & Alfasi, Y. (2014). The role of adult attachment style in online social network affect, cognition, and behavior. *Journal of Psychology and Psychotherapy Research, 1* (1), 24—34.

Rothbart, M. K. (2007). Temperament, development, and personality. *Current Directions in Psychological Science, 16* (4), 207—212.

Rubin, Z. (1970). Measurement of romantic love. *Journal of Personality and Social Psychology, 16* (2), 265—273.

Rudd, M., Hildebrand, C., & Vohs, K. D. (2018). Inspired to create: Awe enhances openness to learning and the desire for experiential creation. *Journal of Marketing Research, 55* (5), 766—781.

Rudd, M., Vohs, K. D., & Aaker, J. (2012). Awe expands people's perception of time, alters decision making, and enhances well-being. *Psychological Science, 23* (10), 1130—1136.

Russell, J. A. (1980). A circumplex model of affect. *Journal of Personality and Social Psychology, 39* (6), 1161—1178.

Ryff, C. D., & Keyes, C. L. M. (1999). The structure of psychological well-being revisited. *Journal of Personality and Social Psychology, 69* (4), 719—727.

Sachs, M. E., Damasio, A., & Habibi, A. (2015). The pleasure of sad music: A systematic review. *Frontiers in Human Neuroscience, 9* (404), 1—12.

Sanchez, A., Everaert, J., & Koster, E. H. W. (2016). Attention training through gaze-contingent feedback: Effects on reappraisal and negative emotions. *Emotion, 16* (7), 1074—1085.

Scheele, D., Striepens, N., Giintiirktin, O., Deutschlfinder, S., Maier, W., Kendrick, K. M., & Hurlemann, R. (2012). Oxytocin modulates social distance between males and females. *The Journal of Neuroscience, 32* (46), 16074—16079.

Scheele, D., Wille, A., Kendrick, K. M., Wagner, B. S., Becker, B., Güntürkün, O., Maier, W., & Hurlemann, R. (2013). Oxytocin enhances brain reward system responses in men viewing the face of their female partner. *Proceedings of the National Academy of Sciences of the United States of America, 110* (50), 20308—20313.

Scott, E., & Self, D. W. (2006). Monogamy: Dopamine ties the knot. *Nature Neuroscience, 9* (1), 7—8.

Seidman, G. (2013). Self-presentation and belonging on Facebook: How personality influences social media use and motivations. *Personality and Individual Differences, 54* (3), 402—407.

Seligman, M. P., Steen, T. A., Park, N., & Peterson, C. (2005). Positive psychology progress: Empirical validation of interventions. *American Psychologist, 60* (5), 410—421.

Sergeant, S., & Mongrain, M. (2011). Are positive psychology exercises helpful for people with depressive personality styles? *Journal of Positive Psychology, 6* (4), 260—272.

Sheets, V. L. (2014). Passion for life: Self expansion and passionate love across the life span. *Journal of Social and Personal Relationships, 31* (7), 958—974.

Shiota, M. N., Keltner, D., & Mossman, A. (2007). The nature of awe: Elicitors, appraisals, and effects on self-concept. *Cognition and Emotion, 21* (5), 944—963.

Snyder, C. R. (2002). Hope theory: Rainbows in the mind. *Psychological Inquiry, 13* (4), 249—275.

Soares, A. P., Pinheiro, A. P., Costa, A., Frade, C. S., Comesaña, M., & Pureza, R. (2013). Affective auditory stimuli: Adaptation of the international affective digitized sounds (IADS-2) for European Portuguese. *Behavioral Research Methods, 45* (4), 1168—1181.

Stellar, J. E., Gordon, A., Anderson, C. L., Piff, P. K., Mcneil, G. D., & Keltner, D. (2018). Awe and humility. *Journal of Personality and Social Psychology, 114* (2), 258—269.

Sternberg, R. J. (1986). A triangular theory of love. *Psychological Review, 93* (2),

119—135.

Suardi, A., Sotgiu, I., Costa, T., Cauda, F., & Rusconi, M. (2016). The neural correlates of happiness: A review of PET and fMRI studies using autobiographical recall methods. *Cognitive Affective & Behavioral Neuroscience, 16* (3), 383—392.

Takahashi, K., Tamura, J., & Tokoro, M. (1997). Patterns of social relationships and psychological well-being among the elderly. *International Journal of Behavioral Development, 21* (3), 417—430.

Tang, Y. Y., Hözel, B. K., & Posner, M. I. (2015). The neuroscience of mindfulness meditation. *Nature Reviews Neuroscience, 16* (5), 213—225.

Todorov, A., Baron, S., & Oosterhof, N. N. (2008). Evaluating face trustworthiness: A model based approach. *Social, Cognitive, and Affective Neuroscience, 3,* 119—127.

Tracy, J. L., & Beall A. T. (2011). Happy guys finish last: The impact of emotion expressions on sexual attraction. *Emotion, 11,* 1379—1387.

Tracy, J. L., & Robins, R. W. (2004). Show your pride: Evidence for a discrete emotion expression. *Psychological Science, 15* (3), 194—197.

Tracy, J. L., & Robins, R. W. (2007). The psychological structure of pride: A tale of two facets. *Journal of Personality and Social Psychology, 92* (3), 506—525.

Tracy, J. L., & Robins, R. W. (2014). Conceptual and empirical strengths of the authentic/hubristic model of pride. *Emotion, 14* (1), 33—37.

Tracy, J. L., Shariff, A. F., Zhao, W., & Henrich, J. (2013). Cross-cultural evidence that the pride expression is a universal automatic status signal. *Journal of Experimental Psychology: General, 142* (1), 163—180.

Trost, W., Ethofer, T., Zentner, M., & Vuilleumier, P. (2012). Mapping aesthetic musical emotions in the brain. *Cerebral Cortex, 22* (2), 2769—2783.

Van Cappellen, P., & Saroglou, V. (2012). Awe activates religious and spiritual feelings and behavioral intentions. *Psychology of Religion and Spirituality, 4* (3), 223—236.

Van Dam, N. T., van Vugt, M. K., Vago, D. R., Schmalzl, L., Saron, C. D., Olendzki, A., Meissner, T., & Lazar, S. W. et al. (2018). Mind the hype: A critical evaluation and prescriptive agenda for research on mindfulness and meditation. *Perspectives on Psychological Science, 13* (1), 36—61.

Van den Tol, A. J. M., & Edwards, J. (2011). Exploring a rationale for choosing to listen to sad music when feeling sad. *Psychology of Music, 41* (4), 440—465.

Van Elk, M., Arciniegas Gomez, M. A., van der Zwaag, W., van Schie, H. T., & Sauter, D. (2019). The neural correlates of the awe experience: Reduced default mode network activity during feelings of awe. *Human Brain Mapping, 40* (12), 3561—3574.

Vogel, E. A., Rose, J. P., Roberts, L. R., & Eckles, K. (2014). Social comparison, social media, and self-esteem. *Psychology of Popular Media Culture, 3* (4), 206—222.

Watkins, P. C., Emmons, R. A., Greaves, M. R., & Bell, J. (2018). Joy is a distinct positive emotion: Assessment of joy and relationship to gratitude and well-being. *The Journal of Positive Psychology, 13* (5), 522—539.

Watson, D., & Clark, L. A. (1999). *The PANAS-X: Manual for the positive and negative affect schedule-expanded form.* Ames: The University of Iowa.

Waugh, C. E., Running, K. E., Gotlib, I. H., & Reynolds, O. C. (2019). People are better at maintaining positive than negative emotional states. *Emotion, 19* (1), 132—145.

Weidman, A. C., Tracy, J. L., & Elliot, A. J. (2016). The benefits of following your pride: Authentic pride promotes achievement. *Journal of Personality, 84* (5), 607—622.

Werner-Seidler, A., Mohammad, A., Cath, C., Matthew, S., & Tim, S. (2017). The relationship between social support networks and depression in the 2007 National Survey of Mental Health and Well-being. *Social Psychiatry & Psychiatric Epidemiology, 52* (12), 1463—1473.

Wild, B., Rrb, M., Eyb, M., Bartels, M., & Grodd, W. (2003). Why are smiles contagious? An fMRI study of the interaction between perception of facial affect and facial movements. *Psychiatry Research: Neuroimaging, 123* (1), 17—36.

Williams, L. A., & DeSteno, D. (2008). Pride and perseverance: The motivational role of pride. *Journal of Personality and Social Psychology, 94,* 1007—1017.

Wilson, A. C., Schwannauer, M., McLaughlin, A., Ashworth, F., & Chan, S. W. Y. (2018). Vividness of positive mental imagery predicts positive emotional response to visually presented Project Soothe pictures. *British Journal of Psychology, 109* (2), 259—276.

Wing, J. F., Schutte, N. S., & Byrne, B. (2009). The effect of positive writing on emotional itelligence and life satisfaction. *Journal of Clinical Psychology, 62* (10), 1291—1302.

Witvliet, C. V., Richie, F. J., Root, L. L. M., & Van Tongeren, D. R. (2019). Gratitude predicts hope and happiness: A two-study assessment of traits and states. *The Journal of Positive Psychology, 14* (3), 271—282.

Wojciszke, B. (2002). From the first sight to the last drop: A six-stage model of the dynamics of love. *Polish Psychological Bulletin, 33* (1), 15—25.

Wood, A. M., Maltby, J., Stewart, N., Linley, P. A., & Joseph, S. (2008). A social-cognitive model of trait and state levels of gratitude. *Emotion, 8* (2), 281—290.

Xu, L., Becker, B., Luo, R. X., Zheng, W. H., Zhang, Q., Kendrick, K. M., & Zhang, Q. (2020). Oxytocin amplifies sex differences in human mate choice. *Psychoneuroendocrinology, 112*, ArtID: 104483.

Yaden, D. B., Barry, K. S., Elizabeth, H., Alice, C., Andrea, G., & Wei, Z. J. et al. (2018). The development of the Awe Experience Scale (AWE-S): A multifactorial measure for a complex emotion. *The Journal of Positive Psychology, 14,* 1—15.

Yaghoobzadeh, A., Soleimani, M. A., Allen, K. A., Chan, K. A., & Herth, K. A. (2018). Relationship between spiritual well-being and hope in patients with cardiovascular disease. *Journal of Religion and Health, 57* (3), 938—950.

Yang, W. L., Makita, K., Nakao, T., Kanayama, N., Machizawa, M. G., & Sasaoka, T. et al. (2018). Affective auditory stimulus database: An expanded version of the International Affective Digitized Sounds (IADS-E). *Behavior Research Methods, 50* (4), 1415—1429.

Yoon, S., Verona, E., Schlauch, R., Schneider, S., & Rottenberg, J. (2020).

Why do depressed people prefer sad music? *Emotion*, *20* (4), 613—624.

Zhao, J. P., Yin, H., Zhang, G., Li, G., Shang, B. H., Wang, C., & Chen, L. (2019). A meta-analysis of randomized controlled trials of laughter and humour interventions on depression, anxiety and sleep quality in adults. *Journal of Advancing Nursing, 75* (11), 2435—2448.

芭芭拉 · 弗雷德里克森 .（2010）. *积极情绪的力量* . 王珺，译 . 北京：中国人民大学出版社 .

保罗 · 艾克曼 .（2008）. *情绪的解析* . 杨旭，译 . 海口：南海出版公司 .

董蕊，彭凯平，喻丰 .（2013）. 积极情绪之敬畏 . *心理科学进展，21*（11），1996—2005.

盖瑞 · 查普曼 .（2006）. *爱的五种语言* . 王云良，译 . 北京：中国轻工业出版社 .

刘孟超，黄希庭 .（2013）. 希望：心理学的研究述评 . *心理科学进展，21*（3），548—560.

孟昭兰（1989）. *人类情绪* . 上海：上海人民出版社 .

结语

我们每个人的一生中都会经历各种各样的消极情绪。在经历压力性事件后，恐惧、焦虑、羞愧、悲伤、沮丧、懊恼、愤怒等情绪油然而生……我们排斥这些消极情绪，但又无法离开它们。这些消极情绪就像在生病时会感到头痛、咳嗽、流鼻涕一样，是身体产生的免疫性保护反应，它让我们避免更大的伤害，调整和修复自己，并获得成长。我们要感谢这些消极情绪，正是它们让我们在下一次压力性事件发生和苦难来临时，能够沉着应变，处乱不惊。

一个朋友意外发现自己身染重病，如果不积极治疗，后果不堪设想。朋友一时之间难以接受，年纪轻轻，怎么会患上重病？她拒绝接受这个事实，她既逃避又绝望，想到年迈的父母和膝下的幼子，背负着的房贷和还没有完成的工作，就陷入恐惧和悲伤中。我们终究会死亡，只是本来还感觉很远的死亡来到了眼前，一下子被震住了。

也许我们每个人在人生的长河中都会像我的朋友那样，遭遇突发的压力性生活事件，此时有负面情绪是非常合理又正常的。但悲伤、恐惧的情绪过去之后呢？什么才能让我们重新站起来，继续努力生活，重塑自己呢？答案就是我们需要积极情绪的力量，需要积极去应对。

我的朋友积极地向医生求助，及时治疗，避免病情进一步发展。

在这个过程中，她体会到对生命和死亡的敬畏，更加珍惜当下，悦纳自己、包容他人。她开始感恩，感恩现代医学技术的成熟，可以有一定的方案去治疗她的疾病；感恩医生妙手回春、技术精湛，又能给病人及时减压；感恩家人的陪伴和支持，让她看到希望。她体会到爱，既有医生对病人的大爱，也有家人对她的亲情之爱和孩子对她的母子之爱，这些让她更有信心、有力量去战胜病魔。她也会看到希望，一切都会解决，未来会越来越好。经过这一次战役，她会变得更成熟，心态更平和，浴火重生。

每个人的生命都是短暂的，每个人都希望从这有限的生命中获得更多的人生意义感和幸福感。正是快乐、感恩、希望、敬畏、自豪、爱，这些不同的积极情绪点燃了我们的人生，它们是照亮人生的一束束光，而这些光一直存在于我们每个人体内，是我们本身拥有的，而不是他人给予的。

从踏入积极情绪这个领域，我一直在从事和关注积极情绪的研究。我的初心就是，我们需要敬畏消极情绪，感恩积极情绪，珍爱自己这短暂的一生，找到开启幸福之门的钥匙。在顺境时勿沾沾自喜，在逆境时别忘积极奋进；善待消极情绪，保护好积极情绪。不论我们寿命之长短，只愿人生有独特的经历和幸福的回忆。当我们走到耄耋之年，就可以自豪地对后人说："我这一生是幸福的、有意义的。"

在此文的最后，感谢我的四位研究生——杨丽冰、林代春、毕健茹、张晓璇。她们参与了本书的资料收集、绘图、校对等相关工作。

王艳梅

2020 年 9 月